中央空调设计与审图

第2版

主　编　李志生
副主编　刘建龙

U0240842

机械工业出版社

本书系统而全面地介绍了中央空调工程设计与审图的方法、理论与实践经验。全书分为 14 章，主要内容包括中央空调工程设计方法、设计软件、设计文件、设计规范、施工方法、审图要点、节能措施、消防处理、设备选型、负荷计算以及中央空调工程中常见错误等。本书的最大特色是突出实用性、全面性、技术性和综合性，充分反映了中央空调工程设计、施工、节能等方面的新技术、新工艺和新设备应用情况。

本书内容丰富、图文并茂，可供中央空调或建筑设备行业中从事设计、施工、管理、咨询、维护等的人员阅读与使用，也可作为本科院校和高等职业学校建筑专业教学用书，还可作为负责中央空调产品设计和制造的生产技术人员与管理人员及相关行业主管部门作为参考资料使用。

图书在版编目（CIP）数据

中央空调设计与审图/李志生主编. —2 版. —北京：机械工业出版社，2017. 11（2025. 1 重印）

ISBN 978-7-111-58502-2

Ⅰ. ①中… Ⅱ. ①李… Ⅲ. ①房屋建筑设备—集中空气调节系统—系统设计②房屋建筑设备—集中空气调节系统—制图 Ⅳ. ①TU831. 3

中国版本图书馆 CIP 数据核字（2017）第 281979 号

机械工业出版社（北京市百万庄大街 22 号 邮政编码 100037）

策划编辑：陈玉芝 责任编辑：陈玉芝 王 博 责任校对：王 延

封面设计：路恩中 责任印制：单爱军

北京虎彩文化传播有限公司印刷

2025 年 1 月第 2 版第 4 次印刷

187mm×260mm · 15.75 印张 · 428 千字

标准书号：ISBN 978-7-111-58502-2

定价：45.00 元

前　言

　　自本书第 1 版出版后，编者收到了大量的读者来信，在给予好评的同时，也给出了一些建议，并指出了该书存在的不足。此次修订，综合了广大读者的建议并根据最新规范要求和行业变化，充分吸收国内外最新的教育、教学、科研成果和社会信息，结合我国中央空调工程设计、施工的新规范和节能减排政策，深入浅出地介绍了中央空调设计、施工、审图的基本方法和具体应用，同时，重点介绍了相关新标准规范的背景、意义和实践，也总结了中央空调工程设计的常见错误，系统论述了中央空调工程设计和施工过程中的经验和做法。

　　本书由广东工业大学李志生担任主编，湖南工业大学刘建龙担任副主编。全书分两篇，具体编写分工为：李志生编写第 1 章~第 7 章，第 10 章~第 14 章；第 8 章和第 9 章由李志生和刘建龙共同编写。广东工业大学刘秋琼和郑杰东作为参编完成了相关工作。

　　受编者水平、精力、时间所限，本书在内容取舍、章节安排和文字表述等方面还有许多不尽人意之处，恳请读者批评指正，并提出宝贵建议。相关意见和建议请发至邮箱：Chinaheat@ 163.com。对您的意见和建议，我们深表感谢。根据您的宝贵建议和中央空调领域相关技术的不断发展，我们将在再版时认真修改与完善。

编　者

目　　录

第2篇 审 图 篇

第1篇 设 计 篇

第1章 绪 论

1.1 中央空调工程与设备市场发展概况

1.1.1 国外发展情况概述

自第一台中央空调诞生以来，已有100多年。中央空调在国外应用非常广泛，尽管目前已属于成熟期，但是其增长速度仍高于GDP的发展速度。2016年是全球空调器（含家用）市场取得伟大成就的一年，不仅从2015年的负增长中恢复而且与上一年同期相比增长了大约5.5%，增加到1.14亿台。（特别说明：本章有关中央空调市场的数据来自于艾肯网、搜狐、百度文库和《暖通空调资讯》等资料）。

1. 欧洲（欧盟） 根据欧洲暖通空调行业统计办公室的信息统计，欧洲2014年空气处理机组销售额达到20.5亿欧元，比2013年增长了约1.4%。斯堪的纳维亚地区国家是增长的主要推动力，作为欧洲第二大市场，该地区的市场份额约占16%，达到3.24亿欧元，年增长率约为2.6%。2014年，欧盟冷却塔市场规模达到了2.32亿欧元，比前一年略有增长；换热器比2013年增加了为3.5%，市场规模达到了8.37亿欧元；过滤器市场再次呈现平淡的态势，相比前一年的10.81亿欧元，达到10.84亿欧元。

2. 美国 美国的中央空调普及率较高，这与其良好的居住条件以及较高的生活水平密不可分。美国是世界第一经济大国，人民生活水准较高，对居住的舒适性要求也较高，这些都促进了该国中央空调的普及与使用。

在美国市场中，冷水机组和屋顶机在商用中央空调市场中占主导地位。美国GDP增长率达到2.2%左右，故其空调市场仍将保持稳中有升的态势。开利公司是全球最大的暖通空调和冷冻设备供应商，总部位于美国康涅狄格州法明顿市，生产销售遍及全球172个国家和地区。

美国空调供暖和制冷工业协会（AHRI）2013年2月公布的数据显示，当月美国中央空调器和空气源热泵的销量为357 637台（套），比2012年同期的296 011台（套）增长了约20.8%。其中，空调器的销量为231 488台（套），比2012年同期的188 603台（套）增长了约22.7%；空气源热泵的销量为126 149台套，比去年同期的107 408台（套）增长了约17.4%。2016年10月，美国中央空调和空气源热泵当年累计出货量比2015年同期的6 098 008台（套）增长了约6%，至6 476 347台（套）。其中，中央空调的出货量为4 365 690台（套），比2015年的4 082 457台（套）上涨了约6.9%；热泵出货量为2 110 657台（套），比2015年的2 015 551台（套）增长了约4.7%。

1.1.2 国内发展情况概述

由于我国经济的持续、强劲发展，以及城市化比重和生活水平的提高，我国的中央空调市场一直在高速发展。目前，我国已成为世界上最大的家用空调生产国、出口国和使用国。

从整个暖通空调市场来看，我国已成为世界上第一大生产国，第二大消费国。目前乃至今后的几十年，我国经济仍将处在工业化加速发展时期，加之城市化水平的持续提高，可以预见，中央空调市场扩张速度仍将保持超过 GDP 的增长速度。据预测，到 2020 年，我国每年将新建 15 亿~20 亿 m^2 的城镇建筑，到 2050 年将达到 70% 的城市化率。尤其是服务业的快速发展，将催生大量的中央空调市场需求。

我国的中央空调市场主要集中在气候比较炎热、潮湿的华东、华南、华中和成渝地区。目前，全球知名的中央空调品牌基本上已悉数进入我国市场，例如开利、约克、特灵、麦克维尔、大金和日立等知名品牌，均已设立合资工厂生产并销售中央空调。

随着建筑业、工业厂矿的发展及生活质量的提高，人们对中央空调产品的需求日益增加的同时，需求范围和需求层次也呈现复杂化和多样化的发展趋势。此外，中央空调制造商已开始在多联机、轻型商用机、水源热泵系统、地源热泵系统、精密空调以及智能网络控制等系列产品上的系统布局。同时还实现从传统建筑市场向地铁高铁、电信基站、化工行业、精装修住宅、政府采购和宾馆酒店等细分市场的多元化拓展。2012 年，我国中央空调市场的总体销售额约为 540 亿元，同比 2011 年增长了约 28.6%。2016 年上半年中央空调市场实现销售量额为 346.76 亿元，同比增长约 4.23%。

中央空调功能的充分发挥依赖于两大关键因素，一是系统设计及安装，二是中央空调末端产品的功能与工艺设计、制造品质、安装与维护水平等。根据国家财政部、住建部发布的《中国城市发展报告》《关于进一步推进公共建筑节能工作的通知》以及《绿色建筑方案》的指示，我国随着城镇化的加速、城市节能改造与绿色建筑的实施、实现建筑节能减排都将成为重点，而节能减排的重点恰恰在于中央空调。

1.1.3 中央空调工程和设备发展趋势

中国产业调研网发布的《2016—2022 年中国中央空调市场深度调查研究与发展前景分析报告》指出：预计到 2018 年普通住宅家用中央空调渗透率有望达到 15%，家用中央空调销售额有望达到 608 亿元，较 2013 年的 186 亿元的销售规模年均增长 26.74%。

1. 离心机优势明显　由于市场大、中型工程项目的大幅萎缩，大型冷水机组受影响最为严重。溴化锂、螺杆机、模块机产品下滑幅度均达到 15% 以上。离心机产品下滑幅度相对较小，产品优势突显。究其原因，其一，在大型公共建筑场所，离心机产品节能性优势更为明显，更加符合国家节能环保的要求；其二，价格不断下滑。众所周知，过去离心机产品由于其技术处于行业最高端，导致其产品价格较为昂贵，但随着技术的普及，企业竞争的加剧，导致离心机产品与螺杆机等产品的价格差距逐渐缩短，得到不少工程项目的认可，抢占了其他产品的份额。

2. 新风系统受欢迎　随着全民对雾霾关注度的提高，能够通过置换和过滤空气的形式来确保室内空气清新的新风统日益受到人们的欢迎。新风系统不但具有相对领先的 PM2.5 过滤能力，并且具有适于普遍推广的性价比，满足了大型商用建筑、幼儿园、学校教室、医院和办公场所等居住建筑的需求。在国家房地产调控政策收紧的情况下，符合家居发展潮流的新风系统更受市场推崇。

据统计，2015 年我国新风系统市场的保有量约为 43 亿元，同比上年增长了 29%。北京市政府已经委托北京建筑节能与环境工程协会组织并完成北京地区居住建筑和公用建筑新风系统的政策调研课题，调研的成果将进入北京"十三五"期间的建筑节能标准。而且，居住建筑和公共建筑使用新风系统很可能在"十三五"期间成为强制性的政策条例。

目前，国内新风行业刚刚起步，而在日本以及一些欧美国家，新风系统应用已经进入了全民化或强制化的应用阶段。2016 年 8 月 26 日召开的"2016—2017 空调行业高峰论坛"指出，相对于日本等国家家用中央空调高达 70% 的普及率，目前国内家庭中央空调普及率不足 10%。欧美日等国家的新风产品无论在技术还是品牌基础上，都领先于国内企业，已成为国内新风市场的"主力军"。加快技术研发、升级产品质量成为新风企业发展的必经之路。

1.2 中央空调工程设计市场发展概况

1.2.1 中央空调工程设计市场现状

根据中国勘察设计协会统计，2012 年我国建筑设计企业数量达 4756 家。其中，甲级资质建筑设计企业数量为 1633 家，占比达 34.34%。2012 年末我国建筑设计行业专业技术人员占比达 79.30%，其中高级职称人员比重约为 19.09%、中级职称人员占比达 32.34%；执业注册人员所占比重约为 22.24%。

根据 2013 年工程勘察设计统计年报数据，全年初步设计完成投资额超 6 万亿元，施工图完成投资额近 9 万亿元，为国民经济持续增长发挥了积极作用。根据 2014 年中国勘察设计协会第二届全国勘察设计行业管理创新大会上住房和城乡建设部副部长王宁讲话披露的数据，截至 2013 年年末，全国范围内的工程勘察设计企业总数达 1.9 万家，勘察设计行业从业人员近 245 万人，注册执业人员则达到了 26.2 万人。行业规模的持续扩大在企业效益上则体现为经济效益的不断增长，2013 年所有企业全年总营收超 2 万亿元，利润总额接近 800 亿元。2013 年全年科技成果转让收入近 520 亿元，所有企业累计拥有专利和专有技术超 80 000 项，累计组织或参加编制国家、行业或地方技术标准近 9800 项。

根据住建部发布的 2014 年全国工程勘察设计统计公报，全国工程勘察设计行业企业数量为 19 262 家，仅比 2013 年增加 31 家，同比增长 0.2%，较 2013 年 5.2% 的增速明显放缓，创 2010 年以来最低增速。

从类别来看，工程勘察企业 1776 个，占企业总数大约 9.2%；工程设计企业 13 915 个，约占企业总数 72.2%，其中以建筑设计企业占据的比重较大；工程设计与施工一体化企业 3571 个，约占企业总数 18.5%。这其中还不包括无资质小型设计团队和公司。据不完全统计，全国地级市以上城市均有规模大小不等的设计院，东部部分地级市设计院资质甚至达到乙级或更高。

2014 年我国工程勘察设计行业企业营业总收入增长至 27 152 亿元，与上年相比增长约 27%，虽然依旧保持高速增长，但增速有所下滑。从各项业务来看，增速主要是由设计业务的高速增长带来，2014 年国内工程设计业务增长了大约 78%。

虽然近年来市场受整体环境的影响增速有所减缓，但随国际市场的开拓以及城镇化的推进，预计未来几年工程设计市场规模年产值应该维持在万亿元左右，其中配套以及延伸产业产值应该突破 10 万亿元左右。

1. **资质改革大幕拉开，行业壁垒逐渐弱化** 2013 年 12 月住建部对《工程设计资质标准》提出进一步修订原则和方案，计划将工程属性相同或相近的资质合并，市场需求少、企业数量少的资质取消、合并，以及可以交由市场选择的相关行业设计资质的取消等。一系列举措表明，新一轮企业资质管理改革的大幕正徐徐拉开，行业间资质壁垒将会弱化，市场化将是工程勘察设计行业改革发展的最终方向。

未来政府将更多地以业主身份参与市场，从监管部门向行业服务部门转变。对于行业减少资质准入事项，克服各种形式的地区保护和行业壁垒将起到有力推动作用。预计企业资质的"价值"将不断贬值，企业将加速从资质管理向品牌管理转变，一些主要依赖于各种行政保护和资质资源的单位将面临更大生存压力。

2. 并购重组不断上演，行业集中度进一步提升 随着勘察设计行业的快速发展和行业体制改革的逐步深化，国内大中型勘察设计企业的主营业务都在由传统的单一勘察设计业务向覆盖工程建设产业链全过程的设计、咨询、项目管理和总承包等多元业务模式升级；行业市场格局正在从条块分割向一体化转变；企业核心能力从过去以技术为主逐步向技术、管理、资本运作等综合能力转变。在此背景下，勘察设计企业纷纷走上并购重组之路，兼并、收购、重组以及上市等事件在业内不断上演。

随着行业整合程度的日益加剧，将会有更多的业内企业运用并购杠杆来寻求规模的迅速扩张，未来并购重组将会呈现出几种趋势，央属设计科研院所合并到相关实体企业；设计企业为实现规模效应进行横向并购扩张；设计院并购上下游企业或反向并购；外资企业通过收购国内设计企业进入国内市场；大型设计企业通过跨领域收购助力多元化发展；以联盟制、连锁制等多种经营模式实现整合扩张。无论是哪种形式的收购，未来行业的集中度将会进一步提升。

3. 与资本市场的结合越来越频繁 就国内勘察设计行业而言，行业的成功要素正在从过去以技术为主，向技术、管理、商务策划和资本运作等多元综合能力转变。越来越多的勘察设计企业尝试各种资本运作方式，未来设计单位与资本的合作将会越来越频繁。

据不完全统计，目前在主板上市的勘察设计企业约为 15 家，新三板挂牌企业约为 10 家。以上数据含民建设计院。同时，工程勘察设计行业的上市潮渐猛。

4. 互联网思维可能会带来颠覆性改变 在当前的互联网背景下，每个个体或组织都在充分感受着互联网的冲击和移动互联网带来的整体变化。尤其是随着互联网信息技术的发展，平台战略在各行业内兴起。所谓平台是指将两个或者多个有明显区别但又相互依赖的客户群体集合在一起的媒介，它们作为连接这些客户群体的中介来创造价值。未来商业模式的竞争，将主要是平台的竞争。

因为平台战略的推动，很多相安无事的同业对手，可能一夜之间便成为主要竞争对手，这是一个越来越明显的趋势。在基于用户数量这一核心资产之上，平台型企业可以不断地创造新的商业模式，颠覆现存的成熟商业模式，同时不断袭击各种相邻产业——甚至是毫不相关的产业，并且以极快的速度和方式迅猛扩张、变化。

目前工程勘察设计行业在某种程度上还是属于政府管制性行业，资质管理在某些方面保护行业免受来自其他行业的冲击和侵袭。随着市场化进程的加快，同行的竞争乃至跨行业的竞争无时无刻不在上演。可能未来行业的竞争是商业模式的竞争，尤其是互联网技术的发展，将给行业的竞争带来质的变化，尤其可能会对行业商业模式带来颠覆性改变。

近年来，随着中国经济的空前发展和人民生活水平的提高，房地产、市政建设、环保产业迅猛发展，与建筑结合紧密的中央空调工程市场有了更加广阔的发展空间，一些工业厂房、综合大楼、公共设施、大型商场、体育场馆、宾馆医院和会展中心等与中央空调应用紧密相关的建筑迅猛发展，相关工程项目尤其备受关注。

1.2.2 中央空调工程设计发展趋势

1. 工程设计创新成为新动向 为缩短中央空调工程设计和建设周期，节约材料和能源消耗，提高中央空调工程的质量和综合经济效益，国家鼓励中央空调工程和工程设计采用先进技术、设备和现代管理方法。中央空调工程设计将不再墨守成规，创新设计已成为本土设计工程师的推动力。例如国内暖通空调设计师大胆实践，推广多联机的工程设计。工程师能根据中央空调应用的不同，提供针对性解决方案，他们在产品以及服务的延伸上更能满足不同需求。

2. 设计院所与空调厂商关系更加密切 以前的中央空调工程设计，主要由建筑设计院承担，设计工程师接到设计任务以后，进行设计，选择空调产品。现在，由于各空调厂商竞争加剧，设计工作已大步往前推移。一些中央空调设计单位甚至联合设备厂商进行设计，把本该由设计院完成的工作推给了设备厂商。因此，一些中央空调设备厂商信息非常灵通，只要大型工程有中央空调系统配套的要求，就采取紧盯工程项目的做法，甚至做到"无孔不入"，与设计院共同进行工程设计。例如海尔作为国内知名民族品牌和奥运赞助商，其旗下的海尔中央空调成功配套"国家体育场"鸟巢"、"北京奥运村"等 23 个奥运项目。格力中央空调中标北京奥运媒体村工程和中体奥林匹克花园项目，而美的中央空调击败四个国外顶级对手中标首都机场新航站楼附属工程。一些大型中央空调制造企业由"制造商"定位向"系统服务商"定位转换，全面提升中央空调制造商和总包的内涵，实现了从方案设计到施工管理、从设备选型到材料采购、从系统维护到运行管理的一体化。

3. 与国外差距不断缩短　由于中国教育的发展，以及中国加入 WTO 后与国际的逐渐接轨，中央空调工程设计与国际的差距不断缩小。这种差距的缩小，不仅是指技术上的差距，而且也包括敬业精神和服务态度。随着中国成功加入 WTO，以及中国市场经济的深入发展，国内设计院、所的压力大大增加。以前，大型工程的中央空调设计往往由大型的设计院所垄断，但是，现在设计院在市场面前，已面临强大的竞争压力。市场竞争的结果是设计院在技术、服务以及个性化方面，与发达国家不断缩小。

4. 中央空调工程设计要求越来越高　随着经济的发展和社会的进步，中央空调工程设计的要求将会越来越高。这种高要求体现在以下几个方面。

（1）对设计人员的要求越来越高。国家自从 2003 年实施勘察、设计执业资格制度以后，建设工程、勘察设计企业对设计人员的资质要求越来越高。随着执业资格制度的深入推进，将来进行中央空调工程设计的企业和专业技术人员，必将只能在其资质许可的范围内进行。中央空调工程设计注册执业人员，只能受聘于一个设计企业。另外，随着注册设备工程师数量的增加，将来也许没有注册的设备工程师不允许进行中央空调设计工作或没有在设计文件上签字的权力。

（2）中央空调工程本身的要求越来越高。为缩短中央空调工程设计和建设周期，节约材料和能源消耗，提高中央空调工程的质量和综合经济效益，国家鼓励中央空调工程设计采用先进技术、先进设备和现代管理方法。因此，从中央空调工程本身来说，其设计要求会越来越高。相应的，设计的难度和范围有增大的趋势。

（3）中央空调工程设计的规范越来越严格。为规范中央空调工程的设计，反映科技、经济发展对中央空调工程的影响，国家也会及时修订中央空调工程的设计标准和规范，这些规范总的来说会越来越严格。下面会专门论述，以后各章节中也会穿插介绍这些设计规范。

1.3　中央空调工程设计规范与技术应用的新变化

随着经济、社会的高速发展，以及人们生活水平的提高，人类对建筑环境和室内环境的要求也越来越高。在自然环境日益恶化和能源压力越来越大的今天，可持续发展已成为必然的要求。作为建筑环境控制与建筑节能重要环节的中央空调，在工程设计阶段将发挥越来越大的作用。因此，优秀的中央空调工程设计在减少建筑能耗、有效利用能源和提高室内空气品质乃至降低病态建筑特征方面，将成为重要的工具。

正是基于上述原因，原建设部对《采暖通风与空气调节设计规范》（GBJ 19—1987）的部分内容进行了全面修订，形成了《采暖通风与空气调节设计规范》（GB 50019—2003）国家标准并于 2004 年 4 月 1 日实施。《采暖通风与空气调节设计规范》（GB 50019—2003）后来分为两个标准，即《民用建筑供暖通风与空气调节设计规范》（GB 50736—2012）和《工业建筑供暖通风与空气调节设计规范》（GB 50019—2015），分别用来指导民用公共建筑和工业建筑的暖通空调设计。新的中央空调设计规范反映了社会和环境方面的变化，将旧规范的某些建议性条文规定为强制性条文。不仅如此，新规范还吸收了近年来的有关科研成果，借鉴了国外同类技术中符合我国实际的内容。新规范明确规定：采暖、通风与空气调节设计方案，应根据建筑物的用途与功能、使用要求、冷热负荷构成特点、环境条件以及能源状况等，结合国家有关安全、环保、节能、卫生等方面的方针、政策，会同有关专业通过综合技术经济比较确定，在设计中应优先采用新技术、新工艺、新设备和新材料。因此，新规范更能指导和规范中央空调工程的设计。

此外，跟中央空调工程设计有关的相关标准也促进了中央空调工程设计的新变化，例如《建筑工程施工图设计文件审查要点》（2013 版）、《夏热冬冷地区居住建筑节能设计标准》（JGJ 134—2010）、《夏热冬暖地区居住建筑节能设计标准》（JGJ 75—2012）、《建筑工程设计文件编制深度规定》（2016 版）等相关规范和标准、条例等就对中央空调工程设计的节能性提出了新的要求。

1.3.1 节能要求方面

如何在中央空调工程设计中实施节能设计已成为广大暖通空调设计师迫切要解决的任务。我国能源方针是节能与能源开发并重，并把节约能源放在优先地位。中央空调工程设计的节能要求主要包括：节电、节水、节省冷量和热量以及提高中央空调系统的能源效率。众所周知，暖通空调系统的能耗占建筑能耗的 50%～60%，因此，中央空调工程设计对建筑节能乃至实现国家的可持续发展起到至关重要的作用。

1.3.1.1 中央空调设计新规范带来的变化

1. 热回收和冷回收　中央空调设计新规范增加了关于热回收系统等方面的内容。在中央空调工程设计实践中，采用热回收方案是近年来所出现的新变化。事实上，大量实践和理论已经证明，热回收能给中央空调工程节能乃至建筑节能带来明显效果。目前，热回收设计主要是利用中央空调冷凝器的排热或热泵机组的高温热源，与此相对应的是冷回收，主要利用中央空调系统的冷排风和空调末端冷凝水的冷量。不管是热回收还是冷回收，都有大量的工程设计应用了这方面的科技成果。由于冷、热同时使用的工程，实行冷、热回收能产生最大的经济效益，因此，在宾馆、酒店、别墅和学校等中央空调设计中应用热回收和冷回收最经济，也最常见。这些工程中，都设有中央空调系统和 24h 热水供应系统，可以分别充分利用中央空调系统中的冷、热源，是建筑节能的一条重要途径。

2. 室内负荷与室内设计参数　中央空调工程设计新规范对室内负荷计算和室内设计参数提出了新的要求。例如《建筑工程设计文件编制深度规定》（2016 版）明确规定提倡使用新的能耗模拟软件核算室内负荷。《民用建筑供暖通风与空气调节设计规范》（GB 50736—2012）和《工业建筑供暖通风与空气调节设计规范》（GB 50019—2015）对中央空调设计夏季室内参数规定为 25～28℃，冬季室内参数为 18～24℃，无疑更有利于建筑节能。在以前的一些中央空调工程设计中，在建筑负荷计算中往往采取估算或不切实际的冷负荷余量，造成了大量的冷水机组设备闲置和能源浪费，新的空调工程设计应避免这些问题。《建筑工程设计文件编制深度规定》（2008 版）以及最新的《建筑工程设计文件编制深度规定》（2016 版）则明确规定要提供中央空调负荷计算书以进行审查。

1.3.1.2 中央空调冷热源带来的变化

《公共建筑节能设计标准》（GB 50189—2005）目前已更新为《公共建筑节能设计标准》（GB 50189—2015），新的标准对中央空调工程设计的冷热源做出了具体规定。明确提出空气调节与采暖系统的冷、热源宜采用集中设置的冷（热）水机组或供热、换热设备。机组或设备的选择应根据建筑规模和使用特征，结合当地能源结构及其价格政策、环保规定等按下列原则经综合论证后确定。鼓励在具有城市、区域供热或工厂余热条件时，作为采暖或空调的热源；在具有热电厂的地区推广利用电厂余热的供热、供冷技术；在具有多种能源（热、电、燃气等）的地区，采用复合式能源供冷、供热技术；在具有天然水资源或地热源可供利用时，宜采用水（地）源热泵供冷、供热技术，在具有充足的天然气供应的地区，推广应用分布式热电冷联供和燃气空气调节技术，实现电力和天然气的削峰填谷，提高能源的综合利用率。

1. 可再生能源与余热利用　新的中央空调工程设计中，对采用可再生能源作为中央空调冷热源做出了新规定。例如鼓励使用空气能热泵和太阳能热水系统。对空气能热泵冷、热水机组的选择根据不同气候区做出具体规定。一些地方政府也将可再生能源与中央空调工程设计的结合进行了规定。目前，一些中央空调设备公司、暖通空调设计院所积极探讨和实施可再生能源与余热利用的研讨会，从理论上丰富了可再生能源在中央空调工程中的应用，而实践中越来越多的中央空调工程设计使用了可再生能源。

2. 燃气空调　《公共建筑节能设计标准》（GB 50189—2015）明确规定：鼓励在具有充足天然气供应的地区，推广应用分布式热电冷联供和燃气空气调节技术，并且在电力充足、供电政策支持和电价优惠地区的建筑中，或以供冷为主，采暖负荷较小且无法利用热泵提供热源的建筑，或有可利用可再生能源发电地区的建筑中限制使用电热锅炉、电热水器作为空气调节系统的热源。《民用建筑供暖通风与空气调节设计规范》（GB 50736—2012）和《工业建筑供暖通风与空气调节设计规范》（GB 50019—2015）也对中央空调冷热源形式的选择、设备的选用做出了规定，对空气调节的冷热源进行了全面修订，新增了关于直燃型溴化锂吸收式冷（温）水机组的设计要求。在实践中，也有很多大型的燃气空调工程设计的例子。

3. 热泵技术　近年来，越来越多的中央空调工程设计采用了热泵作为冷热源。目前，关于中央空调设计的一个趋势是"暖气过长江，空调到东北"。根据笔者的调研，华南地区的很多别墅中都由热泵作为冬季供暖热源。热泵包括空气源、水源和地源等形式，热泵不仅可以制冷，也可以供热，特别是近年来风靡世界的所谓"户式中央空调系统"，大多使用的就是热泵形式，而一些大型的公共建筑，使用地源热泵作为制冷冷源的中央空调工程设计也不鲜见。

1.3.2　环保与室内环境要求方面

《民用建筑工程室内环境污染控制规范》（GB 50325—2013）对建筑环境提出了新的要求。《民用建筑供暖通风与空气调节设计规范》（GB 50736—2012）则新增了预计平均热感觉指数（PMV）、预计不满意者的百分数（PPD）、湿球黑球温度（WBGT）等指标来指导空调设计。从这些规定可以看出，在新的中央空调工程设计中，对环保与室内舒适度提出了更高的要求，中央空调工程设计必须反映这些变化。

1.3.2.1　温湿度独立控制与干式风机盘管系统

由于在普通空调系统中，采用冷却除湿的风机盘管系统容易滋生细菌和微生物，为克服这个弊端，创造良好的室内环境，近年来出现了温、湿度独立控制，表冷器无冷凝水的对流式干式风机盘管。在温、湿度独立控制系统中，干式风机盘管运行在干工况情况，没有冷凝水产生，因而可以使风机盘管更卫生，室内环境更舒服，没有发霉现象。同时，室内风机盘管不装凝水盘，结构更紧凑，有利于设备的安装。在目前的中央空调工程设计中，已有个别工程采用了干式风机盘管系统方案，可以预见，在对室内环境质量日益重视的今天，干式风机盘管系统将有较大的发展。

1.3.2.2　地板送风与置换通风技术

地板送风空调系统首先由英国 AET 公司研发，目前已在全球进行推广。按送风方式划分，这种送风空调方式属于下送下回，在回风部位补给新风，排放废气口设在上方。地板送风空调系统继承了置换通风空调系统的主要优点，还克服了置换通风空调对用户以后改动和设备发展或调整仍然缺乏灵活适应性的缺点。通常这种地板送风空调系统与架空活动地板、可自由拆卸的组合间墙、方块地毯及综合布线系统等现代建造业成熟的技术有机整合，为现代商业楼宇可持续发展提供了一个坚实的技术平台。

《民用建筑供暖通风与空气调节设计规范》（GB 50736—2012）新增了关于建筑物对利用自然通风的规范要求。与传统混合通风相比，置换通风通常以比较低的风速从房间下部送风，高位排风，气流类似层流状态缓慢地向上移动，在靠近天花板的上部空间受热源和顶板及排风气流的影响，产生紊流现象，形成紊流区。气流产生热力分层现象，从而使房间内出现两个特性明显不同的区域：下部为单向流动区，空间呈明显的垂直温度梯度和废气浓度梯度；而上部为混合区，温度和废气浓度则比较均匀。近年来，华东和华北地区在一批国内知名暖通专家的大力倡导下，对一种国外比较流行的置换通风空调技术的引进和消化取得了较好成果，并开始成功地在商业建筑中加以运用。这种送风空调方式与传统混合送风空调方式相比，具有节能和改善室内空气质量等多方面的优点。地板送风和置换通风空调系统以办公楼、体育馆等工程为最多。例如广州新体育馆就是一个采用置换通风空调的成功案例。在国外，通常在工业通风系统中采用置换方式较为普遍（50%），并且在商业楼宇中的应用也越来越多（20%）。这种空调方式在我国计算机和通信机房中并不陌生，近年开始在大型公共建筑、工业厂房和商业楼宇推广。

1.3.2.3　辐射供冷与个性化送风技术

辐射供冷空调系统，作为一种节能空调系统，可以很好地与低能耗绿色建筑结合，应用前景良好。辐射供冷是指降低围护结构内表面中一个或多个表面的温度，形成冷辐射面，依靠辐射面与人体、家具及围护结构其余表面的辐射热交换进行供冷的技术方法。辐射面可通过在围护结构中设置冷管道或在天花板或墙外表面加设辐射板来实现。由于辐射面及围护结构和家具表面温度的变化，导致它们和空气间的对流换热加强，增强供冷效果。一般在气候比较温和，空气比较干燥的地区，房间的余热较少，新风本身不仅不需要除湿，还能将房间的余湿除去，冷量只用来为新风降温和为房间消除余热而不是除湿，辐射供冷系统才能充分发挥它的优势。因此，辐射供冷空调系统在干燥的西部地区值得尝试。

另外，个性化送风技术也是中央空调工程设计的一个变化，目前，在国外已有大量关于个性化通风工程案例的报道。个性化送风的优点是：将风口放置在人员工作区附近，使用者可以对其进行自由的调节，提高了人员吸入空气的质量，既改善了局部热环境，又提高了室内空气的平均温度，使室内的冷负荷减小，从而实现节能。个性化送风技术能使空间高处的高温气体和送风气流能有效分离，从而减少了不必要的空间冷负荷，体现了"按需求提供"的理念。根据 ASHRAE 55—1992 热舒适性的要求，应减小室内温度梯度。研究表明温度梯度的大小受送风量和送风速度的影响较大，送风量增加，温度梯度减小。而个性化送风缩短了达到设计状态的作用时间，将大大降低气流的扰动，能迅速响应使用者的热舒适需求。该系统的温度差小于中央空调系统，能缩短同等水平的热舒适所需的时间，比中央空调节能45%。

1.3.2.4　低噪声空调与送风系统

空调噪声是影响室内良好环境的不利因素之一，在中央空调工程设计中，必须多方面考虑噪声的影响。《工业建筑采暖通风与空气调节设计规范》（GB 50019—2015）对室内噪声有了更加严格的要求，这是中央空调工程设计的一个新变化。例如：新增了对振动控制设计的规定，以及对室外设备噪声的控制要求。尤其在送风管内气流速度、出风口气流速度和室内气流速度等方面进行了规定，在机组、设备和管道等环节的降噪、减振等方面也做出了具体规定。一些中央空调设备公司甚至把低噪声产品作为一个卖点加以推广。最近，大量的低噪声甚至静音空调工程设计已屡见不鲜。

1.3.3　新设备与新材料方面

　　新的中央空调工程设计规范鼓励采纳新技术、新材料、新工艺和新设备。一些地方政府也对中央空调中采用新工艺、新设备、新产品和新材料进行鼓励，依法享受税收优惠等扶持政策，在政府采购中被列入优先采购的产品目录。

1.3.3.1　新材料在中央空调工程中的大量使用

　　新材料在中央空调工程中主要有两个方面的应用：

　　一是作为风管材料。近年来，非金属风管和复合材料风管的应用越来越广泛，例如玻璃棉纤维复合风管、高分子保温复合风管、插接式无机玻璃钢保温风管、节能消声风管和金属复合软风管等。这些新材料难燃、耐腐蚀且易加工，有的还具有抗潮湿、耐酸碱等优点，是理想的风管材料。目前，这些材料在公寓、别墅及各种商业建筑中的空调工程中被大量使用。

　　二是作为水管材料使用。一些新型的非金属材料，例如 PVC 管（包括 PVC-U 管）、PE 管、PR 管和 PB 管等，能输送一定温度的热水，而且质量轻、耐腐蚀，能承受一定的高压，在某些方面已具备钢材的性质，特别是一些塑钢复合管、铝塑复合管，具备金属和非金属的优点，适合在中央空调工程中作为冷冻水管、冷凝水管或冷却水管使用。近年来，一些地方设计院积极探索和大胆尝试，在中央空调工程设计中大量应用了这些新材料，改变了镀锌钢管一统天下的局面。

1.3.3.2　新设备在中央空调工程中的大量使用

　　新设备在中央空调工程中已有大量的应用。

　　1. 变风量末端装置　变风量末端装置（VAV Box）是变风量（Variable Air Volume，简称 VAV）空调系统的主要调节装置。变风量末端装置根据室内空调负荷的变化或室内参数要求的改变，通过自动改变送风量（也可在达到最小送风量时调节送风温度）来控制某一空调区域温度和保证室内空气压力的空调系统。变风量空调系统由空气处理机组（AHU）、新风/排风/送风/回风管道、变风量末端装置（VAV Box）和房间温度传感器（TE）等控制装置组成。

　　变风量空调系统于 20 世纪 60 年代诞生于美国，由于节能等优点，目前已成为美国的主流空调系统。我国于 20 世纪 80 年代末开始应用该系统，其技术大多以引进北美的 VAV 空调系统为主，在中国香港，1980 年代以后新建的建筑中有 80% 以上采用 VAV 空调系统，比较著名的建筑如汇丰银行。日本 20 世纪 90 年代以后的新建或改建建筑基本都采用 VAV 空调系统。目前，系统不仅在设计理念、空调设备和控制方法等相关环节形成一整套的独特体系，而且已变成了成熟的应用技术，因此，受到了广大用户的欢迎，特别是诱导型 VAV 空调末端特别适合对空气品质要求较高的医院病房或办公环境，在国外尤其是北欧国家被广泛采用。

　　2. 带热回收装置的空调机组　根据《公共建筑节能设计标准》（GB 50189—2015）的有关要求，当送风量（或新风量）较大，且送排风温差 ≥8℃时，建议设置热回收装置，并要求额定热回收率不低于 60%。目前，很多厂商推出了带有热回收装置的空调装置，在一些中央空调工程设计中，已大量使用各种热回收装置。

　　另外一种使用热回收的装置叫热回收转轮，用于末端组合式空调机组，以制冷工况为例：转轮回收回风的冷量送给新风，使新风的的温度下降，达到初次处理的效果，从而减少对新风处理的要求，达到节能和节约运行成本的效果。

　　3. 新型冷却塔　目前，新型冷却塔在中央空调工程中已大量使用。例如各种玻璃钢无填料喷雾冷却塔等新型冷却塔；各种低噪声冷却塔等。

　　4. 变频、节能装置及附件　在中央空调工程中，还有其他一些先进的设备被广泛使用，例如变频技术，已在水泵、冷水机组、冷却塔、风机等动力设备中广泛应用。一些防止冷冻水、冷却水污染和结垢的水处理设备也大量应用于中央空调工程设计中。

1.3.4 新技术应用方面

1.3.4.1 中央空调的优化控制与调节

智能建筑的概念于 20 世纪末诞生在美国。第一幢智能大厦于 1984 年在美国哈特福德（Hartford）市建成。我国相关建设于 20 世纪 90 年代才起步，但发展势头迅猛令世人瞩目。智能建筑主要包括通信网络系统（Communication Network，CN）。办公室自动化 OA（Office Autonation）。建筑设备管理自动化 BA（Building Automation）及建筑环境人性化（Ergonomics）四种要素。中央空调的自动控制与调节是建筑设备自动化的重要组成部分，也是建筑智能化的要素之一。智能建筑与中央空调控制需要应用大量的新技术，例如自动控制技术、信息技术和互联网络技术等。在中央空调工程方案设计中，必须考虑到人性化、自动化和集成化。《民用建筑供暖通风与空气调节设计规范》（GB 50736—2012）明确规定：在空气调节系统中应设置监测与控制系统，包括参数检测、参数与设备状态显示、自动调节与控制、工况自动转换、设备连锁与自动保护、能量计量以及中央监控与管理等。

有研究机构近期公布的全球空调市场分析报告指出，2016—2020 年期间，市场发展预计受到诸多重要趋势的影响。排名前四位的是：智能温控器的普及、变频空调器的使用、集成系统的需求和空气净化技术的引入。

诸如 Nest 和 Ecobee3 等智能温控器已经在住宅和商用市场中越来越普及。这些温控器可以利用移动设备和计算机监控房间和商业空间的温度。温控器控制着室内环境，改变供暖和空调循环，从而达到节能和节约开支的目的。这些温控器也意味着技术的进步，通过 WiFi，该设备可以连接全球超过 85% 的空调器，利用红外技术控制空调器。由此，这将极大地提升空调产品的能效，并对全球空调市场产生积极影响。

暖通空调控制和建筑系统已经变得更加一体化，带动终端用户寻求包括照明和接入控制在内的系统整体利益的需求。由于它利用单一界面进行控制操作，所以在管理建筑系统方面更高效。这些系统有助于消除系统中不必要的设备，为用户带来更舒适的体验，进而达到更佳的建筑管理水平。例如，与暖通空调控制进行整合，可以使用单一界面根据室内环境中人员的数量监控空调设备，调整运行模式。这些系统已经广泛用于商业办公建筑中，同时也被酒店、医疗设施、学校和零售店所采用。

1.3.4.2 中央空调计费技术

中央空调计费技术使中央空调"分户计量""按量（按使用）收费"成为现实，打破了小区、写字楼中央空调长期以来按面积分摊的"大锅饭"现象。中央空调计费是在能量测量、记录基础上，实现费用公平分开的费用计算、分摊系统。正如采暖系统热分户计量可促进节能，集中空调系统冷量计量对于南方地区建筑节能的意义不言而喻。尽管中央空调计费装置本身并不节能，但是，作为一种有效的能量管理工具，中央空调计费能改变使用者的消费行为。一般认为，该方式可节能 10%~15%，也有学者认为能节能 20%~30%。目前，通过能量计量、收费共享节能收益已成为能源成本管理和节能激励的主要措施之一。因此，采用合理的计费方法，使中央空调计费更为公平、合理，具有极大的现实意义。《工业建筑采暖通风与空气调节设计规范》（GB 50019—2015）明确规定：在空气调节系统中应设置能量计量装置。《公共建筑节能设计》（GB 50189—2015）提到：集中空调系统的冷量和热量计量和我国北方地区的采暖热计量一样，是一项重要的建筑节能措施。当实际情况要求并且具备相应的条件时，推荐按不同楼层、室内区域、用户或房间设置冷、热计量装置的做法。

一些地方也出台了针对中央空调计费的措施，例如《湖南省居住建筑节能设计标准》（DBJ 43/001—2017）提到：居住建筑采用集中采暖、空调时，应设计分室（户）温度控制及分户热（冷）量计量设施。《深圳市中央空调系统节能运行维护管理暂行规定》（深贸工源字2005）提到：应推广中央空调系统能量分户计量收费的技术，改中央空调按用户使用建筑面积平摊收费的传统方法为分户计量，使用户的经济利益与节能要求一致。在新建的建筑中，已有大量的中央空调工程设计中采用了中央空调计费系统。

1.3.4.3 蓄冷空调技术

《民用建筑供暖通风与空气调节设计规范》（GB 50736—2012）明确规定：在执行分时电价、峰谷电价差较大的地区，空气调节系统采用低谷电价时段蓄冷能明显节电及节省投资时，可采用蓄冷系统供冷。蓄冷空调技术作为削峰填谷的手段，近年来在中央空调工程中有大量的应用。比较著名的蓄冷空调，有广州大学城空调蓄冷系统。空调蓄冷还可以和大温差供水技术结合使用。

中央空调行业代表节能环保的产品目前主要有三类：一是非电空调。它不以电为主要驱动能源，而是通过采用天然气、煤气、发电废热或工业废热等任何能产生80℃以上的热能为动力的中央空调主机，可以同时或单独提供制冷、采暖和卫生热水。二是"太阳能空调"，该空调系统主要由太阳集热器和吸引式制冷机两大部分构成，兼顾供热和供冷集节能与环保于一身。三是"冰蓄冷空调"，利用夜间低负荷、低价格的电力制冷，储存在蓄冰装置中，白天将储存的冷量融化释放出来，给电网"削峰填谷"。

1.3.4.4 多联机与户式中央空调技术

近年来，以数码涡旋技术和变制冷剂（VRV）为代表的多联机中央空调在中央空调工程中异军突起。在多联机厂商和设计院的大力推动下，多联机中央空调工程设计大有取代传统中央空调之势，特别是在户式中央空调例如中小办公场所等场合中，已占据半壁江山。据统计：2008年，中国的多联机市场规模已达到135亿人民币，约占整个中央空调的30%。值得一提的是，多联机在中国市场如此巨大规模的基础之上，仍能够保持着高速的增长。据统计，在2010年度的行业发展报告中，多联机市场的占有率达到36%，增长率超过10%。同样，2011年报告中，多联机更是延续了2010年度的增长率和占有率。多联机中央空调采用冷媒变流量方式制冷，是国内中央空调份额最大产品，最近几年市占率呈连续增长态势，2012年达到36.3%，市场规模达到207亿元，依托在商业地产和家用中央空调领域中的应用拓展，2013年上半年多联机实现约17%增长，特别是小多联（户式中央空调）市场的快速崛起。

2016年中国中央空调市场上的主角依然是多联机，据《暖通空调资讯》所监测的2016年中央空调行业各大品牌及九大类产品的数据显示，多联机市场以超过20%的增长率和4成以上的市场占有率再次一枝独秀，继续领跑中央空调市场各大类产品。严格地讲，多联机中央空调，并不是一种新技术，但其毕竟与传统的中央空调有很大的差异，某些规范和标准还相当缺乏，是否能在中央空调工程中起到节能效果还有待进一步的研究和论证，中央空调工程设计中应该充分进行技术经济分析，以选择最佳设计方案。

第2章　中央空调工程设计规范与设计文件

2.1　中央空调工程设计标准与规范

2.1.1　美国中央空调工程设计主要标准与规范

美国使用最广泛的暖通空调设计标准与规范为由美国暖通空调制冷工程师学会（American Society of Heating, Refrigerating and Air-Conditioning Engineers, ASHRAE）编制的《暖通空调设计手册》（ASHRAE Handbook）。ASHRAE 是一个创立于 1894 年的国际组织，总部位于美国亚特兰大，目前拥有全职工作人员 100 余名，全球会员约 51000 名。ASHRAE 通过开展科学研究，提供技术标准、导则、继续教育和相关出版物，促进暖通空调和制冷方面科学技术的发展。ASHRAE 是国际标准化组织（ISO）指定的唯一负责制冷空调方面的国际标准认证组织，目前 ASHRAE 标准已被几乎所有国家的制冷设备标准制定机构和制冷设备制造商所采用。ASHRAE 标准由于其在制冷、空调领域的权威性，在中国的暖通规范等相关领域也有引用。

除了《暖通空调设计手册》以外，ASHRAE 还发布各种暖通空调系统、设备相关标准 180 余个、导则 30 余项和相关技术文件。

2.1.2　我国中央空调工程设计主要标准与规范

中央空调工程需要遵循的标准和规范很多，涉及的规范（含建筑、节能、热力以及施工、验收方面的规范等）约有 100 个，这些规范包括从建筑、节能、消防和制图到电气、自控等各个方面。表 2-1 列出了中央空调工程设计常用的一些标准与规范。值得注意的是，这些规范一直在不断地修订之中。

2.2　设计原则、依据、准备与方法

2.2.1　设计原则与设计依据

2.2.1.1　设计原则

1. 遵守中央空调工程设计标准和规范　中央空调工程设计的标准和规范，是中央空调工程设计人员的"宪法"和"法律"，特别是其中的强制性条款，不得违反。这些规范，除了最基本的设计规范以外，还包括与中央空调工程设计相关的一些规范，例如建筑防火规范和公共建筑节能设计标准等，也是必须遵守的设计原则。

2. 综合利用资源，满足环保和可持续的发展要求　中央空调工程设计中，要充分利用和考虑能源、水源等资源要求，贯彻可持续发展的理念。例如要采取节约能源的措施，提倡区域集中供热，重视余热利用，积极开展太阳能、地热能在中央空调工程中的应用。在中央空调工程设计中，要采取行之有效的措施，防止粉尘、废气、余热或噪声等对环境和周围生活区、办公区的污染。

3. 积极贯彻经济和社会发展规划的原则　经济、社会发展规划及产业政策，是国家在某

一个时期的建设目标和指导方针，中央空调工程设计必须贯彻其精神。例如我国奥运会场馆的中央空调工程设计，就采取了大量的可再生能源、能源计量等设计措施。

4. 积极采取新技术、新工艺、新材料和新设备　在中央空调工程设计中，应广泛吸收国内外先进的科研成果和技术经验，结合我国的国情和工程实际情况，积极采用新技术、新工艺、新材料和新设备，以保证中央空调工程设计的先进性和可靠性。

表 2-1　中央空调工程设计部分常用的标准与规范

序号	标准名称	标准编号
1	民用建筑供暖通风与空气调节设计规范	GB 50736—2012
2	工业建筑供暖通风与空气调节设计规范	GB 50019—2015
3	建筑制图标准	GB/T 50104—2010
4	通风与空调工程施工质量验收规范	GB 50243—2016
5	建筑设计防火规范	GB 50016—2014
6	制冷设备、空气分离设备安装工程施工及验收规范	GB 50274—2010
7	民用建筑太阳能热水系统评价标准	GB/T 50604—2010
8	房屋建筑制图统一标准	GB 50001—2010
9	公共建筑节能设计标准	GB 50189—2015
10	暖通空调制图标准	GB/T 50114—2010
11	绿色建筑评价标准	GB/T 50378—2014
12	机械通风冷却塔工艺设计规范	GB/T 50392—2016
13	医院洁净手术部建筑技术规范	GB 50333—2013
14	锅炉房设计规范	GB 50041—2015
15	建筑节能工程施工质量验收规范	GB 50411—2019
16	办公建筑设计规范	JGJ 67—2016
17	节能建筑评价标准	GB/T 50668—2011
18	建筑工程设计文件编制深度规定	（2016 版）

此外，还有一些专门的标准，例如《夏热冬暖地区居住建筑节能设计标准》（JGJ 75—2012）、《夏热冬冷地区居住建筑节能设计标准》（JGJ 134—2010）等系列规范标准。

2.2.1.2　设计依据

中央空调工程设计的设计依据是业主的项目建议书（或设计任务书）和国家（以及当地省市）相关标准和规范。如果有可能，中央空调设计单位应积极参与项目建议书的编制，以尽可能地将设计基础资料收集齐全，从而进行多种方案的技术经济比较，使中央空调工程设计工作质量和效率得到保证。

2.2.2　设计准备

设计师在接受设计任务后，首先应该熟悉建筑图样与原始资料，尤其需要理解业主的需求。需要了解的工程概况和原始资料有：工程所在地的室外气象参数（位置、大气压力、室外温度、相对湿度、室外风速和主导风向）；室内设计参数；土建资料；其他资料（水源情况和电源供应等）。然后需要查阅和收集相关资料，依据建筑特点、功能要求和特性，选择合适的空调方式，再通过综合比较，最后向业主推荐最科学合理的空调方案。

值得注意的是，对作为设计依据的项目建议书或设计任务书，业主单位有可能多次更改或不断完善，有时候业主单位并不了解最新技术、新材料或新工艺，因此给出的设计任务书并不完全专业或正确，设计单位应和业主单位充分沟通，在尊重业主单位的前提下，尽可能提出最佳设计方案。例如，对于某些新建的公共建筑，当地有推广绿色建筑的强制规定，业主方也想申报绿色建筑，但对于具体参数调整和绿色建筑的验收规范并不完全了解，或者对于低层建筑与高层建筑、工业建筑与民用建筑有关绿色建筑的申报流程并不完全清楚，设计单位完全可以在尊重业主意愿的前提下，给业主提供最优的中央空调（含节能）设计方案。

2.2.3 设计方法

中央空调工程的设计，以前主要通过人工来计算。现在，无论是负荷计算还是制图都由计算机来完成。事实上，中央空调工程设计的工作可以用三句话来完成：遵循设计规范；进行负荷计算；绘制设计图样。相比于以前，现在的设计理念更加注重于节能、环保，也更加人性化。同时，设计的效率和要求更高。

2.3 设计内容

中央空调工程的设计包括以下几部分：

2.3.1 设计计算

根据冷负荷系数法或指标估算法，计算建筑各房间、各层的冷、湿负荷，然后汇总出整个建筑的冷、湿负荷，从而确定各空调末端、空调机组和空调分区的冷、湿负荷，确定整个制冷系统的制冷负荷和各制冷机组的冷负荷。确定室内气流组织形式，进行气流组织计算；进行系统风道布置及管路水力计算。

计算、确定各冷却水泵、冷冻水泵的功率、扬程以及流量等；计算确定各冷却水管、冷冻水管的管径和流速等；计算、确定各空调机组的冷量和风量等。

2.3.2 设备选型

根据冷量和风量确定选用空气处理设备的参数、台数等。例如制冷机组的台数、参数和种类；冷却塔的台数、流量和种类；冷却泵、冷冻泵的台数、种类、扬程和流量等；分水缸、集水缸的选型等。

2.3.3 绘制设计图样

中央空调工程设计的成果之一就是设计图样，设计师最终的设计意图都要通过图样来体现。设计图样应包括中央空调系统图、原理图；各层的空调风管、水管平面图、系统图；各设备的大样图；机房布置平面图；剖面图；详图；施工设计总说明和主要设备材料表；以及整个设计的图样目录等。

2.3.4 其他设计

如确定中央空调系统的消声减振设计；确定中央空调系统防排烟及保温设计；确定中央空调系统的调试、自控方法和措施设计等。

2.4 设计步骤

中央空调工程设计流程的科学与否，决定了设计过程能否少走弯路和少做无用功。图2-1列出了中央空调工程设计一般步骤。

2.4.1 明确设计任务及设计需求

设计人员在接受中央空调工程设计任务以后，要详细了解业主的需求。这是做好中央空调工程设计的重要前提，也是防止以后设计反复变更和衔接不畅的关键步骤。

2.4.2 熟悉原始资料

要熟悉建筑的功能和应用特征，从而确定建筑物中央空调的设计目标。要根据设计对象所处地区，确定室外空气冬、夏设计参数；确定设计对象的建筑热工参数、在室人员数量、灯光负荷、设备负荷和工作时间段等特征参数。要搜集相关资料（中文、英文），相关规范、参考书等，形成设计思路。

2.4.3 空调方案比较

在了解业主需求的基础上，根据建筑特征，结合国内外相关设计经验和中央空调工程设计案例，向业主推荐，建议最合适、最有利的空调方案。最合适的空调方案未必是最先进的方案，也未必是最成熟的方案，而是综合考虑了方案的先进性、可靠性、经济性后最优的方案。

经济性比较是目前暖通空调方案比较中优先考虑的问题。比较时首先应注意比较基准必须一致，应采用相同的设计要求、使用情况、设备档次、能源价格、舒适状况和美观情况等基准条件进行比较，这样才能保证方案比较结果的科学性和合理性。

目前，我国很多企业追求利益最大化，因此更加注重的是建筑的设计，而忽略暖通空调的设计。此外，对于暖通空调的设计费用也不够合理。在实际的设计中，一些国外建筑设计费通常要占到建筑造价总费用的 7%～10%，而我国仅仅占到 3% 左右，这与设计人员付出的劳动量不成正比。在这样的情况下，不容易调动暖通空调设计人员发挥主观能动性去完善和创新暖通空调的设计。

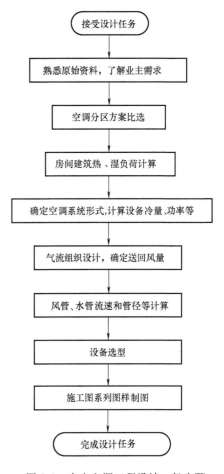

图 2-1 中央空调工程设计一般步骤

2.4.4 设计计算

进行设计计算包括以下几个方面的内容，例如计算各个房间、子系统、各分区在最不利条件下的空调热、湿负荷；计算各空调设备热、湿负荷以及送风温差；计算确定冬、夏送风状态和送风量；根据设计对象的工作环境要求，计算及确定最小新风量；确定空调系统方式；进行气流组织设计，根据送、回风量，确定送、回风口型式；布置空调风管道，进行风道系统设计计算，确定管径、阻力等；布置空调水管道，进行水管路的水力计算，确定管径、阻力等。在进行设计计算时，可以使用一些专门的负荷设计软件，也可以用制图设计软件的负荷计算功能进行计算。

2.4.5 设备选型

在进行负荷计算后，就可以根据计算结果进行设备选型了。主要是确定空调系统的空气处理方案以及空气处理设备的容量；确定风机和水泵的流量、风压（扬程）及型号；确定冷却塔的风量、功率、容量等；根据空气处理设备的容量确定冷源（制冷机）或热源（锅炉）

的容量及水量、功率等。

2.4.6 施工图制图

施工图制图是中央空调工程设计的最重要内容之一，设计时要遵守设计规范。关于施工图制图的详细要点和注意事项，后面的章节会进行详细的论述。

要做好中央空调工程设计工作，一要靠熟悉规范；二要讲究制图技巧和经验；三要有全局观念，最好从宏观到微观，先整体后局部把握设计工作；四要注意与业主和其他专业配合，因为中央空调工程设计的一些管井可能需要公用，线路、管路可能会重叠、交叉、冲突，所以需要和其他专业进行配合和协调。另外，有时业主会进行设计变更，这是加大设计工作量的原因。

2.5 设计文件

中央空调工程设计的设计文件包括方案设计文件和施工图设计文件。对于方案设计文件，应满足编制初步设计文件的需要。对于施工图设计文件，应满足设备材料采购、非标准设备制作和施工的需要。对于将项目分别发包给几个设计单位或实施设计分包的情况，设计文件相互关联处的深度应满足各承包或分包单位设计的需要。

2.5.1 初步设计或方案设计阶段

根据《基本建设设计工作管理暂行办法》的规定，设计阶段可根据建设项目的复杂程度而定。一般建设项目的工程设计可以按初步设计和施工图设计两阶段进行，而技术复杂的建设工程项目，还要按照初步设计、方案设计和施工图设计三个阶段来进行。初步设计应包括有关文字说明和图样，包括设计依据、主要设备选型和新技术应用情况等。初步设计应达到设计方案的比选和确定、主要设备材料订货、投资的控制以及施工招标文件的编制等要求。

2.5.2 施工图设计阶段

本节重点论述施工图设计文件。施工图设计文件包括：

1）合同要求所涉及的所有专业的设计图样（含图样目录、说明和必要的设备、材料表）以及图样总封面；对于中央空调工程设计，设计说明中还应有建筑节能设计的专项内容。

2）合同要求的工程预算书。

3）中央空调工程设计计算书。计算书不属于必须交付的设计文件，但应按规定编制并归档保存。

在施工图设计阶段，中央空调工程设计文件应包括图样目录、设计说明和施工说明、设备表、设计图样和计算书。

图样目录应先列新绘图样，后列选用的标准图或重复利用图。

设计说明应简述工程建设地点、规模、使用功能、层数和建筑高度等；应列出设计依据，说明设计范围；应说明空调室内外设计参数；说明冷源设置情况，冷媒及冷却水参数等；应说明各空调区域的空调方式，空调风系统及必要的气流组织说明等；说明空调水系统设备配置形式和水系统制式，系统平衡、调节手段，洁净空调净化级别，监测与控制要求；有自动监控时，确定各系统自动监控原则（就地或集中监控），说明系统的使用操作要点等；说明通风系统形式，通风量或换气次数，通风系统风量平衡等；应说明设置防排烟的区域及其方式，防排烟系统及其设施配置、风量确定、控制方式，暖通空调系统的防火措施；应说明设备降噪、减振要求，管道和风道减振做法要求，废气排放处理等环保措施；应说明在节能设计条款中阐述采用的节能措施等。

施工说明应包括设计中使用的管道、风道、保温等材料选型及做法；应有设备表和图例，没有列出或没有标明性能参数的仪表、管道附件等的选型等；应说明系统工作压力和试压要求；应说明图中尺寸、标高的标注方法，以及施工安装要求及注意事项，采用的标准图集、施工及验收依据等。

其他关于施工图的制图要求在后面的章节专门论述。

中央空调工程设计文件还应包括总封面标识，其内容如下：

1）项目名称。

2）设计单位名称。

3）项目设计编号。

4）编制单位法定代表人、技术总负责人和项目总负责人的姓名及其签字或授权盖章。

5）设计日期（即设计文件交付日期）。

2.5.3　设计文件的审批与修改

2.5.3.1　设计文件的审批

中央空调工程设计文件的审批，实行分级管理、分级审批的原则。按照我国的规定，施工图设计除主管部门规定要审查的外，一般不再审批。设计单位要对施工图的质量负责，并向生产及施工单位进行技术交底，听取意见。

2.5.3.2　设计文件的修改

设计文件是工程建设的主要依据，经批准后，就具有一定的严肃性，不得任意修改和变更。如果要变更和修改，则必须经有关单位批准。施工图的修改，必须经原设计单位的同意。建设单位、施工单位或监理单位都无权单方面修改设计文件。不过随着我国政府职能的转变，我国的设计文件审批和修改制度必将进一步改革，政府对设计文件的审批内容将侧重于宏观、规划、安全、环保和职业卫生等内容，其他内容将由建设单位进行自行审查。

第3章 中央空调工程负荷与送风量计算

空调负荷是指空调房间冷（热）负荷和湿负荷。空调房间冷（热）负荷、湿负荷是确定空调系统送风量及空调设备容量的基本依据。室内冷（热）负荷、湿负荷的计算以室外气象参数和室内要求保持的空气参数为依据。

3.1 室内外计算参数

3.1.1 室外空气的计算参数

空调室外空气计算参数是指现行的《工业建筑采暖通风与空气调节设计规范》（GB 50019—2015）和《民用建筑采暖通风与空气调节设计规范》（GB 50376—2012）（以下简称《规范》）中所规定的用于空调设计计算的室外气象参数。工业建筑主要是指工业厂房，民用建筑包括写字楼、医院、学校、商场、展览中心、体育馆、候机楼和候车室等。本书以民用建筑的中央空调工程设计为主进行介绍。室外空气计算参数取值的大小，将会直接影响室内空气状态和空调系统费用。因此，设计规范中规定的室外空气计算参数是按允许全年有少数时间达不到室内温湿度要求的现象，但其保证率却相当高的原则而制定的。

空调室外空气计算参数主要有以下几项：

1）夏季空调室外计算干球温度（t_w）和湿球温度（t_s）。这两个温度通常用于在 h-d 图上确定夏季的新风状态。

2）冬季空调室外计算温度（t_w）和相对湿度（φ_w）。这两个参数通常用于在 h-d 图上确定冬季的新风状态。

3）夏季和冬季的室外大气压力 B。用于选择合适的 h-d 图。

4）夏季和冬季的室外平均风速 v。可用于计算建筑围护结构室外侧的换热系数 h_w。

3.1.2 室内空气的计算参数

《规范》对舒适性空调的室内设计参数的规定是：

（1）室内温度 t_n。夏季空调应采用 22~28℃。高级民用建筑或人员停留时间较长的建筑可取低值；一般民用建筑或人员停留时间短的建筑应取高值。冬季空调应采用 18~24℃。高级民用建筑或人员停留时间较长的建筑可取高值；一般建筑或人员停留时间短的建筑应取低值。

（2）室内相对湿度 φ。夏季空调应采用 40%~65%，一般建筑或人员停留时间短的建筑可取偏高值。冬季空调应采用 30%~60%，使用条件无特殊要求时，可不受此限制。

（3）室内风速 v（人员活动区）。夏季空调不应大于 0.3m/s；冬季空调不应大于 0.2m/s。

《规范》中给出的数据是概括性的。对于具体的民用建筑而言，由于各空调房间的使用功能各不相同，而其室内空调设计计算参数也会有较大差异。我国有关部门还制定了某些特殊建筑的设计标准或卫生标准，规定了室内设计参数。对于工艺性空调，应根据工艺要求来确定室内空气计算参数。注意，只要工艺条件允许，应尽量提高夏季室内温度基数，以节省建设投资和运行费用，并减少能耗。此外，夏季空调室温基数过低（如达 20℃时），室内外温差就会过大，将使室内人员感到不适. 甚至会引起如关节炎一类由冷感带来的疾病。

对于民用建筑中不同用途房间的舒适性空调参数，可参见有关设计手册，一些常见建筑类型的室内计算参数见表 3-1。

表 3-1　空气调节房间的室内计算参数

建筑类型	房间类型	夏季			冬季		
		温度 /℃	相对湿度 （%）	气流平均速度/（m/s）	温度 /℃	相对湿度 （%）	气流平均速度/（m/s）
住宅	卧室和起居室	26~28	64~45	≤0.3	18~20	—	≤0.2
旅馆	客厅	24~27	65~50	≤0.25	18~22	50~40	≤0.15
	宴会厅、餐厅	24~27	65~55	≤0.25	18~22	50~40	≤0.15
	文体娱乐房间	25~27	60~40	≤0.3	18~20	50~40	≤0.2
	大厅、休息厅、服务部门	26~28	65~50	≤0.3	16~18	50~40	≤0.2
医院	病房	25~27	65~45	≤0.3	18~22	55~40	≤0.2
	手术室、产房	25~27	60~40	≤0.2	22~26	60~40	≤0.2
	检查室、诊断室	25~27	60~40	≤0.25	18~22	60~40	≤0.2
办公楼	一般办公室	26~28	<65	≤0.3	18~20	—	≤0.2
	高级办公室	24~27	60~40	≤0.3	20~22	55~40	≤0.2
	会议室	25~27	<65	≤0.3	16~18	—	≤0.2
	计算机房	25~27	65~45	≤0.3	16~18	—	≤0.2
	电话机房	24~28	65~45	≤0.3	18~20	—	≤0.2
影剧院	观众厅	26~28	≤65	≤0.3	16~18	≥35	≤0.2
	舞台	25~27	≤65	≤0.3	16~20	≥35	≤0.2
	化妆	25~27	≤60	≤0.3	18~22	≥35	≤0.2
	休息室	28~30	<65	≤0.3	16~18	—	≤0.2
学校	教室	26~28	≤65	≤0.3	16~18	—	≤0.2
	礼堂	26~28	≤65	≤0.3	16~18	—	≤0.2
	实验室	25~27	≤65	≤0.3	16~20	—	≤0.2
图书馆 博物馆 美术馆 档案馆	阅览室	26~28	65~45	≤0.3	16~18	—	≤0.2
	展览厅	26~28	60~45	≤0.3	16~18	50~40	≤0.2
	善本、舆图、珍藏、档案库和书库	22~24	60~45	≤0.3	12~16	60~45	≤0.2
	缩微胶片库	20~22	50~30	≤0.3	12~16	50~30	≤0.2
体育馆	观众席	26~28	≤65	0.15~0.3	16~18	50~35	≤0.2
	比赛厅	26~28	≤65	0.2~0.5(乒乓球) ≤0.2(羽毛球)	16~18	—	≤0.2
	练习厅	26~28	≤65	0.2~0.5(乒乓球) ≤0.2 羽毛球	16~18	—	≤0.2
	游泳池大厅	25~28	≤75	0.15~0.3	25~27	≤75	≤0.2
	休息厅	28~30	≤65	<0.5	16~18	—	≤0.2
百货商店	营业厅	26~28	65~50	0.2~0.3	16~18		0.1~0.3
电视、广播中心	播音室、演播室	25~27	60~40	≤0.3	18~20	50~40	≤0.2
	控制室	24~26	60~40	≤0.3	20~22	55~40	≤0.2
	机房	25~27	60~40	≤0.3	16~18	55~40	≤0.2
	节目制作室、录音室	25~27	60~40	≤0.3	18~20	50~40	≤0.2

3.2　空调冷负荷的计算

　　空调冷负荷的计算方法很多，例如谐波反应法、反应系数法、传递函系数法和冷负荷系数法等。目前，我国常采用冷负荷系数法和谐波反应法的简化计算方法计算空调冷负荷。本节所述的计算方法是冷负荷系数法。冷负荷系数法是建立在传递函数法的基础上，是便于在工程上进行手算的一种简化算法，下面介绍具体计算方法。

3.2.1　围护结构瞬变传热形成的冷负荷

3.2.1.1　外墙和屋面瞬变传热引起的冷负荷

　　在日射和室外气温综合作用下，外墙和屋面瞬变传热引起的逐时冷负荷可按下式计算：

$$Q_{c(\tau)} = AK(t_{c(\tau)} - t_n) \tag{3-1}$$

式中 $Q_{c(\tau)}$——外墙和屋面瞬变传热引起的冷负荷（W）；

$\quad A$——外墙和屋面的面积（m^2）；

$\quad K$——外墙和屋面的传热系数 $[W/(m^2 \cdot ℃)]$，可根据外墙和屋面的不同构造和厚度，分别由表3-2和表3-3中查取；

$\quad t_{c(\tau)}$——外墙和屋面的逐时冷负荷计算温度（℃），根据外墙和屋面的不同类型分别在表3-4和表3-5中给出；

$\quad t_n$——室内计算温度（℃）。

表 3-2 屋面构造类型

序号	构造	壁厚 δ /mm	保温层 材料	保温层 厚度 l /mm	导热热阻 /[(m²·K)/W]	传热系数 /[W/(m²·K)]	单位面积质量 /(kg/m²)	热容量 /[kJ/(m²·K)]	类型
1		35	水泥膨胀珍珠岩	25	0.77	1.07	292	247	IV
				50	0.98	0.87	301	251	IV
				75	1.20	0.73	310	260	III
				100	1.41	0.64	318	264	III
				125	1.63	0.56	327	272	III
				150	1.84	0.50	336	277	III
				175	2.06	0.45	345	281	II
				200	2.27	0.41	353	289	II
			沥青膨胀珍珠岩	25	0.82	1.01	292	247	IV
				50	1.09	0.79	301	251	IV
				75	1.36	0.65	310	260	III
				100	1.63	0.56	318	264	III
				125	1.89	0.49	327	272	III
				150	2.17	0.43	336	277	III
				175	2.43	0.38	345	281	II
				200	2.70	0.35	353	289	II
			加气混凝土泡沫混凝土	25	0.67	1.20	298	256	IV
				50	0.79	1.05	313	268	IV
				75	0.90	0.93	328	281	III
				100	1.02	0.84	343	293	III
				125	1.14	0.76	358	306	III
				150	1.26	0.70	373	318	III
				175	1.38	0.64	388	331	III
				200	1.50	0.59	403	344	II
2		70	水泥膨胀珍珠岩	25	0.78	1.05	376	318	III
				50	1.00	0.86	385	323	III
				75	1.21	0.72	394	331	III
				100	1.43	0.63	402	335	II
				125	1.64	0.55	411	339	II
				150	1.86	0.49	420	348	II
				175	2.07	0.44	429	352	II
				200	2.29	0.41	437	360	I
			沥青膨胀珍珠岩	25	0.83	1.00	376	318	III
				50	1.11	0.78	385	323	III
				75	1.38	0.65	394	331	III
				100	1.64	0.55	402	335	II
				125	1.91	0.48	411	339	II
				150	2.18	0.43	420	348	II
				175	2.45	0.38	429	352	II
				200	2.72	0.35	437	360	I
			加气混凝土泡沫混凝土	25	0.69	1.16	382	323	III
				50	0.81	1.02	397	335	III
				75	0.93	0.91	412	348	III
				100	1.05	0.83	427	360	II
				125	1.17	0.74	442	373	II
				150	1.29	0.69	457	385	I
				175	1.41	0.64	472	398	I
				200	1.53	0.59	487	411	I

表 3-3　外墙结构类型

序号	构造	壁厚 δ/mm	保温层厚 /mm	导热热阻 /[(m²·K)/W]	传热系数 /[W/(m²·K)]	单位面积质量 /(kg/m²)	热容量 /[kJ/(m²·K)]	类型
1	1. 砖墙 2. 白灰粉刷	240		0.32	2.05	464	406	Ⅲ
		370		0.48	1.55	698	612	Ⅱ
		490		0.63	1.26	914	804	Ⅰ
2	1. 水泥砂浆 2. 砖墙 3. 白灰粉刷	240		0.34	1.97	500	436	Ⅲ
		370		0.50	1.50	734	645	Ⅱ
		490		0.65	1.22	950	834	Ⅰ
3	1. 砖墙 2. 泡沫混凝土 3. 木丝板 4. 白灰粉刷	240		0.95	0.90	534	478	Ⅱ
		370		1.11	0.78	768	683	Ⅰ
		490		1.26	0.70	984	876	0
4	1. 水泥砂浆 2. 砖墙 3. 木丝板	240		0.47	1.57	478	432	Ⅲ
		370		0.63	1.26	712	608	Ⅱ

表 3-4 外墙冷负荷计算温度 $t_{c(\tau)}$　　　　（单位：℃）

时间	I 型外墙				II 型外墙			
	S	W	N	E	S	W	N	E
0	34.7	36.6	32.2	37.5	36.1	38.5	33.1	38.5
1	34.9	36.9	32.3	37.6	36.2	38.9	33.2	38.4
2	35.1	37.2	32.4	37.7	36.2	39.1	33.2	38.2
3	35.2	37.4	32.5	39.2	36.1	38.0	33.2	38.0
4	35.3	37.6	32.6	37.7	35.9	39.1	33.1	37.6
5	35.3	37.8	32.6	37.6	35.6	38.9	33.0	37.3
6	35.3	37.9	32.7	37.5	35.3	33.6	32.8	36.9
7	35.3	37.9	32.6	37.4	35.0	38.2	32.6	36.4
8	35.2	37.9	32.6	37.3	34.6	37.8	32.3	36.0
9	35.1	37.8	32.5	37.1	34.2	37.3	32.1	35.5
10	34.9	37.7	32.5	36.8	33.9	36.8	31.8	35.2
11	34.8	37.5	32.4	36.6	33.5	36.3	31.0	35.0
12	34.6	37.3	32.2	36.9	33.2	35.9	31.4	35.0
13	34.4	37.1	32.1	36.2	32.9	35.5	31.3	35.2
14	34.2	36.9	32.0	36.1	32.8	35.2	31.2	35.6
15	34.0	36.6	31.9	36.1	32.9	34.9	31.2	36.1
16	33.9	36.4	31.8	36.2	33.1	34.8	31.3	36.6
17	33.8	36.2	31.8	36.3	33.4	34.8	31.4	37.1
18	33.8	36.1	31.8	36.4	33.9	34.9	31.6	37.5
19	33.9	36.0	31.8	36.6	34.4	35.3	31.8	37.9
20	34.0	35.9	31.8	36.8	34.9	35.8	32.1	38.2
21	34.1	36.0	31.9	37.0	35.3	36.5	32.4	38.4
22	34.3	36.1	32.0	37.2	35.7	37.3	32.6	38.5
23	34.5	36.3	32.1	37.3	36.0	38.0	32.9	38.6
最大值	35.3	37.9	32.7	39.2	36.2	39.1	33.2	38.6
最小值	33.8	35.9	31.8	36.1	32.8	34.8	31.2	35.0

注：外墙的种类并不只有两种，本表只列出了两种。0~23，是指 0 点到 23 点。

表 3-5 屋面冷负荷计算温度 $t_{c(\tau)}$　　　　（单位：℃）

时间	I	II	III	IV	V	VI
0	34.7	47.2	47.7	46.1	41.6	38.1
1	44.3	46.4	46.0	43.7	39.0	35.5
2	44.8	45.4	44.2	41.4	36.7	33.2
3	45.0	44.3	42.4	39.3	34.6	31.4
4	45.0	43.1	406	37.3	32.8	29.8
5	44.9	41.8	38.8	35.5	31.2	28.4
6	44.5	40.6	37.1	33.9	29.8	27.2
7	44.0	39.3	35.5	32.4	28.7	26.5
8	43.4	38.1	34.1	31.2	28.4	26.8
9	42.7	37.0	33.1	30.7	29.2	28.6
10	41.9	36.1	32.7	31.0	31.4	32.0
11	41.1	35.6	33.0	32.3	34.7	36.7
12	40.2	35.6	34.0	34.5	38.9	42.2
13	39.5	36.0	35.8	37.5	43.4	47.8
14	38.9	37.0	38.1	41.0	47.9	52.9
15	38.5	38.4	40.7	44.6	51.9	57.1
16	38.3	40.1	43.5	47.9	54.9	59.8
17	38.4	41.9	46.1	50.7	56.8	60.9
18	38.8	43.7	48.3	52.7	57.2	60.2

（续）

时间	I	II	III	IV	V	VI
19	39.4	45.4	49.9	53.7	56.3	57.8
20	40.2	46.7	50.8	53.6	54.0	54.0
21	41.1	47.5	50.9	52.5	51.0	49.5
22	42.0	47.8	50.3	50.7	47.7	45.1
23	42.9	47.7	49.2	48.4	44.5	41.3
最大值	45.0	47.8	50.9	53.7	57.2	60.9
最小值	34.7	35.6	32.7	30.7	28.4	26.5

注：0~23，是指 0 点到 23 点。I，II，III，IV，V，VI 等各类型墙体数据。

必须指出：

1）表 3-4 和表 3-5 中给出的各围护结构的冷负荷温度值都是以北京地区气象参数数据为依据计算出来的。因此，对于不同设计地点，应对 $t_{c(\tau)}$ 值进行修正，其地点修正值 t_d 可由表 3-6 查得。

2）当外表面放热系数不同于 18.6W/（m² · ℃）时，应将 $t_{c(\tau)}+t_d$ 值乘以表 3-7 中的修正值 K_α。

3）当内表面放热系数不同时，可不加修正。

4）考虑到城市大气污染和中、浅颜色的耐久性差，建议吸收系数一律采用 $\rho=0.90$，即对 $t_{c(\tau)}$ 不加修正。但可经久保持建筑围护结构表面的中、浅色时，则可将计算数值乘以表 3-8 所列的吸收系数修正值 K_ρ。

表 3-6　I - VI 型结构地点修正值 t_d　（单位：℃）

编号	城市	S	SW	W	NW	N	NE	E	SE	水平
1	北京	0.0	0.0	0.0	0.0	0.0	0.0	0.0	0.0	0.0
2	天津	-0.1	-0.3	-0.1	-0.1	-0.2	-0.3	-0.1	-0.3	-0.5
3	沈阳	-1.4	-1.7	-1.9	-1.9	-1.6	-2.0	-1.9	-1.7	-2.7
4	哈尔滨	-2.2	-2.8	-3.4	-3.7	-3.4	-3.8	-3.4	-2.8	-4.1
5	上海	-0.8	-0.2	0.5	1.2	1.2	1.0	0.5	-0.2	0.1
6	南京	1.0	1.5	2.1	2.7	2.7	2.5	2.1	2.5	2.0
7	武汉	0.4	1.0	1.7	2.4	2.2	2.3	1.7	1.0	1.3
8	广州	-1.9	-1.2	0.0	1.3	1.7	1.2	0.0	-1.2	-0.5
9	昆明	-8.5	-7.8	-6.7	-5.5	-5.2	-5.7	-6.7	-7.8	-7.2
10	西安	0.5	0.5	0.9	1.5	1.8	1.4	0.9	0.5	0.4
11	兰州	-4.8	-4.4	-4.0	-3.8	-3.9	-4.0	-4.0	-4.4	-4.0
12	乌鲁木齐	0.7	0.5	0.2	-0.3	-0.4	-0.4	0.2	0.5	0.1
13	重庆	0.4	1.1	2.0	2.7	2.8	2.6	2.0	1.1	1.7

注：N—北向；S—南向；W—西向；E—东向。

表 3-7　外表面放热系数修正值 K_α

$\alpha_w/[W/(m^2 \cdot K)]$	14.0	16.3	18.6	20.9	23.3	25.6	27.9	30.2
K_α	1.06	1.03	1.00	0.98	0.97	0.95	0.94	0.93

表 3-8　吸收系数修正值 K_ρ

颜色　　类型	外墙	屋面
浅色	0.94	0.88
中色	0.97	0.94

综上所述，外墙和屋面的冷负荷计算温度为

$$t'_{c(\tau)} = (t_{c(\tau)}+t_d)K_\alpha K_\rho \tag{3-2}$$

相应的冷负荷计算公式为

$$Q_{c(\tau)} = AK(t'_{c(\tau)}-t_n) \tag{3-3}$$

3.2.1.2 内围护结构的冷负荷

内围护结构是指内隔墙及内楼板，它们的冷负荷也是通过温差传热（即与邻室的温差）而产生的，这部分冷负荷可视为不随时间而变化的稳定传热，其计算式为

$$Q_{c,i}=A_iK_i(t_{w,p}+\Delta t_f-t_n) \tag{3-4}$$

式中　$Q_{c,i}$——内围护结构冷负荷（W）；

$\quad\quad A_i$——内墙或内楼板面积（m^2）；

$\quad\quad K_i$——内墙或内楼板传热系数［$W/(m^2\cdot℃)$］；

$\quad\quad t_{w,p}$——夏季空调室外计算日平均温度［℃］；

$\quad\quad \Delta t_f$——附加温升（℃），可按表3-9选取。

表3-9　附加温升 Δt_f

邻室散热量/(W/m^2)	$\Delta t_f/℃$	邻室散热量/(W/m^2)	$\Delta t_f/℃$
很少(如办公室、走廊)	0~2	23~116	5
<23	3	>116	7

3.2.1.3 外玻璃窗瞬变传热引起的冷负荷

在室内外温差作用下，通过外玻璃窗瞬变传热引起的冷负荷按下式计算：

$$Q_{c(\tau)}=A_wK_w(t_{c(\tau)}-t_n) \tag{3-5}$$

式中　$Q_{c(\tau)}$——外玻璃窗瞬变传热引起的冷负荷（W）；

$\quad\quad A_w$——窗口面积（m^2）；

$\quad\quad K_w$——玻璃窗的传热系数［$W/(m^2\cdot℃)$］，可由表3-10和表3-11查取；

$\quad\quad t_{c(\tau)}$——外玻璃窗冷负荷温度的逐时值（℃），可由表3-12查得。

必须指出：

1）对表3-10、表3-11中的 K_w 值，要根据窗框和遮阳等情况不同，按表3-13加以修正，即乘以修正系数 C_w；

2）对表3-12中的 $t_{c(\tau)}$ 值，要按表3-14进行地点修正；因此，式（3-5）相应变为

$$Q_{c(\tau)}=C_wA_wK_w(t_{c(\tau)}+t_d-t_n) \tag{3-6}$$

表3-10　单层窗玻璃的 K_w 值　　　　　　（单位：$W/(m^2\cdot K)$）

α_w ＼ α_n	5.8	6.4	7.0	7.6	8.1	8.7	9.3	9.9	10.5	11
11.6	3.87	4.13	4.36	4.58	4.79	4.99	5.16	5.34	5.51	5.66
12.8	4.00	4.27	4.51	4.76	4.98	5.19	5.38	5.57	5.76	5.93
14.0	4.11	4.38	4.65	4.91	5.14	5.37	5.58	5.79	5.81	6.16
15.1	4.20	4.49	4.78	5.04	5.29	5.54	5.76	5.98	6.19	6.38
16.3	4.28	4.60	4.88	5.16	5.43	5.68	5.92	6.15	6.37	6.58
17.5	4.37	4.68	4.99	5.27	5.55	5.82	6.07	6.32	6.55	6.77
18.6	4.43	4.76	5.07	5.61	5.66	5.94	6.20	6.45	6.70	6.93
19.8	4.49	4.84	5.15	5.47	5.77	6.05	6.33	6.59	6.34	7.08
20.9	4.55	4.90	5.23	5.59	5.86	6.15	6.44	6.71	6.98	7.23
22.1	4.61	4.97	5.30	5.63	5.95	6.26	6.55	6.83	7.11	7.36
23.3	4.65	5.01	5.37	5.71	6.04	6.34	6.64	6.93	7.22	7.49
24.4	4.70	5.07	5.43	5.77	6.11	6.43	6.73	7.04	7.33	7.61
25.6	4.73	5.12	5.48	5.84	6.18	6.50	6.83	7.13	7.43	7.69
26.7	4.78	5.16	5.54	5.90	6.25	6.58	6.91	7.22	7.52	7.82
27.9	4.81	5.20	5.58	5.94	6.30	6.64	6.98	7.30	7.62	7.92
29.1	4.85	5.25	5.63	6.00	6.36	6.71	7.05	7.37	7.70	8.00

注：α_w 和 α_n 分别指的是玻璃室外侧与室内侧的空气对流换热系数（也叫作表面对流换热系数），其单位统一为 $W/(m^2\cdot K)$。但是，如果在3-10中查不到 K_w 的数值，则需要用插值法求取。应先数据查阅，然后线性插值。

表 3-11　双层窗玻璃的 K_w 值　（单位：$W/(m^2 \cdot K)$）

α_n / α_w	5.8	6.4	7.0	7.6	8.1	8.7	9.3	9.9	10.5	11
11.6	2.37	2.47	2.55	2.62	2.69	2.74	2.80	2.85	2.90	2.73
12.8	2.42	2.51	2.59	2.67	2.74	2.80	2.86	2.92	2.97	3.01
14.0	2.45	2.56	2.64	2.72	2.79	2.86	2.92	2.98	3.02	3.07
15.1	2.49	2.59	2.69	2.77	2.84	2.91	2.97	3.02	3.08	3.13
16.3	2.52	2.63	2.72	2.80	2.87	2.94	3.01	3.07	3.12	3.17
17.5	2.55	2.65	2.74	2.84	2.91	2.98	3.05	3.11	3.16	3.21
18.6	2.57	2.67	2.78	2.86	2.94	3.01	3.08	3.14	3.20	3.25
19.8	2.59	2.70	2.80	2.88	2.97	3.05	3.12	3.17	3.23	3.28
20.9	2.61	2.72	2.83	2.91	2.99	3.07	3.14	3.20	3.26	3.31
22.1	2.63	2.74	2.84	2.93	3.01	3.09	3.16	3.23	3.29	3.34
23.3	2.64	2.76	2.86	2.95	3.04	3.12	3.19	3.25	3.31	3.37
24.4	2.66	2.77	2.87	2.97	3.06	3.14	3.21	3.27	3.34	3.40
25.6	2.67	2.79	2.90	2.99	3.07	3.15	3.20	3.29	3.36	3.41
26.7	2.69	2.80	2.91	3.00	3.09	3.17	3.24	3.31	3.37	3.43
27.9	2.70	2.81	2.92	3.01	3.11	3.19	3.25	3.33	3.40	3.45
29.1	2.71	2.83	2.93	3.04	3.12	3.20	3.28	3.35	3.41	3.47

注：α_w 和 α_n 分别指的是玻璃室外侧与室内侧的空气对流换热系数（也叫作表面对流换热系数），其单位统一为 $W/(m^2 \cdot K)$。

表 3-12　窗玻璃冷负荷计算温度 $t_{c(\tau)}$　（单位：℃）

时间/h	0	1	2	3	4	5	6	7	8	9	10	11
t_t	27.2	26.7	26.2	25.8	25.5	25.3	25.4	26.0	26.9	27.9	29.0	29.9
时间/h	12	13	14	15	16	17	18	19	20	21	22	23
t_t	30.8	31.5	31.9	32.2	32.2	32.0	31.6	30.8	29.9	29.1	28.4	27.8

表 3-13　玻璃窗传热系数的修正值 C_w

窗框类型	单层窗	双层窗	窗框类型	单层窗	双层窗
全部玻璃	1.00	1.00	木窗框，60%玻璃	0.80	0.85
木玻璃，80%玻璃	0.90	0.95	金属窗框，80%玻璃	1.00	1.20

表 3-14　玻璃窗的地点修正值 t_d　（单位：℃）

编号	城市	t_d	编号	城市	t_d	编号	城市	t_d	编号	城市	t_d
1	北京	0	11	杭州	3	21	成都	-1	31	二连浩特	-2
2	天津	0	12	合肥	3	22	贵阳	-3	32	汕头	1
3	石家庄	1	13	福州	2	23	昆明	-6	33	海口	1
4	太原	-2	14	南昌	3	24	拉萨	-11	34	桂林	1
5	呼和浩特	-4	15	济南	3	25	西安	2	35	重庆	3
6	沈阳	-1	16	郑州	2	26	兰州	-3	36	敦煌	-1
7	长春	-3	17	武汉	3	27	西宁	-8	37	格尔本	-9
8	哈尔滨	-3	18	长沙	3	28	银川	-3	38	和田	-1
9	上海	1	19	广州	1	29	乌鲁木齐	1	39	喀什	-1
10	南京	3	20	南宁	1	30	台北	1	40	库车	0

3.2.1.4　透过玻璃窗的日射得热引起冷负荷的计算方法

透过玻璃窗进入室内的日射得热形成的逐时冷负荷按下式计算：

$$Q_{c(\tau)} = C_a A_w C_s C_i D_{j,max} C_{LQ} \tag{3-7}$$

式中　$Q_{c(\tau)}$——透过玻璃窗的日射得热形成的冷负荷（W）；

　　　C_a——有效面积系数，由表 3-15 查得；

A_w——窗口面积（m^2）；

C_s——窗玻璃的遮阳系数，由表 3-16 查得；

C_i——窗内遮阳设施的遮阳系数，由表 3-17 查得；

$D_{j,max}$——日射得热因数的最大值（W/m^2），由表 3-18 查得；

C_{LQ}——窗玻璃冷负荷系数，由表 3-19 ~ 表 3-22 查得。

必须指出：C_{LQ} 值按南北区的划分而不同，南北区划分标准为，建筑地点在北纬 27°30′ 以南的地区为南区，以北的地区为北区。

表 3-15 窗的有效面积系数 C_a 值

窗的类别　系数	单层钢窗	单层木窗	双层钢窗	双层木窗
有效面积系数 C_a	0.85	0.70	0.75	0.60

表 3-16 窗玻璃的 C_s 值

玻璃类型	C_s	玻璃类型	C_s
标准玻璃	1.00	6mm 厚吸热玻璃	0.83
5mm 厚普通玻璃	0.93	双层 3mm 普通玻璃	0.86
6mm 厚普通玻璃	0.89	双层 5mm 厚普通玻璃	0.78
3mm 厚吸热玻璃	0.96	双层 6mm 厚普通玻璃	0.74
5mm 厚吸热玻璃	0.88	—	—

注：1. 标准玻璃指 3mm 厚的单层普通玻璃。
2. 吸热玻璃指上海耀华玻璃生产的浅蓝色吸热玻璃。
3. 表中 C_s 对应的内、表面放热系数为 $\alpha_n = 8.7 W/(m^2 \cdot K)$ 和 $\alpha_w = 18.6 W/(m^2 \cdot K)$；
4. 这里的双层玻璃内、外层玻璃是相同的。

表 3-17 室内遮阳设施的遮阳系数 C_i

内遮阳类型	颜色	C_i	内遮阳系数	颜色	C_i
白布帘	浅色	0.50	深黄布帘、紫红布帘、深绿布帘	深色	0.65
浅蓝布帘	中间色	0.60	活动百叶帘	中间色	0.60

表 3-18 夏季各纬度带的日射得热因数最大值 $D_{j,max}$ （单位：W/m^2）

纬度　朝向	S	SE	E	NE	N	NW	W	SW	水平
20°	130	311	541	465	130	465	541	311	876
25°	146	332	509	421	134	421	509	332	834
30°	174	374	539	415	115	415	539	374	833
35°	251	436	575	430	122	430	575	436	844
40°	302	477	599	442	114	442	599	477	842
45°	368	508	598	432	109	432	598	508	811
拉萨	174	462	727	592	133	593	727	727	991

注：每一纬度带包括的宽度为 ±2°30′。

表 3-19 北方无内遮阳窗玻璃冷负荷系数

连续使用小时数/h　朝向	0	1	2	3	4	5	6	7	8	9	10	11
S	0.16	0.15	0.14	0.13	0.12	0.11	0.13	0.17	0.21	0.28	0.39	0.49
SE	0.14	0.13	0.12	0.11	0.10	0.09	0.22	0.34	0.45	0.51	0.62	0.58
E	0.12	0.11	0.10	0.09	0.09	0.08	0.29	0.41	0.49	0.60	0.56	0.37
NE	0.12	0.11	0.10	0.09	0.09	0.08	0.35	0.45	0.53	0.54	0.38	0.30
N	0.26	0.24	0.23	0.21	0.19	0.18	0.44	0.42	0.43	0.49	0.56	0.61
NW	0.17	0.15	0.14	0.13	0.12	0.12	0.13	0.15	0.17	0.18	0.20	0.21
W	0.17	0.16	0.15	0.14	0.13	0.12	0.12	0.14	0.15	0.16	0.17	0.17
SW	0.18	0.16	0.15	0.14	0.13	0.12	0.13	0.15	0.17	0.18	0.20	0.21
水平	0.20	0.18	0.17	0.16	0.15	0.14	0.16	0.22	0.31	0.39	0.47	0.53

（续）

连续使用小时数/h 朝向	12	13	14	15	16	17	18	19	20	21	22	23
S	0.54	0.65	0.60	0.42	0.36	0.32	0.27	0.23	0.21	0.20	0.18	0.17
SE	0.41	0.34	0.32	0.31	0.28	0.26	0.22	0.19	0.18	0.17	0.16	0.15
E	0.29	0.29	0.28	0.26	0.24	0.22	0.19	0.17	0.16	0.15	0.14	0.13
NE	0.30	0.30	0.29	0.27	0.26	0.23	0.20	0.17	0.16	0.15	0.14	0.13
N	0.64	0.66	0.66	0.63	0.59	0.64	0.64	0.38	0.35	0.32	0.30	0.28
NW	0.22	0.22	0.28	0.39	0.50	0.56	0.59	0.31	0.22	0.21	0.19	0.18
W	0.18	0.25	0.37	0.47	0.52	0.62	0.55	0.24	0.23	0.21	0.20	0.18
SW	0.29	0.40	0.49	0.54	0.64	0.59	0.39	0.25	0.24	0.22	0.20	0.19
水平	0.57	0.69	0.68	0.55	0.49	0.41	0.33	0.28	0.26	0.25	0.23	0.21

表 3-20　北方有内遮阳窗玻璃冷负荷系数

连续使用小时数/h 朝向	0	1	2	3	4	5	6	7	8	9	10	11
S	0.07	0.07	0.06	0.06	0.06	0.05	0.11	0.18	0.26	0.40	0.58	0.72
SE	0.06	0.06	0.06	0.05	0.05	0.05	0.30	0.54	0.71	0.83	0.80	0.62
E	0.06	0.05	0.05	0.05	0.04	0.04	0.47	0.68	0.82	0.79	0.59	0.38
NE	0.06	0.05	0.05	0.05	0.04	0.04	0.54	0.79	0.79	0.60	0.38	0.29
N	0.12	0.11	0.11	0.10	0.09	0.09	0.59	0.54	0.54	0.65	0.75	0.81
NW	0.08	0.07	0.07	0.06	0.06	0.06	0.09	0.13	0.17	0.21	0.23	0.25
W	0.08	0.07	0.07	0.06	0.06	0.06	0.08	0.11	0.14	0.17	0.18	0.19
SW	0.08	0.08	0.07	0.07	0.06	0.06	0.09	0.13	0.17	0.20	0.23	0.23
水平	0.09	0.09	0.08	0.08	0.07	0.07	0.13	0.26	0.42	0.57	0.69	0.77

连续使用小时数/h 朝向	12	13	14	15	16	17	18	19	20	21	22	23
S	0.84	0.80	0.62	0.45	0.32	0.24	0.16	0.10	0.09	0.09	0.08	0.08
SE	0.43	0.30	0.28	0.25	0.22	0.17	0.13	0.09	0.08	0.08	0.07	0.07
E	0.24	0.24	0.23	0.21	0.18	0.15	0.11	0.08	0.07	0.07	0.06	0.06
NE	0.29	0.29	0.27	0.25	0.21	0.16	0.12	0.08	0.07	0.07	0.06	0.06
N	0.83	0.83	0.79	0.71	0.60	0.61	0.68	0.17	0.16	0.15	0.14	0.13
NW	0.26	0.26	0.35	0.57	0.76	0.83	0.67	0.13	0.10	0.09	0.09	0.08
W	0.20	0.34	0.56	0.72	0.83	0.77	0.53	0.11	0.10	0.09	0.09	0.08
SW	0.38	0.58	0.73	0.63	0.79	0.59	0.37	0.11	0.10	0.10	0.09	0.09
水平	0.58	0.84	0.73	0.84	0.49	0.33	0.19	0.13	0.12	0.11	0.10	0.09

表 3-21　南方无内遮阳窗玻璃冷负荷系数

连续使用小时数/h 朝向	0	1	2	3	4	5	6	7	8	9	10	11
S	0.21	0.19	0.18	0.17	0.16	0.14	0.17	0.25	0.33	0.42	0.48	0.54
SE	0.14	0.13	0.12	0.11	0.11	0.10	0.20	0.36	0.47	0.52	0.61	0.54
E	0.13	0.11	0.10	0.09	0.09	0.08	0.24	0.39	0.48	0.61	0.57	0.38
NE	0.12	0.12	0.11	0.10	0.09	0.09	0.26	0.41	0.49	0.59	0.54	0.36
N	0.28	0.25	0.24	0.22	0.21	0.19	0.38	0.49	0.52	0.55	0.59	0.63
NW	0.17	0.16	0.15	0.14	0.13	0.12	0.12	0.15	0.17	0.19	0.20	0.21
W	0.17	0.16	0.15	0.14	0.13	0.12	0.12	0.14	0.16	0.17	0.18	0.19
SW	0.18	0.17	0.15	0.14	0.13	0.12	0.13	0.16	0.19	0.23	0.25	0.27
水平	0.19	0.17	0.16	0.15	0.14	0.13	0.14	0.19	0.28	0.37	0.45	0.52

（续）

连续使用小时数/h 朝向	12	13	14	15	16	17	18	19	20	21	22	23
S	0.59	0.70	0.70	0.57	0.52	0.44	0.35	0.30	0.28	0.26	0.24	0.22
SE	0.39	0.37	0.36	0.35	0.32	0.28	0.23	0.20	0.19	0.18	0.16	0.15
E	0.31	0.30	0.29	0.28	0.27	0.23	0.21	0.18	0.17	0.15	0.14	0.13
NE	0.32	0.32	0.31	0.29	0.27	0.24	0.20	0.18	0.17	0.16	0.14	0.13
N	0.66	0.68	0.68	0.68	0.69	0.69	0.60	0.40	0.37	0.35	0.32	0.30
NW	0.22	0.27	0.38	0.48	0.48	0.63	0.52	0.25	0.23	0.21	0.20	0.18
W	0.20	0.28	0.40	0.50	0.50	0.61	0.50	0.24	0.23	0.21	0.20	0.18
SW	0.29	0.37	0.48	0.55	0.55	0.60	0.38	0.26	0.24	0.22	0.21	0.19
水平	0.56	0.68	0.67	0.53	0.53	0.38	0.30	0.27	0.25	0.23	0.22	0.20

表 3-22　南方有内遮阳窗玻璃冷负荷系数

连续使用小时数/h 朝向	0	1	2	3	4	5	6	7	8	9	10	11
S	0.10	0.09	0.09	0.08	0.08	0.07	0.14	0.31	0.47	0.60	0.69	0.77
SE	0.07	0.06	0.06	0.05	0.05	0.05	0.27	0.55	0.74	0.83	0.75	0.52
E	0.06	0.05	0.05	0.05	0.04	0.04	0.36	0.63	0.81	0.81	0.63	0.41
NE	0.06	0.06	0.05	0.05	0.05	0.04	0.40	0.67	0.82	0.76	0.56	0.38
N	0.13	0.12	0.12	0.11	0.10	0.10	0.47	0.67	0.70	0.72	0.77	0.82
NW	0.08	0.07	0.07	0.06	0.06	0.06	0.08	0.13	0.17	0.21	0.24	0.26
W	0.08	0.07	0.07	0.06	0.06	0.06	0.07	0.12	0.16	0.19	0.21	0.22
SW	0.08	0.07	0.07	0.07	0.06	0.06	0.09	0.16	0.22	0.28	0.23	0.35
水平	0.09	0.08	0.08	0.07	0.07	0.06	0.09	0.21	0.38	0.54	0.67	0.76

连续使用小时数/h 朝向	12	13	14	15	16	17	18	19	20	21	22	23
S	0.87	0.84	0.74	0.66	0.54	0.38	0.20	0.13	0.12	0.12	0.11	0.10
SE	0.40	0.39	0.36	0.33	0.27	0.20	0.13	0.09	0.09	0.08	0.08	0.07
E	0.27	0.27	0.25	0.23	0.20	0.15	0.10	0.08	0.07	0.07	0.07	0.06
NE	0.31	0.30	0.28	0.25	0.21	0.17	0.11	0.08	0.08	0.07	0.07	0.06
N	0.85	0.84	0.81	0.78	0.77	0.75	0.56	0.18	0.17	0.16	0.15	0.14
NW	0.27	0.34	0.54	0.71	0.84	0.77	0.46	0.11	0.10	0.09	0.09	0.08
W	0.23	0.37	0.60	0.75	0.84	0.73	0.42	0.10	0.10	0.09	0.09	0.08
SW	0.36	0.50	0.69	0.84	0.83	0.61	0.34	0.11	0.10	0.10	0.09	0.09
水平	0.85	0.83	0.72	0.61	0.45	0.28	0.16	0.12	0.11	0.10	0.10	0.09

3.2.2　室内热源散热形成的冷负荷

室内热源散热主要指室内工艺设备散热、照明散热和人体散热三部分。室内热源散热包括显热和潜热两部分。潜热散热作为瞬时冷负荷，显热散热中以对流形式散出的热量成为瞬时冷负荷，而以辐射形式散出的热量则先被围护结构表面所吸收，然后再缓慢地逐渐散出，形成滞后冷负荷。因此，必须采用相应的冷负荷系数。

3.2.2.1　设备散热形成的冷负荷

设备和用具显热散热形成的冷负荷按下式计算

$$Q_{c(\tau)} = Q_s C_{LQ} \tag{3-8}$$

式中　$Q_{c(\tau)}$——设备和用具显热形成的冷负荷（W）；

$\quad\quad Q_s$——设备和用具的实际显热散热量（W）；

C_{LQ}——设备和用具显热散热冷负荷系数，由表 3-23、表 3-24 查得，如果空调系统不连续运行，则 $C_{LQ}=1.0$。

表 3-23　有罩设备和用具显热散热冷负荷系数

连续使用小时数/h	开始使用后的小时数/h											
	1	2	3	4	5	6	7	8	9	10	11	12
2	0.27	0.40	0.25	0.18	0.14	0.11	0.09	0.08	0.07	0.06	0.05	0.04
4	0.28	0.41	0.51	0.59	0.39	0.30	0.24	0.19	0.16	0.14	0.12	0.10
6	0.29	0.42	0.52	0.59	0.65	0.70	0.48	0.37	0.30	0.25	0.21	0.18
8	0.31	0.44	0.54	0.61	0.66	0.71	0.75	0.78	0.55	0.43	0.35	0.30
10	0.33	0.46	0.55	0.62	0.68	0.72	0.76	0.79	0.81	0.84	0.60	0.48
12	0.36	0.49	0.58	0.64	0.69	0.74	0.77	0.80	0.82	0.85	0.87	0.88
14	0.40	0.52	0.61	0.67	0.72	0.76	0.79	0.82	0.84	0.86	0.88	0.89
16	0.45	0.57	0.65	0.70	0.75	0.78	0.81	0.84	0.86	0.87	0.98	0.90
18	0.52	0.63	0.70	0.75	0.79	0.82	0.84	0.86	0.88	0.89	0.91	0.92

连续使用小时数/h	开始使用后的小时数/h											
	13	14	15	16	17	18	19	20	21	22	23	24
2	0.04	0.03	0.03	0.30	0.02	0.02	0.02	0.02	0.01	0.01	0.01	0.01
4	0.09	0.08	0.07	0.06	0.05	0.05	0.07	0.06	0.05	0.05	0.04	0.04
6	0.16	0.14	0.12	0.11	0.09	0.08	0.11	0.10	0.07	0.07	0.06	0.04
8	0.25	0.22	0.19	0.16	0.14	0.13	0.16	0.14	0.12	0.11	0.09	0.06
10	0.39	0.33	0.28	0.24	0.21	0.18	0.23	0.20	0.18	0.15	0.13	0.08
12	0.64	0.51	0.42	0.36	0.31	0.26	0.23	0.20	0.20	0.21	0.13	0.12
14	0.91	0.92	0.67	0.54	0.45	0.38	0.32	0.28	0.24	0.21	0.19	0.16
16	0.92	0.93	0.94	0.94	0.69	0.56	0.46	0.39	0.34	0.29	0.25	0.22
18	0.93	0.94	0.95	0.95	0.96	0.96	0.71	0.58	0.48	0.41	0.35	0.30

表 3-24　无罩设备和用具显热散热冷负荷系数

连续使用小时数/h	开始使用后的小时数/h											
	1	2	3	4	5	6	7	8	9	10	11	12
2	0.56	0.64	0.15	0.11	0.08	0.07	0.06	0.05	0.04	0.04	0.03	0.03
4	0.57	0.65	0.71	0.75	0.23	0.18	0.14	0.12	0.10	0.08	0.07	0.06
6	0.57	0.65	0.71	0.76	0.79	0.82	0.29	0.22	0.18	0.15	0.13	0.11
8	0.58	0.66	0.72	0.76	0.80	0.82	0.85	0.87	0.33	0.26	0.21	0.18
10	0.60	0.68	0.73	0.77	0.81	0.83	0.85	0.87	0.89	0.90	0.36	0.29
12	0.62	0.69	0.75	0.79	0.82	0.84	0.86	0.88	0.89	0.91	0.92	0.93
14	0.64	0.71	0.76	0.80	0.83	0.85	0.87	0.89	0.90	0.92	0.93	0.93
16	0.67	0.74	0.79	0.82	0.85	0.87	0.89	0.90	0.91	0.92	0.93	0.94
18	0.71	0.78	0.82	0.85	0.87	0.99	0.90	0.92	0.93	0.94	0.94	0.95

连续使用小时数/h	开始使用后的小时数/h											
	13	14	15	16	17	18	19	20	21	22	23	24
2	0.02	0.02	0.02	0.02	0.01	0.01	0.01	0.01	0.01	0.01	0.01	0.01
4	0.05	0.05	0.04	0.04	0.03	0.03	0.02	0.02	0.02	0.02	0.01	0.01
6	0.10	0.08	0.07	0.06	0.06	0.05	0.04	0.04	0.03	0.03	0.03	0.02
8	0.15	0.13	0.11	0.10	0.09	0.08	0.07	0.06	0.05	0.04	0.04	0.03
10	0.24	0.20	0.17	0.15	0.13	0.11	0.10	0.08	0.07	0.07	0.06	0.05
12	0.38	0.31	0.25	0.21	0.18	0.16	0.14	0.12	0.11	0.09	0.08	0.07
14	0.94	0.95	0.40	0.32	0.27	0.23	0.19	0.17	0.15	0.13	0.11	0.10
16	0.95	0.96	0.96	0.97	0.42	0.34	0.28	0.24	0.20	0.18	0.15	0.13
18	0.96	0.96	0.97	0.97	0.97	0.98	0.43	0.35	0.29	0.24	0.21	0.18

设备和用具的实际显热散热量按下面的方法计算。

1. 电动设备　当工艺设备及其电动机都放在室内时

$$Q_s = 1000 n_1 n_2 n_3 P / \eta \qquad (3\text{-}9)$$

当只有工艺设备在室内，而电动机不在室内时

$$Q_s = 1000n_1n_2n_3P \tag{3-10}$$

当工艺设备不在室内，而只有电动机放在室内时

$$Q_s = 1000n_1n_2n_3P(1-\eta)/\eta \tag{3-11}$$

式中　P——电动设备安装功率（kW）；

　　　η——电动机效率，可由产品样本查得；

　　　n_1——利用系数，是电动机最大实耗功率与安装功率之比，一般可取 0.7~0.9；

　　　n_2——电动机负荷系数，定义为电动机每小时平均实耗功率与机器设计时最大实耗功率之比，对精密机床可取 0.15~0.40，对普通机床可取 0.50 左右；

　　　n_3——同时使用系数，定义为室内电动机同时使用的安装功率与总安装功率之比，一般取 0.5~0.8。

2. 电热设备散热量　对于无保温密闭罩的电热设备，按下式计算：

$$Q_s = 1000n_1n_2n_3n_4P \tag{3-12}$$

式中　n_4——考虑排风带走热量的系数，一般取 0.5，式中其他符号同前。

3. 电子设备　计算公式同式（3-11），其中系数 n_2 的值根据使用情况而定，对于计算机可取 1.0，一般仪表取 0.5~0.9。

3.2.2.2　照明散热形成的冷负荷

根据照明灯具的类型和安装方式不同，其冷负荷计算式分别如下：

1. 白炽灯

$$Q_{c(\tau)} = 1000PC_{LQ} \tag{3-13}$$

2. 荧光灯

$$Q_{c(\tau)} = 1000n_1n_2PC_{LQ} \tag{3-14}$$

式中　$Q_{c(\tau)}$——灯具散热形成的冷负荷（W）；

　　　P——照明灯具所需功率（kW）；

　　　n_1——镇流器消耗功率系数，当明装荧光灯的镇流器装在空调房间内时，取 1.2；当暗装荧光灯镇流器装设在顶棚内时，可取 1.0；

　　　n_2——灯罩隔热系数，当荧光灯罩上部穿有小孔（下部为玻璃板），可利用自然通风散热于顶棚内时，取 0.5~0.6；而荧光灯罩无通风孔者，取 0.6~0.8；

　　　C_{LQ}——照明散热冷负荷系数，可由表 3-25 查得。

3.2.2.3　人体散热形成的冷负荷

1. 显热散热　人体显热散热引起的冷负荷计算式为

$$Q_{c(\tau)} = q_s n\varphi C_{LQ} \tag{3-15}$$

式中　$Q_{c(\tau)}$——人体显热散热形成的冷负荷（W）；

　　　q_s——不同室温和劳动性质成年男子显热散热量（W），由表 3-26 查得；

　　　n——室内全部人数；

　　　φ——群集系数，某些空调建筑物内的群集系数见表 3-27；

　　　C_{LQ}——人体显热散热冷负荷系数，由表 3-28 查得，但应注意对于人员密集的场所（例如电影院、剧院、会议室等），由于人体对围护结构和室内物品的辐射换热量相应减少，可取 $C_{LQ} = 1.0$。

2. 潜热散热　人体潜热散热引起的冷负荷计算式为

$$Q_c = q_1 n\varphi \tag{3-16}$$

式中　Q_c——人体潜热散热形成的冷负荷（W）；

　　　q_1——不同室温和劳动性质成年男子潜热散热量（W），由表 3-26 查得。

表 3-25　照明散热冷负荷系数

灯具类型	空调设备运行时数/h	开灯时数/h	开灯后的小时数/h											
			0	1	2	3	4	5	6	7	8	9	10	11
明装荧光灯	24	13	0.37	0.67	0.71	0.74	0.76	0.79	0.81	0.83	0.84	0.86	0.87	0.89
	24	10	0.37	0.67	0.71	0.74	0.76	0.79	0.81	0.83	0.84	0.86	0.87	0.29
	24	8	0.37	0.67	0.71	0.74	0.76	0.79	0.81	0.83	0.84	0.29	0.26	0.23
	16	13	0.60	0.87	0.90	0.91	0.91	0.93	0.93	0.94	0.94	0.95	0.95	0.96
	16	10	0.60	0.82	0.83	0.84	0.84	0.84	0.85	0.85	0.86	0.88	0.90	0.32
	16	8	0.51	0.79	0.82	0.84	0.85	0.87	0.88	0.89	0.90	0.29	0.26	0.23
	12	10	0.63	0.90	0.91	0.93	0.93	0.94	0.95	0.95	0.95	0.96	0.96	0.37
暗装荧光灯或明装白炽灯	24	10	0.34	0.55	0.61	0.65	0.68	0.71	0.74	0.77	0.79	0.81	0.83	0.39
	16	10	0.58	0.75	0.79	0.80	0.80	0.81	0.82	0.83	0.84	0.86	0.87	0.39
	12	10	0.69	0.89	0.89	0.90	0.91	0.91	0.92	0.93	0.94	0.95	0.95	0.50

灯具类型	空调设备运行时数/h	开灯时数/h	开灯后的小时数/h											
			12	13	14	15	16	17	18	19	20	21	22	23
明装荧光灯	24	13	0.90	0.92	0.29	0.26	0.23	0.20	0.19	0.17	0.15	0.14	0.12	0.11
	24	10	0.26	0.23	0.20	0.19	0.17	0.15	0.14	0.12	0.11	0.10	0.09	0.08
	24	8	0.20	0.19	0.17	0.15	0.14	0.12	0.11	0.10	0.09	0.08	0.07	0.06
	16	13	0.96	0.97	0.29	0.26	—	—	—	—	—	—	—	—
	16	10	0.28	0.25	0.23	0.19	—	—	—	—	—	—	—	—
	16	8	0.20	0.19	0.17	0.15	—	—	—	—	—	—	—	—
	12	10												
暗装荧光灯或明装白炽灯	24	10	0.35	0.31	0.28	0.25	0.23	0.20	0.18	0.16	0.15	0.14	0.12	0.11
	16	10	0.35	0.31	0.28	0.25	—	—	—	—	—	—	—	—
	12	10	—	—	—	—	—	—	—	—	—	—	—	—

表 3-26　不同室温和劳动性质成年男子显热散热量、潜热散热量、全热散热量和散湿量

体力活动性质		热、湿量	室温/℃										
			20	21	22	23	24	25	26	27	28	29	30
静坐	影剧院、会议室、阅览室	显热散热量/W	83.74	80.25	77.92	74.43	70.94	67.45	62.80	58.15	53.50	47.68	43.03
		潜热散热量/W	25.59	27.91	30.24	33.73	37.22	40.71	45.36	50.01	54.66	60.48	65.13
		全热散热量/W	109.33	108.16	108.16	108.16	108.16	108.16	108.16	108.16	108.16	108.16	108.16
		散湿量/(g/h)	38	40	45	50	56	61	68	75	82	90	97
极轻劳动	旅馆、体育馆	显热散热量/W	89.55	84.90	79.08	74.43	69.78	65.13	60.47	56.99	51.17	45.35	40.70
		潜热散热量/W	46.52	51.17	55.82	59.31	63.96	68.61	763.27	76.75	82.57	88.39	93.04
		全热散热量/W	136.07	136.07	134.74	133.74	133.74	133.74	133.74	133.74	133.74	133.74	133.74
		散湿量/(g/h)	69	76	83	89	96	102	109	115	123	132	139
轻度劳动	百货商店、实验室、计算机房	显热散热量/W	93.04	87.23	81.41	75.59	69.78	63.97	58.15	51.17	46.52	39.54	34.89
		潜热散热量/W	89.55	94.20	100.02	105.84	111.65	117.46	123.28	130.26	134.91	141.89	147
		全热散热量/W	182.59	181.43	181.43	181.43	181.43	181.43	181.43	181.43	181.43	181.43	182
		散湿量/(g/h)	134	140	150	158	167	175	184	194	203	212	220

表 3-27　某些空调建筑物内的群集系数

工作场所	影剧院	百货商店（售货）	旅店	体育馆	图书阅览室	工厂轻劳动	银行	工厂重劳动
群集系数 φ	0.89	0.89	0.93	0.92	0.96	0.90	1.0	1.0

表 3-28　人体显热散热冷负荷系数

在室内的小时数/h	每个人进入室内后的小时数/h											
	1	2	3	4	5	6	7	8	9	10	11	12
2	0.49	0.58	0.17	0.13	0.10	0.08	0.07	0.06	0.05	0.04	0.04	0.03
4	0.49	0.59	0.66	0.71	0.27	0.21	0.16	0.14	0.11	0.10	0.08	0.07
6	0.50	0.60	0.67	0.72	0.76	0.79	0.34	0.26	0.21	0.18	0.15	0.13
8	0.51	0.61	0.67	0.72	0.76	0.80	0.82	0.84	0.38	0.30	0.25	0.21
10	0.53	0.62	0.69	0.74	0.77	0.80	0.83	0.85	0.87	0.89	0.42	0.34

（续）

在室内的小时数/h	每个人进入室内后的小时数/h											
	1	2	3	4	5	6	7	8	9	10	11	12
12	0.55	0.64	0.70	0.75	0.79	0.81	0.84	0.86	0.88	0.89	0.91	0.92
14	0.58	0.66	0.72	0.77	0.80	0.83	0.85	0.87	0.89	0.90	0.91	0.92
16	0.62	0.70	0.75	0.79	0.82	0.85	0.87	0.88	0.90	0.91	0.92	0.93
18	0.66	0.74	0.79	0.82	0.85	0.87	0.89	0.90	0.92	0.93	0.94	0.94

在室内的小时数/h	每个人进入室内后的小时数/h											
	13	14	15	16	17	18	19	20	21	22	23	24
2	0.03	0.02	0.02	0.02	0.02	0.01	0.01	0.01	0.01	0.01	0.01	0.01
4	0.06	0.06	0.05	0.04	0.04	0.03	0.03	0.03	0.02	0.02	0.02	0.01
6	0.11	0.10	0.08	0.07	0.06	0.06	0.05	0.04	0.04	0.03	0.03	0.03
8	0.18	0.15	0.13	0.12	0.10	0.09	0.08	0.07	0.06	0.05	0.05	0.04
10	0.28	0.23	0.20	0.17	0.15	0.13	0.11	0.10	0.09	0.08	0.07	0.06
12	0.45	0.36	0.30	0.25	0.21	0.19	0.16	0.14	0.12	0.11	0.09	0.08
14	0.93	0.94	0.47	0.38	0.31	0.26	0.23	0.20	0.17	0.15	0.13	0.11
16	0.94	0.95	0.95	0.96	0.49	0.39	0.33	0.28	0.24	0.20	0.18	0.16
18	0.95	0.96	0.96	0.97	0.97	0.97	0.50	0.40	0.33	0.28	0.24	0.21

3.2.2.4 新风负荷

空调系统中引入室外新鲜空气（简称新风）是保障良好的室内空气品质的关键。在夏季，当室外空气焓值和气温高于室内空气焓值和气温时，空调系统为处理新风势必要消耗冷量。而冬季室外气温比室内气温低且含湿量也低时，空调系统为加热、加湿新风势必要消耗能量。据调查，空调工程中处理新风的能耗要占到总能耗的 25% ~ 30%，对于高级宾馆和办公建筑可高达 40%。可见，空调处理新风所消耗的能量是十分可观的。所以，在满足空气品质的前提下，尽量选用较小的新风量。否则，空调制冷系统与设备的容量将增大。

目前，我国空调设计中对新风量的确定，仍采用现行规范、设计手册中规定（或推荐）的原则。

夏季，空调新风冷负荷按下式计算

$$Q_{c,w} = G_w(i_w - i_n) \tag{3-17}$$

式中　　$Q_{c,w}$——夏季新风冷负荷（kW）；

　　　　G_w——新风量（kg/s）；

　　　　i_w——室外空气焓值（kJ/kg）；

　　　　i_n——室内空气焓值（kJ/kg）。

冬季，新风热负荷按下式计算

$$Q_{h,w} = G_w c_p(t_n - t_w) \tag{3-18}$$

式中　　$Q_{h,w}$——冬季新风热负荷（kW）；

　　　　G_w——新风量（kg/s）；

　　　　c_p——空气的定压比热 [kJ/(kg·℃)]，取 1.005；

　　　　t_n——冬季空调室内空气计算温度（℃）；

　　　　t_w——冬季空调室外空气计算温度（℃）。

3.3　空调湿负荷的计算

空调湿负荷是指空调房间内湿源（人体散湿、敞开水池或槽表面散湿、地面积水等）向室内的散湿量。

3.3.1　人体散湿量

人体散湿量按下式计算：

$$m_{\mathrm{w}} = 0.001 n \varphi g \qquad (3\text{-}19)$$

式中　m_{w}——人体散湿量（kg/h）；

　　　g——成年男子的小时散湿量（g/h），见表 3-26；

　　　n——室内全部人数；

　　　φ——群集系数。

3.3.2　敞开水表面散湿量

敞开水表面散湿量按下式计算

$$m_{\mathrm{w}} = \omega A \qquad (3\text{-}20)$$

式中　m_{w}——敞开水表面散湿量（kg/h）；

　　　ω——敞开水表面单位蒸发量［kg/(m^2·h)］，见表 3-29；

　　　A——蒸发表面积。

表 3-29　敞开水表面单位蒸发量 ω　　　　（单位：kg/(m^2·h)）

室温/℃	室内相对湿度(%)	水温								
		20℃	30℃	40℃	50℃	60℃	70℃	80℃	90℃	100℃
20	40	0.286	0.676	1.610	3.270	6.020	10.48	17.80	29.20	49.10
	45	0.262	0.654	1.570	3.240	5.970	10.42	17.80	29.10	49.00
	50	0.238	0.627	1.550	3.200	5.940	10.40	17.70	29.00	49.00
	55	0.214	0.603	1.520	3.170	5.900	10.35	17.70	29.00	48.90
	60	0.190	0.580	1.490	3.140	5.860	10.30	17.70	29.00	48.80
	65	0.167	0.556	1.460	3.100	5.820	10.27	17.60	28.90	48.70
24	40	0.232	0.622	1.540	3.200	5.930	10.40	17.70	29.20	49.00
	45	0.203	0.581	1.500	3.150	5.890	10.32	17.70	28.90	48.90
	50	0.172	0.561	1.460	3.110	5.860	10.30	17.60	28.90	48.80
	55	0.142	0.532	1.430	3.070	5.780	10.22	17.60	28.80	48.70
	60	0.112	0.501	1.390	3.020	5.730	10.22	17.50	28.80	48.60
	65	0.083	0.472	1.360	3.020	5.680	10.12	17.40	28.80	48.50
28	40	0.168	0.557	1.460	3.110	5.840	10.30	17.60	28.90	48.90
	45	0.130	0.518	1.410	3.050	5.770	10.21	17.60	28.80	48.80
	50	0.091	0.480	1.370	2.990	5.710	10.21	17.50	28.75	48.70
	55	0.053	0.442	1.320	2.940	5.650	10.00	17.40	28.70	48.60
	60	0.015	0.404	1.270	2.890	5.600	10.00	17.30	28.60	48.50
	65	-0.033	0.364	1.230	2.830	5.540	9.950	17.30	28.50	48.40
汽化潜热/(kJ/kg)		2458	2435	2414	2394	2380	2363	2336	2303	2265

注：指标条件规定的水面风速 $v = 0.3\mathrm{m/s}$，大气压力 $B = 101325\mathrm{Pa}$；当所在地点大气压力为 b 时，表中所列数据应乘以修正系数 B/b。

3.4　空调热负荷的计算

空调热负荷是指空调系统在冬季里，当室外空气温度在设计温度条件时，为保持室内的设计温度，系统向房间提供的热量。对于民用建筑来说，空调冬季的经济性对空调系统的影响要比夏季小。因此，空调热负荷一般是按稳定传热理论来计算的。其计算方法与供暖系统的热损失计算方法基本一样。围护结构的基本耗热量按下式计算：

$$Q_{\mathrm{h}} = \alpha A K (t_{\mathrm{n}} - t_{\mathrm{w}}) \qquad (3\text{-}21)$$

式中　α——温差修正系数，见表 3-30；

　　　A——围护结构传热面积（m^2）；

K——围护结构冬季传热系数 $[W/(m^2 \cdot K)]$，见本章前述节或相关规范。

表 3-30 温差修正系数

建筑部位类型		修正系数
外墙、屋顶、地面以及室外相通的楼板等		1.00
屋顶与室外空气相通的非采暖地下室上面的楼板等		0.90
非采暖地下室上面楼板	外墙上有窗时	0.75
	外墙上无窗且位于室外地坪以上时	0.60
	外墙上无窗且位于室外地坪以下时	0.40
与有外门窗的非采暖房间的隔墙		0.70
与无外门窗的非采暖房间的隔墙		0.40
伸缩缝墙、沉降缝墙		0.30
防震缝墙		0.70
与有外墙的、供暖的楼梯间相邻的隔墙	多层建筑的底层部分	0.80
	多层建筑的顶层部分	0.40
	高层建筑的底层部分	0.70
	高层建筑的顶层部分	0.30

空调房间的附加热负荷应按其基本热负荷的百分率确定。各项附加（或修正）百分率如下。

1）朝向修正率。

北、东北、西北朝向：　　　0　　　　　西南、东南朝向：　　　-15%～-10%

东、西朝向：　　　-5%　　　　南向：　　　-25%～-15%

选用修正率时应考虑当地冬季日照率及辐射强度的大小。冬季日照率小于 35% 的地区，东南、西南和南向的修正率宜采用 0%～10%，其他朝向可不修正。

2）风力附加率。在《规范》中明确规定：建在不避风的高地、河边、海岸、旷野上的建筑物以及城镇、厂区内特别高的建筑物，其垂直的外围护结构热负荷附加率为 5%～10%。

3）高度附加率。由于室内温度梯度的影响，往往使房间上部的传热量加大。因此规定：当房间净高超过 4m 时，每增加 1m，附加率增加 2%，但最大附加率不超过 15%。应注意高度附加率应加在基本耗热量和其他附加耗热量（进行风力、朝向、外门修正之后的耗热量）的总和之上。

应该注意以下内容：

① 空调建筑室内通常保持正压，因而在一般情况下，不计算由门窗缝隙渗入室内的冷空气和由门、孔洞等侵入室内的冷空气引起的热负荷。

② 室内人员、灯光和设备产生的热量会抵消部分热负荷，设计时如何扣除这部分室内热量要仔细研究。扣除时要充分注意到，如果室内人数仍按计算夏季冷负荷时取最大室内人数，将会使冬季供暖的可靠性降低；室内灯光开关的时间、起动时间和室内人数都有一定的随机性。因此有的文献资料推荐：当室内发热量大（例如办公建筑及室内灯光发热量为 $30W/m^2$ 以上）时. 可以扣除该发热量的 50% 后，作为空调的热负荷。

③ 建筑物内区的空调热负荷以前都不考虑。但随着现代建筑内部热量的不断增加，使内区在冬季里仍有余热，需要空调系统常年供冷。

3.5 建筑空调负荷的计算举例

试计算广州某宾馆某客房夏季的空调计算负荷。客房平面尺寸如图 3-1 所示，层高为 3500mm。屋面、外墙的构造分别如图 3-2、图 3-3 所示。其他条件如下：

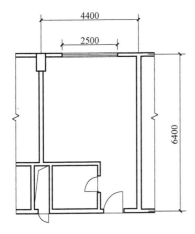

图 3-1 广州某宾馆客房平面尺寸

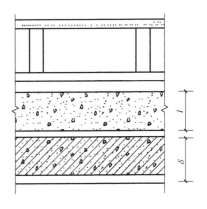

图 3-2 屋面构造

（1）屋面属于Ⅱ型，传热系数 $K = 0.63\mathrm{W/(m^2 \cdot K)}$，由上至下分别为：

1）预制细石混凝土板 25mm，表面喷白色水泥浆。

2）通风层≥200mm。

3）卷材防水层。

4）水泥砂浆找平层 20mm。

5）保温层，水泥膨胀珍珠岩 100mm。

6）隔气层。

7）现浇钢筋混凝土板 70mm。

8）内刷粉。

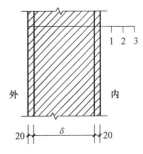

图 3-3 外墙构造

（2）外墙属于Ⅱ型，传热系数 $K = 1.5\mathrm{W/(m^2 \cdot K)}$，南向，由外至内分别为：

1）水泥砂浆。

2）砖墙，370mm 厚。

3）白灰粉刷。

（3）外窗高为 2m，为单层窗结构，南向；玻璃采用 3mm 厚的普通玻璃；窗框为金属，玻璃比例为 80%；窗帘为白色（浅色）。

（4）邻室以及相邻走廊的温度，均与客房温度相同，不考虑内墙传热。

（5）每间客房 2 人，在客房内的总小时数为 16h（当天 16：00 至第二天的 8：00）。

（6）室内压力稍高于室外大气压力。

（7）室内照明采用 200W 明装荧光灯，开灯时间为 16：00～24：00。

（8）空调设计运行时间 24h。

（9）广州市纬度为北纬 23°03′，经度为东经 113°14′，海拔为 6.6m；大气压力为夏季 100.45kPa，冬季 101.95kPa；夏季空调室外计算干球温度为 33.5℃；夏季空调室外计算湿球温度为 27.7℃。

（10）客房夏季室内计算干球温度为 26℃；室内空气相对湿度≤65%。

【解】 按本题条件，分项计算如下

1. 屋顶冷负荷 由表 3-5 查得北京地区屋面的冷负荷计算温度逐时值 $t_c(\tau)$，由表 3-6 查得广州地区的地点修正值 $t_d = -0.5$，即可按式（3-2）和式（3-3）计算出屋面逐时冷负荷，

计算结果列于表 3-31 中。

表 3-31 屋面冷负荷 (单位：W)

时间	11:00	12:00	13:00	14:00	15:00	16:00	17:00	18:00	19:00	20:00	21:00	22:00	23:00	24:00
$t_{c(\tau)}$	35.6	35.6	36.0	37.0	38.4	40.1	41.9	43.7	45.4	46.7	47.5	47.8	47.7	47.2
t_d	-0.5													
k_α	1.06①													
k_ρ	0.88													
$t'_{c(\tau)}$	32.7	32.7	33.1	34.0	35.4	36.9	38.6	40.3	41.9	43.1	43.8	44.1	44.0	43.6
t_n	26													
K	0.63													
A	$4.4 \times 6.4 m^2 = 28.16 m^2$													
$Q_{c(\tau)}$	118.9	118.9	126.0	141.9	166.8	193.4	223.5	253.7	282.1	303.4	315.8	321.1	319.3	312.2

① $\alpha_w = 3.5 + 5.6v = (3.5 + 5.6 \times 1.8) W/(m^2 \cdot K) = 13.58 W/(m^2 \cdot K)$，其中 $v = 1.8 m/s$，查表 3-7 得 $k_\alpha = 1.06$。

2. 南外墙冷负荷 由表 3-4 查得 II 型外墙冷负荷计算温度逐时值 $t_{c(\tau)}$，由表 3-6 查得广州地区的地点修正值 $t_d = -1.9$，将其计算结果列入表 3-32 中。计算公式同上。

表 3-32 南外墙冷负荷 (单位：W)

时间	11:00	12:00	13:00	14:00	15:00	16:00	17:00	18:00	19:00	20:00	21:00	22:00	23:00	24:00
$t_{c(\tau)}$	33.5	33.2	32.9	32.8	32.9	33.1	33.4	33.9	34.4	34.9	35.3	35.7	36.0	36.1
t_d	-1.9													
k_α	1.06													
k_ρ	0.94													
$t'_{c(\tau)}$	31.5	31.2	30.9	30.8	30.9	31.1	31.4	31.9	32.4	32.9	33.3	33.7	34.0	34.1
t_n	26													
K	1.5													
A	$4.4 \times 3.5 m^2 - 2.5 \times 2 m^2 = 10.4 m^2$													
$Q_{c(\tau)}$	85.6	80.9	76.3	74.7	76.3	79.4	84.0	91.8	99.6	107.3	113.6	119.8	124.4	126.0

3. 南外窗瞬时传热冷负荷 根据 $\alpha_n = 8.7 W/(m^2 \cdot K)$，$\alpha_w = 13.58 W/(m^2 \cdot K)$，由表 3-10 查得 $K_w = 5.31 W/(m^2 \cdot K)$。再由表 3-13 查得玻璃窗传热系数的修正值 C_w，金属框单层窗的修正系数为 1.0。由表 3-12 查得玻璃窗冷负荷计算温度的逐时值 $t_{c(\tau)}$，由表 3-14 查得广州地区玻璃窗的地点修正值 $t_d = 1.0$，根据式 (3-6) 计算，计算结果列入表 3-33 中。

表 3-33 南外窗瞬时传热冷负荷 (单位：W)

时间	11:00	12:00	13:00	14:00	15:00	16:00	17:00	18:00	19:00	20:00	21:00	22:00	23:00	24:00
$t_{c(\tau)}$	29.9	30.8	31.5	31.9	32.2	32.2	32.0	31.6	30.8	29.9	29.1	28.4	27.8	27.2
t_d	1.0													
$t_{c(\tau)} + t_d$	30.9	31.8	32.5	32.9	33.2	33.2	33	32.6	31.8	30.9	30.1	29.4	28.8	28.2
t_n	26													
Δt	4.9	5.8	6.5	6.9	7.2	7.2	7	6.6	5.8	4.9	4.1	3.4	2.8	2.2
$C_w K_w$	5.31													
A_w	$2.5 \times 2 m^2 = 5 m^2$													
$Q_{c(\tau)}$	130.1	154.0	172.6	183.2	191.2	191.2	185.9	175.2	154.0	130.1	108.9	90.3	74.3	58.4

4. 透过玻璃窗的日射得热引起的冷负荷 由表 3-15 查得单层钢窗有效面积系数 $C_a = 0.85$。由表 3-16 查得窗玻璃的遮阳系数 $C_s = 1$，由表 3-17 查得窗内遮阳设施的遮阳系数 $C_i = 0.5$。再由表 3-18 查得所在纬度带为 25° 时，南向日射得热因数最大值 $D_{j,max} = 146 W/m^2$。因广州地区位于北纬 27°~30′ 以南，属于南方，故由表 3-22 查得南方有内遮阳的玻璃窗冷负荷

系数逐时值 C_{LQ}。用式（3-7）计算逐时进入玻璃窗日射得热引起的冷负荷，列入表3-34中。

表 3-34　南外窗日射得热引起的冷负荷　（单位：W）

时间	11:00	12:00	13:00	14:00	15:00	16:00	17:00	18:00	19:00	20:00	21:00	22:00	23:00	24:00
C_{LQ}	0.77	0.87	0.84	0.74	0.66	0.54	0.38	0.20	0.13	0.12	0.12	0.11	0.10	0.10
$D_{j,max}$							146							
C_a							0.85							
C_s							1							
C_i							0.5							
A_w							$2.5×2m^2 = 5m^2$							
$Q_{c(\tau)}$	238.9	269.9	260.6	229.6	204.8	167.5	117.9	62.1	40.3	37.2	37.2	34.1	31.0	31.0

5. 照明散热形成的冷负荷　由于明装荧光灯，镇流器装设在客房内，故镇流器消耗功率系数 n_1 取 1.2。灯罩隔热系数 n_2 取 0.8。根据室内照明开灯时间为 16:00~24:00，开灯时数为 8h，由表 3-25 查得照明散热冷负荷系数，按式（3-14）计算，其计算结果列入表 3-35 中。

表 3-35　照明散热形成的冷负荷　（单位：W）

时间	11:00	12:00	13:00	14:00	15:00	16:00	17:00	18:00	19:00	20:00	21:00	22:00	23:00	24:00
C_{LQ}	0.10	0.09	0.08	0.07	0.06	0.37	0.67	0.71	0.74	0.76	0.79	0.81	0.83	0.84
n_1							1.2							
n_2							0.8							
$1000N$							200							
$Q_{c(\tau)}$	19.2	17.3	15.4	13.4	11.5	71.0	128.6	136.3	142.1	145.9	151.7	155.5	159.4	161.3

6. 人体散热形成的冷负荷　宾馆属极轻体力劳动。查表 3-26，当室温为 26℃时，成年男子每人散发的显热和潜热量为 60.5W 和 73.3W，由表 3-27 查得群集系数 $\varphi = 0.93$。根据每间客房 2 人，在客房内的总小时数为 16h，由 3-28 查得人体显热散热冷负荷系数逐时值。按式（3-15）计算人体显热散热逐时冷负荷，按式（3-16）计算人体潜热散热引起的冷负荷，然后将其计算结果列入表 3-36 中。

表 3-36　人体散热形成的冷负荷　（单位：W）

时间	11:00	12:00	13:00	14:00	15:00	16:00	17:00	18:00	19:00	20:00	21:00	22:00	23:00	24:00
C_{LQ}	0.33	0.28	0.24	0.20	0.18	0.16	0.62	0.70	0.75	0.79	0.82	0.85	0.87	0.88
q_s							60.5							
n							2							
φ							0.93							
$Q_{c(\tau)}$	37.1	31.5	27.0	22.5	20.3	18.0	69.8	78.8	84.4	88.9	92.3	95.7	97.9	99.0
q_1							73.3							
Q_c	136.3	136.3	136.3	136.3	136.3	136.3	136.3	136.3	136.3	136.3	136.3	136.3	136.3	136.3
合计	173.4	167.8	163.3	158.8	156.6	154.3	206.1	215.1	220.7	225.2	228.6	232.0	234.2	235.3

7. 各分项逐时冷负荷汇总　由于室内压力略高于大气压，因此不用考虑由室外空气渗透所引起的冷负荷。现将上述各分项逐时冷负荷计算结果列入表 3-37 中，并逐时相加，得到客房的逐时冷负荷，亦列于表中。

表 3-37　各分项逐时冷负荷汇总表　（单位：W）

时间	11:00	12:00	13:00	14:00	15:00	16:00	17:00	18:00	19:00	20:00	21:00	22:00	23:00	24:00
屋面负荷	118.9	118.9	126.0	141.9	166.8	193.4	223.5	253.7	282.1	303.4	315.8	321.1	319.3	312.2
外墙负荷	85.6	80.9	76.3	74.7	76.3	79.4	84.0	91.8	99.6	107.3	113.6	119.8	124.4	126.0
窗传热负荷	130.1	154.0	172.6	183.2	191.2	191.2	185.7	175.2	154.0	130.1	108.9	90.1	74.3	58.4

（续）

时间	11:00	12:00	13:00	14:00	15:00	16:00	17:00	18:00	19:00	20:00	21:00	22:00	23:00	24:00
窗日射负荷	238.9	269.9	260.6	229.6	204.8	167.5	117.9	62.1	40.3	37.2	37.2	34.1	31.0	31.0
灯光负荷	19.2	17.3	15.4	13.4	11.5	71.0	128.6	136.3	142.1	145.9	151.7	155.5	159.4	161.3
人员负荷	173.4	167.8	163.3	158.8	156.6	154.3	206.1	215.1	220.7	225.2	228.6	232.0	234.2	235.3
总计	766.1	808.8	814.2	801.6	807.2	856.8	946.0	934.2	938.8	949.1	955.8	952.8	942.6	924.2

由表 3-37 可以看出，此客房最大冷负荷值出现在 21:00，其值为 955.8W。

值得注意的是，上述表 3-31 到表 3-37 中，为什么要从 11:00 开始列表，到 24:00 结束？按冷负荷系数法，一般是计算从早上 8 点到晚上 8 点这 12 个小时的各部分负荷，然后取最大值。因为 8:00-11:00 不是负荷的最大值，如果把此时段的数据放到表格中去，因为数据多，表格太大，不好印刷，所以去掉。实际上，只要不是去掉一天中最大的负荷数据，是没有关系的。那为什么不去掉 22:00 以后的数据呢？因为 22:00 以后的数据可能是最大值，为了说明问题，将 8:00~11:00 的数据去掉，保留 22:00~24:00 的数据。这样，整个表格不太大，又能反映问题的实质。

3.6　空调负荷的概算指标法

在空调初步设计阶段，空调负荷一般都是根据概算指标来估算的，或根据实际工作中积累起来空调负荷的经验数据进行粗略估算。所谓空调负荷概算指标是指折算到建筑物中每平方米空调面积（或建筑面积）所需制冷机负荷值或热负荷值。本节摘录了国内部分有代表性的空调负荷概算指标，仅供设计者参考。其概算指标可用作设计计算的粗略估算和方案阶段、扩初阶段的估算。

3.6.1　国内部分民用建筑空调冷负荷概算指标

根据设计经验，本章将部分常见的建筑空调冷负荷概算指标进行介绍。

（1）手册中推荐的国内部分民用建筑空调冷负荷概算指标值列入表 3-38 中。

表 3-38　国内部分民用建筑空调冷负荷概算指标值

序号	建筑类型及房间名称	冷负荷指标/(W/m²)	序号	建筑类型及房间名称	冷负荷指标/(W/m²)
1	旅馆客房（标准层）	80~110	19	X 射线、CT、B 超诊断	120~150
2	酒吧、咖啡厅	100~180	20	超级市场	150~200
3	西餐厅	160~200	21	影剧院观众席	180~350
4	中餐厅、宴会厅	180~350	22	影剧院休息厅（允许吸烟）	300~400
5	商店、小卖部	100~160	23	影剧院化妆室	90~120
6	中庭、接待厅	90~120	24	体育馆	120~250
7	小会议室（允许少量吸烟）	200~300	25	体育馆观众休息厅（允许吸烟）	300~400
8	大会议室（不许吸烟）	180~280	26	体育馆贵宾室	100~120
9	理发馆、美容室	120~180	27	展览厅、陈列室	130~200
10	健身房、保龄球馆	100~200	28	会堂、报告厅	150~200
11	弹子房	90~120	29	图书展室内	75~100
12	室内游泳池	200~350	30	科研、办公室	90~140
13	舞厅（交谊舞）	200~250	31	公寓、住宅	80~90
14	舞厅（迪斯科）	250~350	32	餐馆	200~350
15	办公室	90~120	33	办公楼（全部）	90~115
16	医院　高级病房	80~110	34	超高层办公楼	104~145
17	一般手术室	100~150	35	百货大楼、商场　（低层）	250~300
18	洁净手术室	300~500	36	百货大楼、商场　（二层或以上）	200~250

（2）文献中推荐的民用建筑空调冷负荷概算指标值列入表 3-39 中。

（3）北京地区空调冷负荷概算指标值列入表 3-40 中。

（4）上海地区空调冷负荷概算指标值列入表 3-41 中。

（5）广州地区空调冷负荷概算指标值列入表 3-42 中。

值得注意的是，各种手册中的估算、概算指标，是一系列工程设计一般情况的总结。在实际工程中，如果某个真实工程设计用冷负荷系数法，所得到的负荷指标低于或高于这些指标，是完全有可能的。只要计算方法正确，没有缺、漏某项得热，没有必要怀疑结果是否正确。在实际中，根据相关标准规范进行计算出来的负荷指标，与采用鸿业暖通等专业软件进行的计算结果相差不多。但是，在实际工程中，多取 $100W/m^2$ 以上的指标进行设备选型。

表 3-39　部分民用建筑空调冷负荷概算指标值

建筑类型及房间名称	室内人数 /（人/m^2）	建筑负荷 /（W/m^2）	人体负荷 /（W/m^2）	照明负荷 /（W/m^2）	新风量 /[m^3/（h·人）]	新风负荷 /（W/m^2）	总负荷 /（W/m^2）
旅馆客房	0.063	60	7	20	50	27	114
酒吧、咖啡厅	0.50	35	70	15	25	136	256
西餐厅	0.50	40	84	17	25	136	277
中餐厅	0.67	35	116	20	25	190	360
宴会厅	0.80	30	134	30	25	216	410
中庭、接待厅	0.13	90	17	60	18	24	191
小会议室	0.33	60	43	40	25	92	235
大会议室	0.67	40	88	40	25	190	358
理发馆、美容室	0.25	50	41	50	25	67	208
健身房、保龄球馆	0.20	35	87	20	60	130	272
弹子房	0.20	35	46	30	30	65	176
棋牌室	0.05	35	63	40	25	136	274
舞厅	0.33	20	97	20	33	119	256
办公室	0.10	40	14	50	25	27	131
商店、小卖部	0.20	40	31	40	18	40	151
科研、办公室	0.20	40	28	40	20	43	151
商场　（低层）	1.00	35	160	40	12	130	365
商场　（二层）	0.83	35	128	40	12	104	307
商场　（三层及以上）	0.50	40	80	40	12	65	225
影剧院　观众席	2.00	30	228	15	8	174	447
影剧院　休息厅	0.50	70	64	20	40	216	370
影剧院　化妆室	0.25	40	35	50	20	55	180
体育馆　（看台）	0.40	35	65	40	15	65	205
体育馆　（观众休息厅）	0.50	70	27.5	20	40	86	203
体育馆　（贵宾室）	0.13	58	17	30	50	68	173
图书馆阅览室	0.10	50	14	30	25	27	121
展览厅陈列馆	0.25	58	31	20	25	68	177
会堂、报告厅	0.50	35	58	40	25	136	269
公寓、住宅	0.10	70	14	20	50	54	158
医院 高级病房	—	—	—	—	—	—	110
一般手术室	—	—	—	—	—	—	150
洁净手术室	—	—	—	—	—	—	300
X 射线、CT、B 超	—	—	—	—	—	—	150
餐馆	—	—	—	—	—	—	300

表 3-40　北京地区空调冷负荷概算指标值

建筑物名称	耗冷量指标 /（W/m^2）	耗热量指标 /（W/m^2）	换气次数 /（次/h）	供冷风量指标 /[m^3/（m^2·h）]
客房	77～125	116～151	2～3 或 50m^3 /（人·h）	—
写字间、办公楼	128～174	139～151	4～5 或 30m^3 /（人·h）	—
商场	209～256	128～163	6～8	—
康乐中心健身房	267～291	151～186	10～12	—
中餐厅	267～291	140～174	10～15	—
西餐厅	232～291	151～186	10～12	—
国际多功能厅	256～302	128～151	12～15	—

（续）

建筑物名称	耗冷量指标 /(W/m²)	耗热量指标 /(W/m²)	换气次数 /(次/h)	供冷风量指标 /[m³/(m²·h)]
阅览室	209~256	140~174	6~8	—
共享空间	291~384	163~209	6~8	—
舞厅、卡拉OK	267~349	151~186	10~12	—
走廊	93~116	116~140	送入新风可按5 m³/(走廊面积·h)计算	
公共卫生间			15~20 也可按30 m³/(人·h)计算	
地下车库	（1）设两台送风机：一台按5次/h计算(用于白天)，另一台按2次/h计算(用于晚间)			
	（2）设两台送风机：一台按6次/h计算(用于白天)，另一台按3次/h计算(用于晚间)			
厨房	326~500	—	20~30	排气量有时按60 m³/(m²·h)估算

表 3-41 上海地区空调冷负荷概算指标值

建筑物名称	耗冷量指标 /(W/m²)	耗热量指标 /(W/m²)	换气次数 /(次/h)	供冷风量指标 /[m³/(m²·h)]
客房	116~151	93~139	2~3 或 50 m³/(人·h)	—
写字间、办公楼	186~232	116~163	4~5 或 30 m³/(人·h)	—
商场	291~326	116~151	6~8	—
康乐中心健身房	291~326	139~174	10~12	—
中餐厅	267~291	128~163	10~15	—
西餐厅	326~530	139~174	10~12	—
国际多功能厅	302~384	116~139	12~15	—
阅览室	256~302	128~163	6~8	—
共享空间	349~418	151~186	6~8	—
舞厅、卡拉OK	325~407	139~174	10~12	—
走廊	116~139	93~116	送入新风可按5 m³/(走廊面积·h)计算	
公共卫生间	—	—	15~20 也可按30 m³/(人·h)计算	
地下车库	（1）设两台送风机：一台按5次/h计算(用于白天)，另一台按2次/h计算(用于晚间)			
	（2）设两台送风机：一台按6次/h计算(用于白天)，另一台按3次/h计算(用于晚间)			
厨房	384~558	0	20~30	排气量有时按60 m³/(m²·h)估算

表 3-42 广州地区空调冷负荷概算指标值

建筑物名称	耗冷量指标 /(W/m²)	耗热量指标 /(W/m²)	换气次数 /(次/h)	供冷风量指标 /[m³/(m².h)]
客房	93~139	70~93	2~3 或 50 m³/(人·h)	20~30
写字间、办公楼	163~209	93~116	4~5 或 30 m³/(人·h)	35~45
商场	267~290	70~93	6~8	46~50
康乐中心健身房	302~326	93~116	10~12	50~70
中餐厅	307~465	70~93	10~15	60~80
西餐厅	290~349	93~116	10~12	50~60
国际多功能厅	279~349	93~116	12~15	60~75
阅览室	232~279	93~116	6~8	40~60
共享空间	326~407	93~116	6~8	70~85
舞厅、卡拉OK	302~372	70~93	10~12	60~80
走廊	116~139	58~70	送入新风可按5 m³/(走廊面积·h)计算	
公共卫生间	—	—	15~20 也可按30 m³/(人·h)计算	
地下车库	（1）设两台送风机：一台按6次/h计算(用于白天)，另一台按3次/h计算(用于晚间)			
	（2）设两台送风机：一台按8次/h计算(用于白天)，另一台按5次/h计算(用于晚间)			
厨房	349~523	0	20~30	排气量有时按60 m³/(m²·h)估算

3.6.2 国内部分民用建筑空调热负荷概算指标

表 3-43 中给出了部分民用建筑物空调热负荷概算指标值。

表 3-43　部分民用建筑物空调热负荷概算指标值

建筑物类型	热负荷概算指标 /(W/m²)	建筑物类型	热负荷概算指标 /(W/m²)
住宅楼	47~70	商店	64~87
办公楼、学校	58~81	单层住宅	81~105
医院、幼儿园	64~81	食堂、餐厅	116~140
旅馆	58~70	影剧院	93~116
图书馆	47~76	大礼堂、体育馆	116~163

3.7　送风量的确定

在已知空调房间冷（热）、湿负荷的基础上，进而确定消除室内余热、余湿及维持室内空气的设计状态参数所需的送风状态和送风量作为选择空调设备的依据。

3.7.1　夏季送风状态和送风量

空调系统送风状态和送风量的确定可以在 i-d 图上进行，具体计算步骤如下。

（1）根据已知的室内空气状态参数（如 t_n、φ_n），在 i-d 图上找出室内空气状态点 N，如图3-4所示。

（2）根据计算出的空调房间冷负荷 Q 和湿负荷 W 计算出热湿比 $\varepsilon = Q/W$，再通过 N 点画出过程线 ε，如图 3-4 所示。

（3）选取合理的送风温差 Δt_o。众所周知，如果 Δt_o 选取值大，则送风量就小；反之，Δt_o 选取值小，送风量就大。对于空调系统来说，当然是风

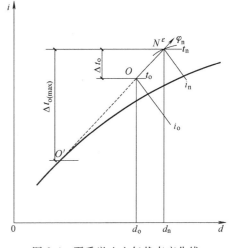

图 3-4　夏季送入空气状态变化线

量越小越经济。但是，Δt_o 是有限制的。Δt_o 过大，将会出现下面的情况：

1）风量太小，可能使室内温湿度分布不均匀。

2）送风温度 t_o 将会很低，这样可能使室内人员感到"吹冷风"而感觉不舒服。

3）有可能使送风温度 t_o 低于室内空气露点温度，这样，可能使送风口上出现结露现象。

因此，空调设计中应根据室温允许波动范围查取送风温差 Δt_o，见表3-44。有的设计手册中对舒适性空调，推荐按送风口形式确定送风温差 Δt_o，见表3-45。

（4）根据选定的送风温差 Δt_o，确定出送风温度 $t_o = t_n - \Delta t_o$。在 i-d 图上，t_o 等温线与过程线 ε 的交点 O，即为送风状态点。但是，对于舒适性空调，一般常采用"露点"送风，其"露点"即为它的送风状态点。

（5）按下式计算送风量

$$G = \frac{Q}{i_n - i_o} = \frac{W}{d_n - d_o} \times 1000 \qquad (3-22)$$

式中　G——送风量（kg/s）；

　　　i_n——室内空气的焓值（kJ/kg）；

　　　i_o——送风状态点的焓值（kJ/kg）；

d_n——室内空气的含湿量 [g/kg（a）]；

d_o——送风状态点的含湿量 [g/kg（a）]。

表 3-44 送风温差

室温允许波动范围/℃	送风温差/℃	室温允许波动范围/℃	送风温差/℃
±0.1~±0.2	2~3	±1.0	6~10
±0.5	3~6	>±1.0	人工冷源：≤15 天然冷源：可能的最大值

表 3-45 按送风口形式确定送风温差

送风温差 送风口安装高度/m 送风口类型	3	4	5	6
散流器	16.5	17.5	18.0	18.0
圆形	14.5	15.5	16.0	16.0
方形	8.5	10.0	12.0	14.0
普通侧送风口	11.0	13.0	15.0	16.5

3.7.2 冬季送风状态和送风量

冬季送风状态和送风量的确定方法与步骤同夏季是一样的。但是应注意以下几点不同：

（1）在冬季通过围护结构的传热量往往是由内向外传递，冬季室内余热量往往比夏季少得多，甚至为负值，即在北方地区需要向室内补充热量。

（2）室内散湿量一般冬季与夏季相同，这样冬季房间的热湿比值常小于夏季，也可能是负值。

（3）空调设备送风量是按夏季送风量确定的。因此，冬季一般是采取与夏季送风量相同，即全年送风量不变。这样一来，当冬夏室内散湿量相同时，则冬季送风含湿量与夏季送风含湿量是相同的。

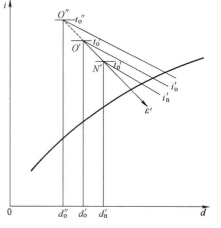

图 3-5 冬季送入空气状态变化线

（4）送热风时，送风温差可比送冷风时大，因此，冬季也可减少送风量，提高送风温差，但送风温度不应超过 45℃。

具体步骤如下，冬季送入空气状态变化线如图 3-5 所示。

1）确定室内状态点 N'。

2）计算冬季热湿比 ε'，即

$$\varepsilon' = \frac{Q_h}{W} \tag{3-23}$$

3）根据 $d_o' = d_o$ 确定送风状态 O'，即为全年送风量不变的送风状态。

4）若希望冬季减少送风量，则应提高送风温度。例如，令 $t_o' < t_o'' < 45℃$，这样 t_o'' 等温线与过程线 ε' 交点 O''，即为送风状态点，送风量为

$$G_h = \frac{Q_h}{i_n - i_o''} \tag{3-24}$$

第4章　中央空调工程空气系统及处理方案

4.1　中央空调系统的分类与比较

4.1.1　系统分类

中央空调通常按负担室内热湿负荷所用的介质分为全空气系统、全水系统、空气—水系统和冷剂系统；按空气处理设备的集中程度可分为集中式空调系统、半集中式空调系统和分散式空调系统；按热量传递的原理来分，可分为对流方式空调和辐射方式空调；按被处理空气的来源来分，又可分为封闭式系统、直流式系统和混合式系统。空调系统的分类见表4-1。

表 4-1　空调系统的分类

主要传热方式	负担热湿负荷的介质	空调方式	分散程度			备　注
			集中	半集中	分散	
对流	全空气	单风管定风量方式	√			末端空调机组方式与全空气诱导空调方式。前者为中央空调的主要方式
		单风管变风量方式	√			
		双风管方式	√			
		全空气诱导器空调方式		√		
对流	全水	风机盘管方式		√		1. 冷热源集中 2. 因无新风，属封闭式系统
	空气—水	风机盘管加新风系统方式		√		为中央空调的主要方式之一
	冷剂	空气—水诱导器空调方式		√		
		整体式柜式和窗式空调机 分体式柜式和窗式空调机			√	不设新风系统者属封闭式
		闭路式水环热泵方式			√	不设新风系统者属封闭式
辐射	空气—水	低温辐射空调加新风系统方式	√			

下面就其各种方式的原理图示、特征和系统应用分别予以说明，见表4-2~表4-4。

（1）按负担室内热湿负荷所用的介质分类，见表4-2。

表 4-2　按负担室内热湿负荷所用的介质分类

名称	原理图示	特征	系统应用
全空气系统		（1）室内负荷全部由处理过的空气来负担 （2）空气比热、密度小，需空气多，风管断面大，输送耗能大	以普通的低速单风管系统为代表,应用广泛,可分为一次回风及二次回风方式
全水系统		（1）室内负荷由一定温度的水来负担 （2）输送管路断面小 （3）无通风换气的作用	（1）风机盘管系统 （2）辐射板供冷供热系统

（续）

名称	原理图示	特征	系统应用
空气—水系统		（1）由处理过的空气和水共同负担室内负荷 （2）其特征介于上述两者之间	（1）风机盘管与新风相结合的系统 （2）诱导空调系统
冷剂系统		（1）制冷系统蒸发器或冷凝器直接向房间吸收（或放出）热量 （2）冷、热量的输送损失少	（1）柜式空调机组（整体式或分体式） （2）多台室内机的分体式空调机组（多联机） （3）闭路式水环热泵机组系统

（2）按空气处理设备的集中程度分类，见表 4-3。

表 4-3　按空气处理设备的集中程度分类

名称		图示	特征	应用
集中式空调系统		接冷/热源　风机　空气机组(AHU)	空气的温湿度集中在空调机组（AHU）中进行调节后经风管输送到使用地点，对应负荷变化集中在 AHU 中不断调整，是空调最基本的方式	普通为单风管定风量（或变风量）系统，此外有双风管系统
半集中式空调系统		AHU　接冷/热源　风机	除由集中的 AHU 处理空气外，在各个可能空调房间还分别有处理空气的"末端装置"（例如风机盘管等）	（1）新风集中处理结合诱导器送风 （2）新风集中处理结合风机盘管送风
分散式空调系统	个别独立型	1—分体空调机的室内机 2—分体空调机的室外机 3—窗式空调机	各房间的空气处理由独立的带冷热源的空调机组承担	整体或分体的柜式或窗式机组（单元式空调器）
	构成系统型	供热房间　供冷房间 1—空调机组（热泵工况） 2—空调机组（制冷工况） 3—水系统（闭环） 4—水泵	个别带冷热源的空调机组通过水系统构成环路	有热回收功能的闭路环热泵机组系统

（3）按被处理空气的来源分类，见表 4-4。

表 4-4　按被处理空气的来源分类

名称		图　　示	特征	应用
封闭式		注：$N\rightarrow O$ 表示风机温升	全部为循环空气，系统中无新风加入	无人居留的空调系统
直流式			全部用新风，不用循环空气	室内有有害气体（或病菌）不能循环使用的空调系统
混合式	一次回风		（1）除部分新风外使用相当数量的循环空气（回风） （2）在 AHU 前混合	普通应用最多的全空气开空调系统
	二次回风		（1）除部分新风外使用相当数量的循环空气（回风） （2）在 AHU 前混合一次外，在 AHU 后再混合一次	为减少送风温差而又不用再热器时的空调方式

上面列举的是 3 种最主要的分类方法。实际上空调系统还可以根据另外一些原则进行分类。例如。

（1）根据系统的风量固定与否，可分为定风量和变风量空调系统。

（2）根据系统风管内空气流速的高低，可分为低速（$v < 8\text{m/s}$）和高速（$v = 20\sim30\text{m/s}$）空调系统。

（3）根据系统的用途不同，可分为工艺性和舒适性空调系统。

（4）根据系统精度不同，可分为一般性空调系统和恒温恒湿空调系统。

（5）根据系统运行时间不同，可分为全年性空调系统和季节性空调系统。

（6）根据系统使用场所不同，可分为大型工民建用中央空调、商用中央空调和家用（户式）中央空调系统等。

4.1.2　系统比较

下面分别以定风量全空气系统、风机盘管加新风系统和单元式空调机分别作为集中式空调、半集中式空调和分散式空调系统的代表，比较它们的特征和适用性，见表 4-5。

表 4-5　典型空调系统的比较

名称		集中式	分散式	半集中式
风管、设备与布置	风管系统	(1)空调送回风管系统复杂、布置困难 (2)支风管和风口较多时不易均衡调节风量 (3)风管要求保温,影响造价	(1)系统小,风管短,各个风量的调节比较容易达到均匀 (2)直接放室内时,可不接送、回风管,也没有回风管 (3)小型机组余压小,有时难于满足风管布置和必需的新风量	(1)放室内时,不接送、回风管 (2)当和新风系统联合使用时,新风管较小
	设备布置与机房	(1)空调与制冷设备可以集中布置在机房 (2)机房面积较大,层高较高 (3)有时可以布置在屋顶上或安设在车间柱间平台上	(1)设备成套,紧凑,可以放在房间内 (2)机房面积较小,只是集中系统的50%,机房层高较低 (3)机组分散布置,敷设各种管线较麻烦	(1)只需要新风空调机房,机房面积小 (2)风机盘管可以安设在空调房间内 (3)分散布置,敷设各种管线较麻烦
	风管互相串通	空调房间之间有风管连通,使各房间互相污染。当发生火灾时会通过风管迅速蔓延	各空调房间之间不会互相污染、串声。发生火灾时也不会通过风管蔓延	各空调房间之间不会互相污染
空调控制品质	温湿度控制	可以严格地控制室内温度与室内相对湿度	各房间可以根据各自的负荷变化与参数要求进行温湿度调节。对要求全年须保证室内相对湿度允许波动范围小于±5%或要求室内相对湿度较大时,较难满足。多数机组按17~21kJ/kg的最大焓降设计,对室内温度要求较低、室外湿球温度较高、新风量要求较多时,较难满足	对室内温湿度要求较严时,难于满足
	空气过滤与净化	可以采用初效、中效和高效过滤器,满足室内空气清洁度的不同要求。采用喷水室时,水与空气直接接触,易受污染,须常换水	过滤性能差,室内清洁度要求较高时难于满足	过滤性能差,室内清洁度要求较高时难于满足
	空气分布	可以进行理想的气流分布	气流分布受制约	气流分布受一定制约
安装与维修	安装	设备与风管的安装工作量大、周期长	(1)安装投产快 (2)对旧建筑改造和工艺变更的适应性强	安装投产较快,介于集中式空调系统与单元式空调器之间
	消声与隔振	可以有效地采取消声和隔振措施	机组安设在空调房间内时,噪声、振动不好处理	必须采用低噪声风机,才能保证室内要求
	维护运行	空调与制冷设备集中安设在机房,便于管理和维修	机组易积尘与油垢,清理比较麻烦,使用二三年后,风量、冷量减少;难以做到快速加热(冬天)与快速冷却(夏天)。分散维修与管理较麻烦	布置分散,维修管理不方便。水系统复杂,易漏水
经济性	节能与经济性	(1)可以根据室外气象参数的变化和室内负荷变化实现全年多工况节能运行调节,充分利用室外新风以避免冷热抵消,减少制冷机运行时间 (2)对于热湿负荷变化不一致或室内参数不同的多房间,不经济 (3)部分房间停止工作不需空调时,整个空调系统仍须运行,不经济	(1)不能按室外气象参数的变化和室内负荷变化实现全年多工况节能运行调节,过渡季不能用全新风 (2)灵活性大,各空调房间可根据需要停开 (3)加热大多采用热泵方式,经济性好	(1)灵活性大,节能效果好,可根据各室负荷情况自动调节 (2)盘管冬夏兼用,内壁容易结垢,降低传热效率 (3)无法实现全年多工况节能运行调节

（续）

名称		集中式	分散式	半集中式
经济性	造价	除制冷机锅炉设备外，空调机组和风管造价均较高	仅设备造价,单元式空调机价格合理,故造价较低	介于两者之间
	使用寿命	使用寿命长	使用寿命较短	使用寿命较长
适用性		(1)建筑空间大,可布置风管 (2)室内温湿度、洁净度控制要求严格的生产车间 (3)空调容量很大的大空间公共建筑,例如商场、影剧院、会展中心、高层写字楼	(1)空调房间布置分散 (2)空调使用时间要求灵活 (3)无法设置集中式冷热源	(1)室内温湿度控制要求一般的场合 (2)层高较低的多层或高层建筑场合,例如旅馆和一般标准的办公楼

4.2 空调系统的形式选择与划分原则

4.2.1 系统的形式选择

选择空调系统时，应根据建筑物的用途、规模、使用特点、室外气候条件、负荷变化情况和参数要求等因素，通过技术经济比较来确定。

（1）全空气系统在机房内对空气进行集中处理，空气处理机组有多种处理功能和较强的处理能力，尤其是有较强的除湿能力。因此适用于冷负荷密度大、潜热负荷大（室内热湿比小）或对室内含尘浓度有严格控制要求的场所，例如人员密度大的大餐厅、火锅餐厅、剧场、商场及有净化要求场所等。系统经常需要维修的是空气处理设备，全空气系统的空气处理设备集中于机房内，维修方便，且不影响空调房间使用。因此全空气系统也适用于房间装修高级、常年使用的房间，例如候机大厅、宾馆的大堂等。但是全空气系统有较大的风管及需要空调机房，在建筑层高低、建筑面积紧张的场所，它的应用受到了限制。

（2）高大空间的场所宜选用全空气定风量系统。在这些场所，为使房间内温度均匀，需要有一定的送风量，故应采用全空气系统中的定风量系统。因此，像体育馆比赛大厅、候机大厅、大车间等宜用全空气定风量空调系统。

（3）一个系统有多个房间或区域，各房间的负荷参差不齐，运行时间不完全相同，且各自有不同要求时，宜选用全空气系统中的变风量系统、空气—水风机盘管系统等。如果这些系统中有多个房间的负荷密度大、湿负荷较大，应选用单风道变风量系统或双风道系统。空气—水风机盘管、空气—水辐射板系统和空气—水诱导器系统适用于负荷密度不大、湿负荷也较小的场合，例如客房和人员密度不大的办公室等。

（4）一个系统有多个房间，又需要避免各房间污染物互相传播时，例如医院病房的空调系统，应采用空气—水风机盘管系统、一次风为新风的诱导器系统或空气—水辐射板系统。设置于房间内的盘管最好干工况运行。

（5）旧建筑加装空调系统，比较适宜的系统是空气—水系统；一般不宜采用全空气集中空调系统。因为空气—水系统中的房间负荷主要由水来承担，携带同样冷、热量的水管远比风管小很多，在旧建筑中布置或穿过楼层较为容易；空气—水系统中的空气系统一般是新风系统，风量相对比较少，且可分层、分区设置，这样风管尺寸很小，便于布置、安装。如果必须采用全空气集中空调时，也应尽量将系统划分得小一些。

4.2.2 系统的划分原则

一幢建筑不仅有多种形式的系统，而且同一种形式的系统还可以划分成多个小系统。系统划分的原则如下：

（1）系统应与建筑物分区一致。一幢建筑物通常可分为外区和内区。外区又称为周边区，是建筑中带有外窗的房间或区域。如果一个无间隔墙的建筑平面，周边区指靠外窗一侧 5~7m（平均 6m）的区域；内区是除去周边区外的无窗区域，当建筑宽度小于 10m 时，就无内区。周边区还可以分为不同朝向的周边区。不同区的负荷特点各不相同。一般来说，内区中常年有灯光、设备和人员的冷负荷，冬季只在系统开始运行时有一定的预热负荷，或室外新风加热负荷，但最上层的内区有屋顶的传热，冬季也可能有热负荷。周边区的负荷与室外有着密切的关系，不同朝向的周边区的围护结构冷负荷差别很大。北向冷负荷小，东侧上午出现最大冷负荷，西侧下午出现最大冷负荷，南向负荷并不大，但四月份、十月份南向的冷负荷与东、西向相当。冬季周边区一般都有热负荷，尤其在北方地区，其中北向周边区的负荷最大。在有内、外区的建筑中，就有可能出现需要同时供冷和供热的工况，系统宜分内、外区设置，外区中最好分朝向设置，因为有的系统无法同时满足内外区供冷和供热要求。虽然有再热的变风量系统或空气—水诱导器系统，可以实现同时对内区供冷和对周边区供热，但会引起冷、热量抵消，浪费能量。因此，最好把内外区的系统分开。

（2）在采暖地区，有内、外区的建筑，且系统只在工作时间运行（例如办公楼），当采用变风量系统、诱导器系统或全空气系统时，无论是否设置分区，宜设一独立的散热器采暖系统，以在建筑无人时（如夜间、节假日）进行值班采暖，从而可以节约运行费用。

（3）若各房间或区的设计参数和热湿比相接近、污染物相同，可以划分为一个全空气系统；对于定风量单风道系统，还要求工作时间一致，负荷变化规律基本相同。

（4）一般民用建筑中的全空气系统不宜过大，否则风管难于布置；系统最好不跨楼层设置，需要跨楼层设置时，层数也不应太多，这样有利于防火。

（5）空气—水系统中的空气系统一般都是新风系统，这种系统实质上是一个定风量系统，它的划分原则是功能相同、工作班次一样的房间可划分为一个系统；虽然新风量与全空气系统中的送风量相比小很多，但系统也不宜过大，否则各房间或区域的风量分配很困难；有条件时可分层设置，也可以多层设置一个系统。

（6）工业厂房的空调、医院空调等在划分系统时要防止污染物相互传播。应将同类型污染的房间划分为一个系统；并应使用各房间（或区）之间保持一定的压力差，引导室内的气流从干净区流向污染区。

4.3 全空气空调系统

4.3.1 全空气空调系统的特点

全空气一次回风和二次回风空调系统属于普通集中式空调系统，是出现最早、最基本也是最典型的空调系统。全空气一次回风和二次回风空调系统的特点见表 4-6。

表 4-6 全空气一次回风和二次回风空调系统的特点

系统	一次回风空调系统	二次回风空调系统
特征	回风与新风在热湿处理设备前混合	新风与回风在热湿处理设备前混合并经过处理后再次与回风进行混合
适用性	（1）送风温差可取较大时 （2）室内散湿量较大时	（1）送风温差受限制，且不允许利用热源再热时 （2）室内散湿量较小，室温允许波动范围较小宜采用固定比例的一、二次回风；对室内参数控制不严的场合，可采用变动的一、二次回风比以调节负荷 （3）高洁净级别的洁净车间需采用二次回风

（续）

系统	一次回风空调系统	二次回风空调系统
优点	(1) 设备简单,节省初投资 (2) 可以严格控制室内温度和相对湿度 (3) 可以充分进行通风换气,室内卫生条件好 (4) 空气处理设备集中设置在机房内,维修管理方便 (5) 可以实现全年多工况节能运行调节,经济性好 (6) 使用寿命长 (7) 可以有效采取消声和隔振措施	
缺点	(1) 机房面积大,风道断面大,占用建筑空间多 (2) 风管系统复杂,布置困难 (3) 一个系统供给多个房间,当各房间负荷变化不一致时,无法进行精确调节 (4) 空调房间之间有风管连通,使各房间互相污染 (5) 设备与风管的安装工作量大,周期长	
区别	二次回风系统利用回风节约了一部分再热的能量	

4.3.2　全空气空调系统的空气处理过程与计算方法

（1）一次回风空调系统。一次回风空调系统夏季与冬季的空气处理过程及计算方法见表 4-7。

表 4-7　一次回风空调系统夏季与冬季的空气处理过程及计算方法

系统	一次回风空调系统	
冷却处理方式	用淋水室处理空气	用表冷器处理空气
系统图示		
i-d 图上的表示		
夏季 — i-d 图的绘制过程	①在 i-d 图上找出室内状态点 N,室外状态点 W ②过 N 点画出过程线 ε ③根据所取的送风温差 Δt_{o} 画出 t_{o} 等温线,该线与 ε 线交于点 O,O 为送风状态点 ④过 O 作等含湿量线与 $\varphi = 90\% \sim 95\%$ 的等相对湿度线交于点 L ⑤由 $G_{\text{w}}/G = \overline{NC}/\overline{NW}$ 确定新风与回风的混合状态点 C,连接 C 点和 L 点	①在 i-d 图上找出室内状态点 N,室外状态点 W ②过 N 点画出过程线 ε ③根据所取的送风温差 Δt_{o} 画出 t_{o} 等温线,该线与 ε 线交于点 O,O 为送风状态点 ④过 O 作等含湿量线与 $\varphi = 90\% \sim 95\%$ 的等相对湿度线交于点 L ⑤由 $G_{\text{w}}/G = \overline{NC}/\overline{NW}$ 确定新风与回风的混合状态点 C,连接 C 点和 L 点
夏季 — 处理过程	$\begin{smallmatrix}W\\N\end{smallmatrix}$〉一次混合→C 冷却干燥(淋水室)→L 二次加热(或风机温升)→O～ε→N	$\begin{smallmatrix}W\\N\end{smallmatrix}$〉一次混合→C 冷却干燥(表冷器)→L 二次加热(或风机温升)→O～ε→N
夏季 — 耗冷量计算/kW	$Q_{\text{o}} = G(i_{\text{c}} - i_{\text{L}})$	$Q_{\text{o}} = G(i_{\text{c}} - i_{\text{L}})$
夏季 — 二次加热量计算/kW	$Q_2' = G(i_{\text{o}} - i_{\text{L}})$	$Q_2' = G(i_{\text{o}} - i_{\text{L}})$

（续）

系统		一次回风空调系统	
冬季	$i\text{-}d$ 图的绘制过程	①在 $i\text{-}d$ 图上找出室内状态点 N'，室外状态点 W' ②过 N' 点画出过程线 ε' ③设冬夏送风量相同，由 $d'_{0'}=d'_n-\dfrac{W}{G}$ 画出 $d'_{0'}$ 等含湿量线，该线与 ε' 线交于点 O'，O' 为冬季送风状态点 ④过 O' 作等含湿量线与 $\varphi=90\%\sim95\%$ 线交于点 L'，由 $i_{W'_1}=i_{N'}-\dfrac{G}{G_W}(i_{N'}-i_{L'})$ 画出 $i_{W'_1}$ 等焓线 ⑤若 $i_{W'}<i_{W'_1}$，则新风需进行预热，过 W' 作等含湿量线与 $i_{W'_1}$ 等焓线交于点 W'_1 ⑥连接 N'、W'_1 点，过 L' 作等焓线与 $N'W'$ 线交于点 C'	①在 $i\text{-}d$ 图上找出室内状态点 N'，室外状态点 W' ②过 N' 点画出过程线 ε' ③设冬夏送风量相同，由 $d'_{0'}=d'_n-\dfrac{W}{G}$ 画出 $d'_{0'}$ 等含湿量线，该线与 ε' 线交于点 O'，O' 为冬季送风状态点 ④连接 N'、W' 点，由 $G_W/G=\overline{N'C'}/\overline{N'W'}$ 确定新风与回风的混合状态点 C'，若 C' 点处于"有雾区"，则新风需进行预热，以使混合点 C' 处于饱和相对湿度线上方 ⑤过 C' 作等焓湿量线与 t'_0 等温线交于点 O'_1，连接 O'_1、O' 点
	处理过程		
	一次加热量计算/kW	$Q_1=G_W(i_{W'_1}-i_{W'})$	
	二次加热量计算/kW	$Q_2=G(i'_{o'}-i_{L'})$	$Q_2=G(i_{o'_1}-i_{C'})$
	加湿量计算/(g/s)	$W=G(d_{L'}-d_{C'})$	$W=G(d_{0'}-d_{0'_1})$
	式中符号	G_W—新风量（kg/s）；G—总送风量（kg/s）；W—余湿量（g/s）；i—焓值（kJ/kg）；d—含湿量（g/kg）	

（2）二次回风空调系统。二次回风空调系统夏季与冬季的空气处理过程及计算方法见表 4-8。

表 4-8　二次回风空调系统夏季与冬季的空气处理过程及计算方法

系统	二次回风空调系统	
冷却处理方式	用淋水室处理空气	用表冷器处理空气
系统图示		
$i\text{-}d$ 图上的表示		

（续）

系统		二次回风空调系统	
夏季	$i\text{-}d$ 图的绘制过程	①在 $i\text{-}d$ 图上找出室内状态点 N，室外状态点 W ②过 N 点画出过程线 ε，与 $\varphi=90\%\sim95\%$ 线交于点 L ③根据所取的送风温差 Δt_o 画出 t_o 等温线，该线与 ε 线交于点 O，O 为送风状态点 ④由 $G_L/G=\overline{ON}/\overline{NL}$，求出通过喷水室的风量 G_L，再由 $G_1=G_L-G_W$，求出一次回风量 G_1，从而由 $G_W/G_L=\overline{NC}/\overline{NW}$ 确定一次混合点 C，连接 C、L 点	①在 $i\text{-}d$ 图上找出室内状态点 N，室外状态点 W ②过 N 点画出过程线 ε，与 $\varphi=90\%\sim95\%$ 线交于点 L ③根据所取的送风温差 Δt_o 画出 t_o 等温线，该线与 ε 线交于点 O，O 为送风状态点 ④由 $G_L/G=\overline{ON}/\overline{NL}$，求出通过喷水室的风量 G_L，再由 $G_1=G_L-G_W$，求出一次回风量 G_1，从而由 $G_W/G_L=\overline{NC}/\overline{NW}$ 确定一次混合点 C，连接 C、L 点
	处理过程	$W\atop N$〉一次混合 C —冷却干燥（淋水室）→ $L\atop N$〉二次混合 $O\leadsto\varepsilon\to N$	$W\atop N$〉一次混合 C —冷却干燥（表冷器）→ $L\atop N$〉二次混合 $O\leadsto\varepsilon\to N$
	耗冷量计算/kW	$Q_0=G_L(i_c-i_L)$	$Q_0=G_L(i_c-i_L)$
冬季	$i\text{-}d$ 图的绘制过程	①设冬夏室内参数相同，在 $i\text{-}d$ 图上找出室内状态点 N，室外状态点 W' ②过 N 点画出过程线 ε' ③设冬夏送风量相同，由 $d_{O'}=d_n-\dfrac{W}{G}$ 画出 $d_{O'}$ 等含湿量线，该线与 ε' 线交于点 O'，O' 为冬季送风状态点，当冬夏室内产湿量相同时，O' 仍在 d_0 线上 ④若冬夏一、二次回风比不变，则冬夏季机器露点的位置也相同 ⑤由 $i_{W'_1}=i_{N'}-\dfrac{G_L}{G_W}(i_{N'}-i_{L'})$ 画出 $i_{W'_1}$ 等焓线 ⑥若 $i_{W'}<i_{W'_1}$，则新风需预热，过 W' 作等含湿量线与 $i_{W'_1}$ 等焓线交于 W'_1 ⑦连接 N'、W'_1 点，过 L 作等温线与 $N'W'_1$ 线交于点 C'	①设冬夏室内参数相同，在 $i\text{-}d$ 图上找出室内状态点 N，室外状态点 W' ②过 N 点画出过程线 ε' ③设冬夏送风量相同，由 $d_{O'}=d_n-\dfrac{W}{G}$ 画出 $d_{O'}$ 等含湿量线，该线与 ε' 线交于点 O'，O' 为冬季送风状态点，当冬夏室内产湿量相同时，O' 仍在 d_0 线上 ④由冬夏一、二次回风比不变，定出冬季一次回风混合点 C'，冬夏季机器露点的位置也相同。若 C' 点处于"有雾区"，则新风需进行预热，以使混合点 C' 处于饱和相对湿度线上方 ⑤过 C' 作等温线与 d_L 等含湿量线交于点 L'，连接 N、L' 点，过 O' 作等含湿量线与 NL' 线交于点 C'_1
	处理过程	$W'\atop N'$〉一次加热（加热器）$W'_1\atop N'$〉一次混合 C' —绝热加湿（淋水室）→ $L\atop N$〉二次混合 〔→ O —二次加热（加热器）→ $O'\leadsto\varepsilon'\to N'$〕	$W'\atop N$〉一次混合 C' —等温加湿（干蒸汽加湿器）→ $L'\atop N$〉二次混合 〔→ C'_1 —二次加热（加热器）→ $O'\leadsto\varepsilon'\to N$〕
	一次加热量计算/kW	$Q_1=G_W(i_{W'_1}-i_{W'})$	
	二次加热量计算/kW	$Q_2=G(i_{o'}-i_{C'_1})$	$Q_2=G(i_{o'}-i_{C'_1})$
	加湿量计算/(g/s)	$W=G(d_{L'}-d_{C'})$	$W=G(d_{L'}-d_{C'})$
式中符号		G_W—新风量（kg/s）；G—总送风量（kg/s）；W—余湿量（g/s）；i—焓值（kJ/kg）；d—含湿量（g/kg）	

【例 4-1】　试为某会议室设计一次回风空调系统。已知室内设计参数夏季 $t_n=26\pm1$℃，$\varphi_n=60\pm10\%$；冬季 $t'_n=18\pm1$℃，$\varphi'_n=50\%\pm10\%$；室内余热量夏季为 $Q=21.9\text{kW}$，冬季 $Q'=-42.1\text{kW}$，余湿量 W 冬夏均为 4578g/h，最小新风比为 15%。室外设计参数夏季为 $t_w=33.5$℃，$t_{sw}=27.7$℃，$i_w=85.0\text{kJ/kg}$；冬季 $t'_w=5$℃，$\varphi'_w=70\%$，$i'_w=12.5\text{kJ/kg}$；大气压力 $B=$

101325Pa。

解 （1）夏季

① 计算热湿比

$$\varepsilon = \frac{Q}{W} = \frac{21.9 \times 3600 \times 1000}{4578} \text{kJ/kg} = 17221 \text{kJ/kg}$$

② 确定送风状态点（见图 4-1）。在 $i\text{-}d$ 图上根据 $t_n = 26℃$ 及 $\varphi_n = 60\%$ 确定 N 点，得 $i_n = 56.0\text{kJ/kg}$，$d_n = 12.0\text{g/kg}$。如果为露点送风，过 N 点作 $\varepsilon = 17221\text{kJ/kg}$ 线与 $\varphi = 90\%$ 的曲线相交得 L 点，得 $t_L = 19.0℃$，$i_L = 47.0\text{kJ/kg}$，$d_L = 11.4\text{g/kg}$。

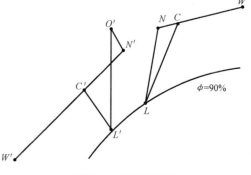

图 4-1 送风状态点

③ 计算风量

送风量： $G = \dfrac{Q}{i_n - i_L} = \dfrac{21.9}{56.0 - 47.0} \text{kg/s} = 2.43 \text{kg/s}$ （7290m³/h）

新风量： $G_W = G \times m\% = 2.43 \times 15\% \text{kg/s} = 0.36 \text{kg/s}$ （1094m³/h）

④ 确定新、回风混合状态点

由 $\dfrac{\overline{NC}}{\overline{NW}} = \dfrac{G_W}{G} = m\% = 15\%$，可用作图法在 $\overline{NW}$ 线上确定 C 点，得 $i_C = 60.4\text{kJ/kg}$，$d_C = 13.2\text{g/kg}$。

⑤ 求系统需要的冷量

$$Q_O = G(i_C - i_L) = 2.43 \times (60.4 - 47.0) \text{kW} = 32.6 \text{kW}$$

（2）冬季

① 计算热湿比

$$\varepsilon' = \frac{Q'}{W} = \frac{-42.1 \times 1000 \times 3600}{4578} \text{kJ/kg} = -33106 \text{kJ/kg}$$

② 确定送风状态点

在 $i\text{-}d$ 图上根据 $t_n' = 18℃$ 及 $\varphi_n' = 50\%$ 确定 N' 点，得 $i_n' = 32.2\text{kJ/kg}$，$d_n' = 6.1\text{g/kg}$。取冬季送风量 $G' = G = 2.43\text{kg/s}$。

冬季送风参数可以计算如下

$$i_O' = i_n' - \frac{Q'}{G} = 32.2\text{kJ/kg} - \frac{-42.1}{2.43}\text{kJ/kg} = 49.5\text{kJ/kg}$$

$$d_O' = d_n' - \frac{W}{G} = 6.1\text{kJ/kg} - \frac{4578}{3600 \times 2.43}\text{kJ/kg} = 5.6\text{g/kg}$$

过 O' 作等 d 线与 $\varphi = 90\%$ 的曲线相交得 L' 点，$i_L' = 20.9\text{kJ/kg}$。

③ 检查是否需要预热

$$i_{W1} = i_n' - \frac{i_n' - i_L'}{m\%} = 32.2\text{kJ/kg} - \frac{32.2 - 20.9}{15\%}\text{kJ/kg} = -43.1\text{kJ/kg}$$

由于 $i_{W1} = -43.1 < i_W' = 12.5$，所以不需要预热。

④ 确定新风与一次回风混合状态点。

N' 与 W' 点连线与 i_L' 线交点即为 C' 点，$t_c' = 10.3℃$

⑤ 计算再热量

$$Q_1 = G(i'_O - i'_L) = 2.43 \times (49.5 - 20.9) \text{kW} = 69.5 \text{kW}$$

4.3.3　集中式空调系统设计中的几个问题

1. 单风机系统和双风机系统及其选择　单风机系统指集中式空调系统中只设有送风机,送风机负担整个空调系统的全部压力损失。双风机系统指集中式空调系统中除设有送风机外,还设有回风机,送风机负担由新风口至最远送风口的压力损失;回风机负担最远回风口至空气处理机组前的压力损失。单风机系统和双风机系统的适用条件及优缺点见表4-9。

表 4-9　单风机系统和双风机系统的适用条件及优缺点

系统	单风机系统	双风机系统
适用条件	1)全年新风量不变的系统 2)当使用大量新风时,室内门窗可以排风,不会形成大于50Pa的过高正压 3)房间少,系统小,空调房间靠近空调机房,空调系统的排风口必须靠近空调房间	1)不同季节的新风量变化较大,其他排风出路不能适应风量变化的要求时会导致室内正压过高 2)房间必须维持一定的正压,而门窗严密,空气不易渗透,室内又无排气装置 3)要求保证空调系统有恒定的回风量或恒定的排风量 4)仅有少量回风的系统 5)通过技术经济比较,装设回风机合理时
优点	1)投资小 2)耗电量低 3)占地小	1)空调系统可以采用全年多工况调节,节省能量 2)可保证设计要求的室内正压和回风量 3)风机风压低,噪声小 4)适用于多房间的空调系统,易于调节
缺点	1)全年新风量调节困难 2)当过渡季使用大量新风,室内无足够的排风面积,会使室内正压过大,人耳膜会有痛感,门也不易开启 3)风机风压高,噪声大 4)由于空调器内有较大负压,缝隙处易渗入空气,使冬、夏季回风比达不到设计要求,冷、热耗量增大 5)室内局部排风量大时,用单风机克服回风管的压力损失,不经济 6)排风口位置必须靠近空调器时,会使室内正压过高 7)空调系统供给多房间时,调节比较困难	1)投资高 2)耗电量大 3)占地大 4)当回风机选用不当而使风压过大时,会使新风口处形成正压,导致新风进不来
风机压力	风机负担整个空调系统全部压力损失	送风机负担由新风口至最远送风口压力损失。回风机负担最远回风口至空调器前的压力损失。一般回风机的压力仅为送风机压力的1/4~1/3(必须注意,排风口一定要处于回风机的正压段,新风口一定要处于送风机的负压段)

必须指出,在双风机系统中,调节段的功能是在排出部分回风的同时,其余的大部分回风要通过一次风阀进入混合段,与新风进行混合。所以,在系统设计、运行时,应使送、回风机的压力零点置于一次风阀处,才能完成排出部分回风、吸入新风的功能。双风机空调系统的新风管不应接在回风机的吸入段上,以免造成排风不扬。双风机空调系统的送风机和回风机的选型要注意回风机的风量为送风机风量的80%~90%。如果回风机和送风机风量相同,则会造成空调系统的新风无法进入。当按直流式系统运行时,则应关闭一次风阀,同时全部打开排风口及新风口风阀。

2. 新风进风口面积、新风风管面积及新风口位置的确定　空气处理过程中,大多数场合需要利用一部分回风。在夏、冬季节,混入的回风量越多,使用的新风量则越少,系统运行越经济。但实际上,不能无限制地减少新风量。空调系统的新风量不小于人员所需新风量,以及补偿排风和保持室内正压所需风量两项中的较大值。民用建筑人员所需最小新风量按国家现行有关卫生标准确定,工业建筑应保证每人不小于 $30 \text{m}^3/\text{h}$ 的新风量。设计空调系统时,应取上述 3 项中最大者作为系统新风量的计算值。必须指出,上面提到的最小新风量，是针对夏季、冬季工况而言的，对于除冬、夏季以外的过渡季节，应尽可能多用新风，甚至全部用新风送出，充分利用室外空气的自然冷量满足房间空调要求，以达到节能的目的。因此，新风进风口面积和新风风管面积应适应新风量变化和最大新风量的要求，在过渡季大量使用新风时，可设置最小新风口和最大新风口，或按最大新风量设置新风进风口，并设调节装置，以分别适应冬夏和过渡季节新风量变化的需要。

新风进风口的位置应直接设在室外空气较清洁的地点并应低于排风口，并尽量保持不小于 10m 的间距；进风口的下缘距室外地坪不宜小于 2m；当设在绿化地带时不宜小于 1m；应避免进风、排风短路；为减少夏季新风负荷，新风口尽量设置在北向外墙上。

新风进风口处应设有严密关闭的阀门（寒冷和严寒地区宜设保温阀），其作用是，当系统停止运行时，在夏季防止热湿空气侵入，会造成金属表面和室内墙面结露；在冬季防止冷空气侵入，将使室温降低，甚至使加热盘管冻结。当采用手动风阀时，阀门位置的布置应考虑操纵方便。

3. 机器露点 "L" 的确定问题 机器露点 L 点的相对湿度往往达不到完全饱和，而大多处于 $\varphi = 90\% \sim 95\%$。这是由于空气通过淋水室或表冷器时，热湿交换的不充分和不均匀所造成的。但是，通过热湿交换设备后的空气相对湿度变化幅度较小，即 φ 的数值比较稳定。一般可认为淋水室的机器露点 $\varphi = 95\%$，表冷器的机器露点 $\varphi = 90\%$。

4.4 变风量空调系统

4.4.1 变风量空调系统的特点

变风量空调系统是一种节能的空调系统，该系统的末端装置可以随着空调房间负荷的变化而改变送风量的大小，送风参数保持不变，从而满足室温的要求。变风量空调系统的特点见表 4-10。

4.4.2 变风量空调系统的空气处理过程与计算方法

变风量空调系统根据末端装置形式不同，可分为节流型、旁通型、诱导型、空气动力箱型四种形式。变风量空调系统的空气处理过程与计算方法见表 4-11。

表 4-10 变风量空调系统的特点

项目	特 点 描 述
优点	（1）由于风量随负荷的变化而变化,因而节省风机能耗,运行经济 （2）可充分利用同一时刻建筑物各朝向负荷参差不齐的特点,减少系统负荷总量,使初投资和运行费都可减少 （3）同一系统可以实现负荷不同、温度要求不同的单个房间的温度自动控制 （4）适合于建筑物的改建和扩建,只要在系统设备容量范围之内,不需对系统作太大变动,甚至只需重调设定值即可 （5）系统风量平衡方便,当某几个房间无人时,可以完全停止对该处的送风,既节省了冷量或热量,而又不破坏系统的平衡,即不影响其他房间的送风量
缺点	（1）室内相对湿度控制质量稍差 （2）变风量末端装置价格高,因此,设备初始投资较高 （3）风量减小时,会影响室内气流分布,新风量减小时,还会影响室内空气品质 （4）VAV 末端机组会有一定噪声,主要是在全负荷时产生较大噪声,因此宜适当选取比实际需要稍大一些的 VAV 末端机组;或使 VAV 末端机组负担的区域小一些,这样可以选用较小型号的 VAV 末端机组,它的噪声水平相对低一些 （5）控制比较复杂,包括房间温度控制、送风量控制、新风量和排风量控制、送回风量匹配控制和送风温度控制,这些控制互相影响,有时导致控制不稳定

（续）

项目	特 点 描 述
适用性	（1）新建的智能化办公大楼或高等级办公、商业场所 （2）大型建筑物的内区 （3）室内温湿度允许波动范围较大的房间,不适合恒温恒湿空调 （4）多房间负荷变化范围不太大,一般 50%～100% （5）VAV 末端到风口大多用软管连接,便于建筑物二次装修的施工,因此系统适合需要进行新的分割和改造的房间

表 4-11　变风量空调系统的空气处理过程与计算方法

系统	变风量空调系统
系统图示	
i-d 图上的表示	
i-d 图的绘制过程	满负荷时,同一次回风系统,当部分负荷时,$\varepsilon' = \dfrac{Q'}{W}$,过 O 作 ε' 线,与 t_n 等温线交于 N' 点,连接 N' W,由 $\dfrac{G'_w}{G'} = \dfrac{N'C'}{N'W}$ 确定 C' 点,连接 $C'L$
空气处理过程	
耗冷量计算 /kW	$Q = G(i_c - i_L)$　满负荷时 $Q' = G'(i_{c'} - i_L)$　部分负荷时
二次加热量计算 /kW	$Q'_2 = G(i_o - i_L)$

4.5　全新风空调系统

全新风空调系统是不混用回风，而全部使用室外新风的空调系统，又称为直流式空调系统。全新风空调的系统较简单，空气品质好，但能耗大、不经济。如果室内空气含有酸、碱以及有菌、有毒、有味气体而不能回用者，则必须采用全新风空调系统。

4.5.1 夏季全新风空调系统的流程及空气处理过程

夏季全新风空调系统的流程如图 4-2 所示，在空调设备中对应的调节过程及状态变化如图 4-3 和图 4-4 所示。空气处理的过程为

$$W \xrightarrow{\text{冷却除湿}} L \xrightarrow{\text{加热}} O \xrightarrow{\varepsilon} N$$

图 4-2　全新风空调系统夏季处理流程

图 4-2～图 4-4 中各状态点为

N——室内空气状态；

W——室外空气状态；

L——经过淋水室或表冷器除湿冷却后的状态（机器露点）；

O——等湿加热至送风口的状态；

Δt_O——送风温差。

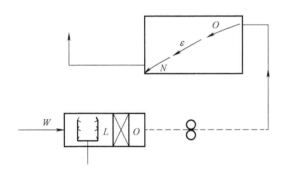

图 4-3　夏季全新风空调系统处理过程

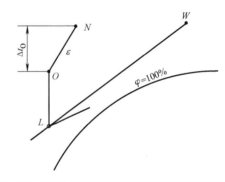

图 4-4　夏季全新风空调系统调节过程的焓湿

4.5.2 夏季全新风空调系统的冷量计算

系统所需的冷量按下式计算

$$Q_O = G(i_W - i_L) \tag{4-1}$$

系统所需的再加热量按下式计算

$$Q = G(i_o - i_L) \tag{4-2}$$

式中　G——空气的循环流量（kg/s）；

Q_O——冷量（kW）；

Q——再加热量（kW）。

4.5.3 冬季全新风空调系统的流程及空气处理过程

冬季全新风空调系统的流程如图 4-5 所示，在空调设备中对应的调节过程及状态变化如图 4-6 和图 4-7 所示。而空气处理过程为

$$W' \xrightarrow{\text{预热}} W_1 \xrightarrow{\text{绝热加湿}} L' \xrightarrow{\text{再加热}} O' \xrightarrow{\varepsilon'} N$$

或

$$W' \xrightarrow{\text{预热}} W_1 \xrightarrow{\text{喷蒸汽加湿}} O_1 \xrightarrow{\text{再加热}} O' \xrightarrow{\varepsilon'} N$$

图 4-5　全新风空调系统冬季处理流程

图 4-5、图 4-6 和图 4-7 中各状态点为

W'——冬季室外空气状态；

W_1——经加热器等湿预热后的状态；

L'——状态为 W_1 的空气在淋水室内绝热加湿至机器露点的状态；

O'——出淋水室状态为 L' 的空气经过二次加热器加热后的状态，即出风口的状态；

N——室内空气状态。

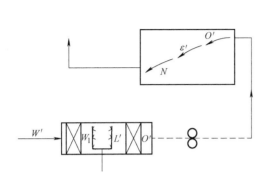 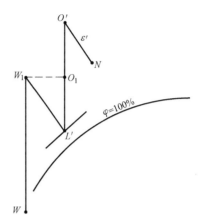

图 4-6　冬季全新风空调系统处理过程　　　　图 4-7　冬季全新风空调系统调节过程的焓湿

4.6　风机盘管加新风系统

风机盘管（FP），在空调工程中的应用大多是和经单独处理的新风系统相结合的，所以将这种中央空调系统称为风机盘管加新风系统。

4.6.1　风机盘管加新风系统的特点

风机盘管加新风系统属于半集中式空调系统。风机盘管直接设置在空调房间，对室内回风进行处理，新风通常是由新风机组集中处理后通过新风管道送入室内，系统的冷量或热量由空气和水共同承担，所以属于空气—水系统，其特点见表 4-12。

表 4-12　风机盘管加新风系统的特点

项目	特 点 说 明
优点	(1)布置灵活,可以和集中处理的新风系统联合使用,也可单独使用 (2)各空调房间互不干扰,可以独立调节室温,并可随时根据需要开停机组,节省运行费用,灵活性大,节能效果好 (3)与集中式空调系统相比,不需回风管道,节省建筑空间 (4)机组部件多为装配式,定型化、规格化程度高,便于用户选择和安装 (5)只需新风空调机房,机房面积小 (6)使用季节较长 (7)各房间之间不会互相污染
缺点	(1)对机组制作质量要求高,否则维修工作量很大 (2)机组剩余压头小,室内气流分布受限制 (3)分散布置,敷设各种管线较麻烦,维修管理不方便 (4)无法实现全年多工况节能运行调节 (5)水系统复杂,易漏水 (6)过滤性能差
适用性	(1)适用于旅馆、公寓、医院、办公楼等高层多室的建筑物中 (2)需要增设空调的小面积、多房间的建筑 (3)需要进行个别调节室温的场所

4.6.2 风机盘管加新风系统中新风的供给方式

风机盘管系统的新风供给方式有多种，见表 4-13。

表 4-13 风机盘管系统的新风供给方式

新风供给方式	示意图	特点	适用范围
房间缝隙自然渗入		1)无组织渗透风,室内不均匀 2)简单 3)卫生条件差 4)初投资与运行费用低 5)机组承担新风负荷,长时间在湿工况下工作	1)人少、无正压要求、清洁度要求不高的空调房间 2)要求节省投资与运行费用的房间 3)新风系统布置有困难或旧有建筑改造
机组背面墙洞引入新风		1)新风口可调节,冬、夏季最小新风量,过度季节有大量新风量 2)随新风负荷的变化,室内直接受到影响 3)初始投资与运行费用低 4)必须做好防尘、防噪声、防雨和防冻措施 5)机组长时间在湿工况下工作	1)人少、要求低的空调房间 2)要求节省投资与运行费用的房间 3)新风系统布置有困难或旧有建筑改造 4)房高为 5m 以下的建筑物
单设新风系统,独立供给室内		1)单设新风机组,可随室外气象变化进行调节,保证室内湿度与新风量要求 2)投资大 3)占空间多 4)新风口可靠紧靠风机盘管,也可不在一处,以前者为佳	要求卫生条件严格和舒适的房间,目前最常用
单设新风系统供给风机盘管		1)单设新风机组,可随室外气象变化进行调节,保证室内湿度与新风量要求 2)投资大 3)新风接至风机盘管,与回风混合后进入室内,加大了风机风量,增加噪声	要求卫生条件严格的房间,目前较少用

上表中后两种新风供给方式，是新风经过处理达到一定的参数要求，有组织地直接送入室内，也是较常用的新风供给方式。如果新风风管与风机盘管吸入口相接或只送到风机盘管的回风吊顶处，将减少室内的通风量。当风机盘管风机停止运行时，新风有可能从带有过滤器的回风口吹出，不利于室内卫生。新风和风机盘管的送风混合后再送入室内的情况，送风和新风的压力不容易平衡，有可能影响新风量的送入。因此，推荐新风直接送入室内。

4.6.3 风机盘管加新风系统中新风终状态的处理方式

由于确定新风处理系统终状态对于风机盘管加新风系统空调方式的运行关系较大，所以应进行多种方式的分析。从原则上讲，新风应负担较大的湿负荷，使室内风机盘管尽可能在析湿量小的工况下运行，则对卫生和运行安全较有利。故新风机组的生产和水系统设计应与之相适应。关于新风终状态的处理方式，见表 4-14。

表 4-14　风机盘管加新风系统中新风终状态的处理方式

新风处理终态方案	基本关系式	特点和适用性
新风处理到 h_N 线 ($\varphi_L=90\%$)	(1) 房间空调风量 $G=\dfrac{\sum Q}{h_N-h_O}$ (2) FCU 风量 $G_F=G-G_W$ (3) $\dfrac{G_W}{G_F}=\dfrac{h_O-h_m}{h_L-h_O}$ (4) $\begin{cases} h_m=h_O-\dfrac{G_W}{G_F}(h_L-h_O) \\ h_m=h_N-\dfrac{\sum Q}{G_F} \end{cases}$ (5) $Q_F=G_F(h_N-h_m)$ (6) $Q_{FS}=G_FC(t_N-t_m)$	(1) 新风处理到室内状态的等焓线 ($h_L=h_N$) (2) 新风不承担室内冷负荷 (3) 对现有新风 AHU 提供的冷水温约 $12.5\sim14.5℃$ (4) 该方式易于实现,但 FCU 为湿工况,有水灾隐患 (5) 可用 FCU 的出水作为新风 AHU 的进水
新风处理到 d_N 线控制新风AHU出风露点等于设计室内露点温度	(1) 房间空调风量 $G=\dfrac{\sum Q}{h_N-h_O}$ (2) FCU 风量 $G_F=G-G_W$ (3) $\dfrac{G_W}{G_F}=\dfrac{h_O-h_m}{h_L-h_O}$ (4) $h_m=h_O-\dfrac{G_W}{G_F}(h_L-h_O)$ (5) FCU 承担的冷量 $Q_F=\sum Q-G_W(h_N-h_L)$ (6) 新风 AHU 承担的冷量 $Q_W=G_W(h_W-h_L)$	(1) 新风处理到室内状态的等含湿量线 ($d_L=d_N$) (2) FCU 仅负担一部分室内冷负荷,新风 AHU 不仅负担新风冷负荷,还负担部分室内冷负荷,其量为 $G_W(h_N-h_L)$ (3) 对现有新风 AHU 提供的冷水温度为 $7\sim9℃$ (4) 新风 AHU 控制出风露点
新风处理到 $d_L<d_N$	(1) 房间空调风量 $G=\dfrac{\sum Q}{h_N-h_O}$ (2) FCU 风量 $G_F=G-G_W$ (3) $\dfrac{G_W}{G_F}=\dfrac{h_m-h_O}{h_L-h_O}$ (4) $\begin{cases} h_m=h_O+\dfrac{G_W}{G_F}(h_L-h_O) \\ h_m=h_N-\dfrac{\sum Q}{G_F} \end{cases}$ (5) $\begin{cases} h_F=h_O-\dfrac{G_F}{G_W}(h_m-h_O) \\ d_L=d_N-\dfrac{\sum W}{G_W} \end{cases}$	(1) 新风处理到 $d_L<d_N$ (2) 新风 AHU 不仅负担新风冷负荷,还负担部分室内显热冷负荷和全部潜热冷负荷 (3) FCU 仅负担一部分室内显热冷负荷(人、照明、日射),可实现等湿冷却,可改善室内卫生 (4) 新风 AHU 处理焓差大,水湿要求 5℃以下,要采用特制的 AHU(排数多,迎面风速小)

（续）

新风处理终态方案	基本关系式	特点和适用性
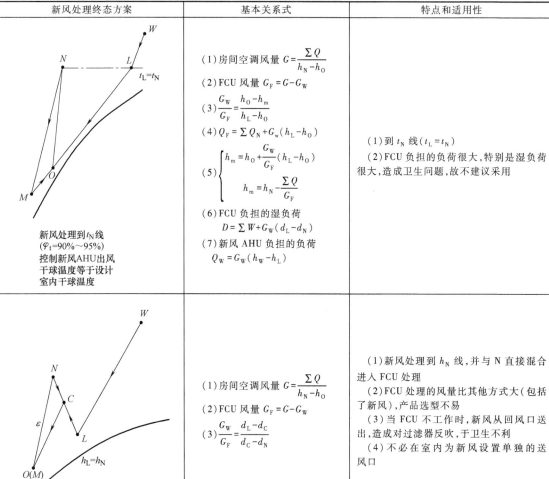 新风处理到 t_N 线 （$\varphi_t = 90\% \sim 95\%$） 控制新风 AHU 出风 干球温度等于设计 室内干球温度	（1）房间空调风量 $G = \dfrac{\sum Q}{h_N - h_O}$ （2）FCU 风量 $G_F = G - G_W$ （3）$\dfrac{G_W}{G_F} = \dfrac{h_O - h_m}{h_L - h_O}$ （4）$Q_F = \sum Q_N + G_W(h_L - h_O)$ （5）$\begin{cases} h_m = h_O + \dfrac{G_W}{G_F}(h_L - h_O) \\ h_m = h_N - \dfrac{\sum Q}{G_F} \end{cases}$ （6）FCU 负担的湿负荷 $D = \sum W + G_W(d_L - d_N)$ （7）新风 AHU 负担的负荷 $Q_W = G_W(h_W - h_L)$	（1）到 t_N 线（$t_L = t_N$） （2）FCU 负担的负荷很大，特别是湿负荷很大，造成卫生问题，故不建议采用
（图） 新风处理到 h_N 线	（1）房间空调风量 $G = \dfrac{\sum Q}{h_N - h_O}$ （2）FCU 风量 $G_F = G - G_W$ （3）$\dfrac{G_W}{G_F} = \dfrac{d_L - d_C}{d_C - d_N}$	（1）新风处理到 h_N 线，并与 N 直接混合进入 FCU 处理 （2）FCU 处理的风量比其他方式大（包括了新风），产品选型不易 （3）当 FCU 不工作时，新风从回风口送出，造成对过滤器反吹，于卫生不利 （4）不必在室内为新风设置单独的送风口

注：G—总空调风量；G_W—新风风量；G_F—风机盘管机组 FCU 风量；Q_F—FCU 的冷量；Q_{FS}—FCU 的显热冷量；Q_W—新风机组 AHU 的冷量；$\sum Q$—房间的总冷负荷。

4.6.4 风机盘管机组的选择

在按表 4-14 确定新风终态方案，而 h-d 图上绘出风机盘管加新风系统的处理过程图后，风机盘管的夏季供冷量即为 $Q = G_F(i_n - i_m)$，因此风机盘管的选择即实现 $N \to M$ 的处理过程。检查所选定的风机盘管在要求风量、进风参数和水初温—水量（或水温差）等条件下，能否满足出风参数，即对表冷器进行校核计算。国内外 FCU 产品样本资料完善者，都提供出上述不同条件下表冷器的总冷量和显热冷量，实际上也可推知其出风参数。上述数据大多用表格形式列出，但也可用线解图来求解，例如对某一型号 FCU 各种参数（风量、水量、风温和水温等）改变后对空气出口参数以及总冷量和显热冷量等的变化和影响，可进行比较直观的分析。

4.6.5 风机盘管的水系统

4.6.5.1 风机盘管水系统设计原则

风机盘管的水系统与采暖系统相似（双水管时），但因有供冷、供热要求，故又有所差别，具体分类见表 4-15。

表 4-15　风机盘管水系统分类

分类	水管体制及接法	特　点	使用范围
两管制	FCU	供回水管各一根，夏季供冷水，冬季供热水；简便、省投资；冷热水量相差较大	全年运行的空调系统，仅要求按季节进行冷却或加热转换，目前用得最多
三管制	FCU　　冷　热　　回水	盘管进口处设有三通阀，由室内温度控制装置控制、按需要供应冷水或热水 使用同一根回水管，存在冷热量混合损失，初始投资较高	要求全年空调且建筑物内负荷差别很大的场合，过渡季节有些房间要求供冷有些要求供热。目前较少使用
四管制	T　FCU　　冷　热　供　冷　热　回　a) 室温控制器　T　冷　热　b)	占空间大，比三管制运行费低；在三管制基础上加一回水管或采用冷却、加热两组盘管，供水系统完全独立；初始投资高	全年运行空调系统，建筑物内负荷差别很大的场合；过渡季节有些房间要求供冷有些房间要求供热，或冷却加热工况交替频繁时，为简化系统和减少投资，也有把机房总系统设计成四管制，把所有立管设计为二管制，以便按朝向分别供冷或供热

4.6.5.2　风机盘管水系统设计应注意的问题

（1）水系统在高层建筑中，应按承压能力进行竖向分区（每区高度可达 100m），两管制系统还应按朝向作分区布置，以便调节。当管路阻力和盘管阻力之比在 1∶3 左右时可用直接回水方式，否则宜用同程回水方式。对于水环路压差悬殊的场合亦可用平衡阀进行调整。

（2）风机盘管用于高层建筑时，其水系统应采用闭式循环，膨胀水箱的膨胀管应接在回水管上。此外管路应该有坡度，并考虑排气和排污装置。

（3）当风机盘管承担室内和新风湿负荷时，盘管为湿工况，应重视冷凝水管系统的布置。

4.6.5.3　风机盘管的调节方法

可采用风量调节、水量调节或旁通风门调节等方法对风机盘管进行调节，以适应不同房间的不同要求和负荷的变化，见表 4-16。

表 4-16　风机盘管的调节方法

序号	调节方法	特　点	适用范围
1	风量调节	通过三速开关或无级调速装置调节电动机输入电压,以调节风机转速来调节风机盘管的冷热量;简单方便;随风量的减小,室内气流分布不理想;选择时宜按中档转速的风量与冷量选用	用于要求不太高的场所,目前国内用得最广泛
2	水量调节	通过温度敏感元件、调节器和装在水管上的小型电动直通或三通阀自动调节水量或水温;初投资高	用于要求较高的场所,如将风量水量并调效果更好
3	旁通风门调节	通过敏感元件、调节器和盘管旁通风门自动调节旁通空气混合比;调节负荷范围大(10%～20%);初投资较高;调节质量好;送风含湿量变化不大,室内相对湿度稳定;总风量不变,气流分布均匀;风机功率不降低	用于要求高的场合,可使室温允许波动范围达到±1℃,相对湿度达到40%～45%;目前国内用得不多

风机盘管一般均采用个别的水量调节阀,和空调机组中表冷器的水量调节一样,当在进入盘管处设置二通阀调节进入盘管水量时,则系统水量改变,当设有盘管旁通分路及出口三通阀时,则进入盘管流量虽改变而系统水量不变。

对于风机盘管无局部水量调节装置时,则可采用按朝向分区的区域控制方式(见图4-8),在各区回水管上装有三通阀(MV1),根据室温控制器调节进入盘管的水量,这对总的系统来说水量不变,故称为定水量方式。此外,亦可采用二通阀代替三通阀以控制进入盘管的水量(称为变水量方式),但当制冷机调节性能欠佳时,因进入制冷机水量过小将导致冷水温度过低而引起机器故障。为使系统回到制冷机的水量不发生变化,可用各种控制方法。例如在供水的分水器和回水的集水器之间设一旁通管道,管间设阀门(MV2),当负荷减少使分水器的压力上升时,可由它与集水器间的压差控制器 D 打开旁通阀 MV2,将水量旁通掉。除控制水量外,还可采用分区控制水温的调节方法(见图4-9),在二次泵与分水器之间设三通阀,利用回水和供水混合得到要求的水温,这种方法多用于高层和规模大的场合。

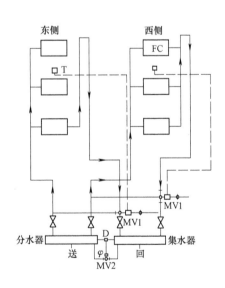

图 4-8　水量调节原理

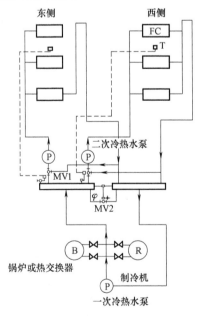

图 4-9　分区控制水温的调节方法

4.6.5.4　风机盘管加新风系统设计应注意的问题

1) 如果吊顶的空间不能满足凝结水管坡度的要求,将会造成无坡甚至反坡。通常建议将凝结水管集中排水的接法改为直接排至卫生间地漏的接法。从每个风机盘管上引出的排水管的管径以 $\phi20mm$ 为宜，而排水立管和总管的管径则应大一些。

2）在风机盘管与冷热水管接管上的手动与电动水阀下边应做集水盘。该集水盘可与风机盘管的集水盘连通，也可以要求生产厂家将原集水盘加长，以保证阀门等接头处的凝结水能沿集水盘排出。而且要做好机外保温，防止二次凝结水。要注意水阀的安装位置，以免接反。

3）风机盘管选配不当，会导致房间噪声太大。因此，在设计选用风机盘管时，应按房间等级的高低考虑其安装位置。要求高的卧式安装时，可在风机盘管的出口至房间送风口之间的风管内做消声处理。立柱式风机盘管应在远离床和桌子的部位设置，其出风口上也加消声装置。一般要求的，可选用中等噪声级的卧式或立式风机盘管。

4.7　多联机空调系统

多联机空调系统近年来在商业用中央空调系统中使用越来越广泛。由于多联机空调系统不需要冷冻水而直接依靠制冷剂流量变化来进行冷量调节，所以多联机空调系统也往往被称为变制冷剂流量（Variable Refrigerant Volume，简称 VRV）空调系统。多联机空调系统在南方地区特别受用户青睐，是广泛用于商用中央空调和家用中央空调的一种方式，特别是变制冷剂流量多联分体式空调系统的应用越来越广泛。

变制冷剂流量多联分体式空调系统（简称多联机系统），是一台室外空气源制冷或热泵机组配合多台室内机，通过改变制冷剂流量适应各空调区负荷变化的直接膨胀式空调系统。它以制冷剂为输送介质，是由制冷压缩机、电子膨胀阀、其他阀门（附件）以及一系列管路构成的环状管网系统。该系统由制冷剂管路连接的室外机和室内机组成，室外机由室外侧换热器、压缩机和其他制冷附件组成；室内机由风机和直接蒸发器组成。一台室外机通过管路能够向若干个室内机输送制冷剂液体，通过控制压缩机的制冷剂循环量和进入室内各个换热器的制冷剂流量，可以适时地满足室内冷热负荷要求。多联机系统具有节约能源、智能化调节和温度控制精确等诸多优点，而且各房间可独立调节，能满足不同房间不同空调负荷的需求。但该系统控制复杂，特别是针对由于环境温度过低与管路过长带来的液体回流、液态制冷剂再闪发和回油困难等问题，需要增加一些辅助回路与附件。且该系统对管路材质，制造工艺和现场焊接等方面要求非常高，因此多联机机组的生产，初始投资及技术储备基础都很高。

VRV 的一台室外机连接 8 台、13 台、16 台甚至 32 台室内机，每台室内机可以自由地运转/停止，可实现区域控制或集中控制。在单台室外机运行的基础上，同时发展出多台室外机并联，可同时对多达 256 台室内机进行自由地运转/停止以及实现区域控制或集中控制。

4.7.1　多联机空调系统的分类

1）按改变压缩机制冷剂流量的方式，可分为变频式和定频式（例如数码涡旋、多台压缩机组合等）两类。对于变频式压缩机类型，当室内冷（热）负荷发生变化时，可以通过改变压缩机频率来调节制冷剂流量。在部分室内机开启的情况下，能效比要比满负荷时高。系统在使用率为 50%~80% 的情况下，能效比较高。而对于定频式压缩机类型，当室内负荷发生变化时，通过压缩机输送旁通等方式来调节制冷剂流量。在部分室内机开启的情况下，能效比要比满负荷时低。

2）按系统的功能可分为单冷型、热泵型、热回收型和蓄热型四个类型。单冷型多联机系统仅向室内房间供冷；热泵型多联机系统在夏季向室内供冷，冬季向室内供暖；热回收型多联机系统可同时向室内供冷和供暖，它用于有内区的建筑，因内区全年有冷负荷，热回收型多联机系统可实现同时对周边区供暖和内区供冷，实现了回收内区的热量；蓄能型多联机系统可利用夜间电力将冷量（热量）贮存在冰（水）中，改善多联机白天运行的性能，以实现节能与移峰填谷。

3）按多联机系统制冷时冷却介质可分为风冷式和水冷式两类。风冷式系统是以空气为换热介质（空气作为单冷型系统的冷却介质，作为热泵型系统的热源与热汇），当室外天气恶劣时，对多联机系统性能的影响很大；水冷式系统是 2005 年日本大金推出的，它是以水作为换热介质，与风冷系统相比多一套水系统，系统相对复杂些，但系统的性能系数较高。

4.7.2 多联机空调系统的特点

（1）节能。多联机系统可以根据系统负荷变化自动调节压缩机转速，改变制冷剂流量，保证机组以较高的效率运行。部分负荷运行时能耗下降，全年运行费用降低。

（2）节省建筑空间。多联机系统采用的风冷式室外机一般设置在屋顶，不像集中式空调系统中冷水机组、冷（热）水循环泵等设备需占用建筑面积。多联机系统的接管只有制冷剂管和凝结水管，且制冷剂管路布置灵活、施工方便，与集中空调水系统相比，在满足相同室内吊顶高度的情况下，采用多联机系统可以减小建筑层高，降低建筑造价。

（3）施工安装方便、运行可靠。与集中式空调系统相比，多联机系统施工工作量小得多，施工周期短，尤其适用于改造工程。系统环节少，所有设备及控制装置均由设备供应商提供，系统运行管理安全可靠。

（4）满足不同工况的房间使用要求。多联机系统组合方便、灵活，可以根据不同的使用要求组织系统，满足不同工况房间的使用要求。对于热回收多联机系统来说，一个系统内，部分室内机在制冷的同时，另一部分室内机可以供热运行。在冬季，该系统可以实现内区供冷、外区供热，把内区的热量转移到外区，充分利用能源，降低能耗，满足不同区域空调要求。

4.7.3 多联机空调系统的设计要点

4.7.3.1 系统的确定

在设计多联机系统之前，应确定采用何种系统。对于只需供冷而不需要供热的建筑，可采用单冷型多联机系统；对于既需要供冷又需要供热且冷热使用要求相同的建筑可采用热泵型多联机系统；而对于内、外区且各房间空调工况不同的建筑可采用热回收型多联机系统。

4.7.3.2 选择室内机

室内机形式是依据空调房间的功能，使用和管理要求来确定。室内机的容量需根据空调区冷、热负荷选择，当采用热回收装置或新风直接接入室内机，室内机选型时应考虑新风负荷；当新风经过新风多联机系统或其他新风机组处理，则新风负荷不计入总负荷。室内机组初选后应进行下列修正：

（1）根据连接率修正室内机容量。当连接率超过 100%，室内机的实际制冷、制热能力会有所下降，应对室内机的制冷、制热容量进行校核。

（2）根据给定室内外空气计算温度进行修正。由给定的室内外空气计算温度，查找室外机的容量和功率输出，计算出独立的室内机实际容量及输入功率。

（3）对配管长度进行修正。根据室内外机之间的制冷剂配管等效长度、室内外机高度差，查找相应的室内机容量修正系数，计算出室内机实际制冷、制热量。

（4）根据校核结果与计算冷、热负荷相比较。如果修正值小于计算值，则增大室内机规格，再重新按相同步骤计算，直至所有室内机的实际容量大于室内负荷为止。

4.7.3.3 选择室外机

室外机选择应按照下列要求进行：

1）室外机应根据室内机安装的位置、区域和房间的用途考虑。

2）室内机和室外机结合时，室内机总容量值应接近或略小于室外机的容量值。

3）如果在一个系统中，因各房间朝向、功能不同而需考虑不同时使用因素，则可以适当增加连接率。多联机系统的连接率为 50%～130%。

4.7.3.4　多联机系统设置

当室外机高于室内机时，例如单冷系统设有功能机，功能机与室外机最大高低差为 4m。室外机到最远一个室内机的垂直高度不超过 50m；当室外机高于室内机时，室外机到最远一个室内机的垂直高度不超过 40m；同一系统内各室内机之间的最大允许高差为 15m，室外机与室内机的最大允许距离为 100m。

4.7.3.5　多联机系统新风问题

为了维持空调区域内舒适的环境，需要有必要的新风进入。多联机系统的新风供给一直是设计人员十分关注的问题。

（1）采用热回收装置。热回收装置是一种将排出空气中的热量回收用于将送入的新风进行加热或冷却的设备。热回收装置主要由热交换内芯、送排风机、过滤器、机箱及控制器等选配附件组成。热回收装置的全热回收效率约为 60%。

由于热回收效率有限，不能回收的部分能量仍需由室内机承担。选择室内机的热量时，还要考虑室外空气污染的状况。随着使用时间的延长，热回收装置上的积尘必然影响热回收效率。经过热回收装置处理后的新风，可以直接通过风口送到空调房间内，也可以送到室内机的回风处。

（2）采用变制冷剂流量多联分体式新风机或使用其他冷热源的新风机组。当整个工程中有其他冷热源时，可以利用其他冷热源的新风机组处理新风，也可以利用变制冷剂流量多联分体式新风机处理新风。当室外新风被处理到室内空气状态点等焓线上的机器露点时，室内机不承担新风负荷。

经过变制冷剂流量多联分体式新风机或使用其他冷热源的新风机组处理后的新风，可以直接送到空调房间内。

（3）室外新风直接接入室内机的回风处。室外新风可以由送风机直接送入室内机的回风处，新风负荷全部由室内机承担。进入室内机之前的新风支管上须设置一个电动风阀，当室内机停止运行时，由室内机的遥控器发出信号关闭该新风阀，避免未经处理的空气进入空调机房。

4.7.4　多联机空调系统的设计步骤

多联机系统的设计步骤可以可归纳如下（见图 4-10）。

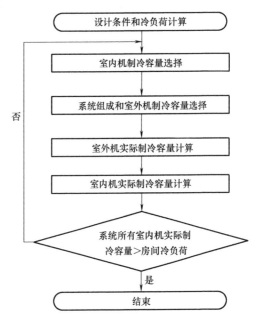

否

是

图 4-10　多联分体式空调系统的设计

设计条件和冷负荷计算

室内机制冷容量选择

系统组成和室外机制冷容量选择

室外机实际制冷容量计算

室内机实际制冷容量计算

系统所有室内机实际制冷容量＞房间冷负荷

结束

4.8　中央空调系统空气处理方案应用实例

广州某酒店，地下 2 层，地上 17 层，总建筑面积约为 26000m²，空调面积约为 16300m²，拥有客房 322 间。是集住宿、餐饮、娱乐、会议等功能于一体，按四星级标准设计、建造的高级酒店。该工程地下室为车库、设备间和各种库房等辅助用户，裙房为餐饮、娱乐、会议等功能，塔楼为客房。

这是一个比较典型的公共建筑，由于建筑功能较多，房间大小各异，需要使用的空调系统形式各不相同。因此，是中央空调系统空气处理及送风方式的典型例子。

前面已经论述过，在设计中央空调的形式及空气处理方案时，应结合建筑的形式和功能应用。该工程设计中，一至三层裙房各功能房间，属于餐饮、娱乐和会议，房间面积较大，冷负荷多，适合使用全空气系统，可以采用大容量的空调机组，因此，在本案例中均采用全空气空调系统。本案例中，设计人员选用了多台变风量空调机组，配合自控系统作节能运行。而客房部分主要为住宿要求的客房和一般套房，属于小开间的建筑，而为满足入住客人不同的温度要求，需要灵活调节，考虑到方便、节能和适应性，本案例中采用风机盘管加新风系统，风机盘管全部暗装在吊顶内。对于住宿部分的高级套房，除了采用风机盘管加新风系统外，设计人员还特别考虑业主需求和用户的档次，将风机盘管安装在房间内，采用高静压风机盘管用风管将风下送至室内。对于标准间，风机盘管安装在房间内走道上方，新风管接至风机盘管的送风口处。

标准间客房及一层大堂采用侧送上回型气流组织，为克服冬季热射流上浮，一层大堂侧送风设计采用电动双工况百叶风口。酒店其他公用部分空调房间的气流组织形式，因装潢的需要，全部采用条形百叶风口上送上回。

客房新风共设两个系统，4~9层为一个系统，10~17层为一个系统。客房排风亦设两个系统与新风系统对应。

酒店的全空气空调系统分别配备空调季排风及过渡季排风系统，冬夏两季仅使用小风量的空调季排风系统，而在过渡季，当室外空气的焓低于室内设定的焓值时，空调系统受BAS控制自动进入全新风工况，并同时起动过渡季排风系统。

第5章 中央空调工程水系统设计

中央空调水系统包括冷却水系统和冷冻水系统，它是以水为介质进行热量、冷量传输的通道。中央空调水系统设计是中央空调工程设计的主要内容之一，能否正确、优化设计和利用中央空调水系统，关系到整个中央空调工程设计的安全性、节能性和可靠性。

5.1 水系统的分类及主要形式

基于不同的使用对象，一般的中央空调水系统由冷冻水系统、热水系统、冷却水系统和冷凝水系统所组成。

冷冻水系统是指由作为冷源的冷水机组制备出 $5 \sim 9^{\circ}C$（一般为 $7^{\circ}C$）的低温冷水，在冷冻水循环水泵提供动力后经已保温的供水管管路流向末端用户，然后在用户的末端装置上释放冷量，温度升高 $5 \sim 10^{\circ}C$（一般为 $5^{\circ}C$）的冷冻回水再经回水管流回冷源作再次制冷的水循环系统。

热水系统是指由作为热源的换热器制备出 $40 \sim 65^{\circ}C$（一般为 $60^{\circ}C$）热水，在热水循环水泵提供动力后经已保温的供水管管路流向末端用户，然后在用户的末端装置上释放热量，温度下降 $4.2 \sim 15^{\circ}C$（一般为 $10^{\circ}C$）的热回水最后经回水管流回热源作再次加热的水循环系统。

冷却水系统是指在冷却塔冷却降温后的冷却水，由冷却水循环水泵提供动力后经水管管道为冷冻水机组的冷凝器作冷却，然后回水流回冷却塔的水循环系统。

冷凝水系统是指在使用中央空调系统为室内制冷时，用于排出在用户末端装置中因冷冻水释放冷量而导致管段凝结出的水流的排水系统。

本节只对冷冻水系统、冷却水系统的分类和主要形式进行介绍。

5.1.1 冷冻水系统的主要形式

中央空调的冷冻水系统可以按照多种方式进行分类，而最常见的分类方式如下：

1）按水是否与空气接触，分为开式循环系统和闭式循环系统。

2）按冷量运行调节方法，分为定流量系统和变流量系统。

3）按系统中循环水泵的配置方式，分为一次泵系统和二次泵系统等。

4）按供、回水管循环环路流程长度和布置方式，分为同程式系统和异程式系统。

5）按供、回水管的管数分为双管水系统、三管水系统和四管水系统等。

5.1.1.1 开式循环系统和闭式循环系统

1. 开式循环系统　开式循环系统的简图如图 5-1a 所示，由图可见，整个系统最大的特点是水管的末端与大气相通，通过水泵把蓄水池（或蓄水箱）中的水泵入冷水机组的蒸发器中，在蒸发器中进行热交换后流入空调（末端）装置中，在空调中进行热交换后再回流到蓄水池（或蓄水箱）中，如此一直循环工作。

在开式水循环系统中，冷冻水既要克服水管的阻力，又要为冷冻水提高几何高度和末端资用压头，所以使用的水泵扬程一般较大，从而能耗较大；在水质方面，由于冷冻水会与大气接触，水中的溶解氧亦势必较高，容易造成管道和设备的腐蚀；对于蓄水池（或蓄水箱）而言，虽然它有一定的蓄冷功能，但也难免与外界存在热量交换，产生无效耗冷量。但是，开式水系统中各管路系统的连接较为简单。

2. 闭式循环系统 闭式系统的简图如图 5-1b 所示，冷冻水是在密闭的管道内进行循环工作的，不与大气接触，而只在系统的最高点设置了诸如膨胀水箱等稳压设备。

与开式系统相比，闭式系统中的冷冻水只需克服水管的阻力，所以水泵的扬程较小；水质也不容易受污染，系统腐蚀程度小；只需设稳压设备，占地小，系统简单；不具备蓄冷功能，若与蓄水池相连接则系统会变得较为复杂。

因此，按照《采暖通风与空气调节设计规范》（GB 50019—2003），对于一般建筑物的中央空调系统，宜采用闭式冷（热）水循环系统。在建筑中的中央空调工程，很少见到开式的水系统。

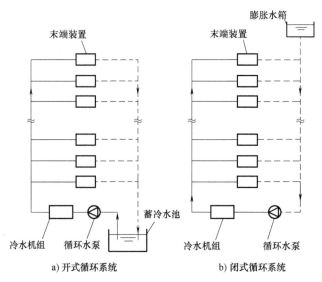

图 5-1 冷冻水循环系统

5.1.1.2 定流量系统和变流量系统

1. 定流量系统 定流量系统中冷冻水量是恒定不变的，它通过改变冷冻供回水的温差来适应房间负荷的变化。

具体来讲，在中央空调供冷中实现定流量的方法是，在用户末端装置（例如风机盘管或新风机）上安装受室温调节器所控制的电动三通阀。如图 5-2a 所示，当室内温度尚未达到设计值时（此时室内负荷值等于负荷设计值），则三通阀的直通阀座打开，旁通阀座关闭，冷冻水全部流经末端装置；而当室内温度到达设计值时（此时室内负荷值已小于负荷设计值），三通阀的直通阀座关闭，旁通阀座开启，冷冻水全部直接旁通至回水管。

由此可见，系统水流量是不变的，但在负荷减少时，供回水的温差会相应地减小。尽管定流量系统较为简单，操作也较为方便，但是其输水量由最大冷负荷所决定，循环水泵的输送扬程也一直处于最大值，不利于节能。

此系统适用于诸如会议厅、电影院等空间较大、负荷较大的间歇性使用建筑，而如民用建筑等频繁使用场所则不宜采用。

2. 变流量系统 变流量系统则是在保持冷冻供回水的温度不变的情况下，通过改变空调负荷侧的水流量来适应房间负荷的变化。

负荷侧的变流量系统的实现方法是，在用户末端装置（如风机盘管或新风机）上安装受室温调节器所控制的电动两通阀。如图 5-2b 所示，当室内温度尚未达到设计值时（此时室内负荷值等于负荷设计值），则电动两通阀打开，冷冻水流向末端装置；而当室内温度到达设计值时（此时室内负荷值已小于负荷设计值），电动二通阀关闭，停止向末端设备供应冷冻水；

倘若室内负荷增大，电动二通阀将再次打开，冷冻水又流过末端装置。如此一直如上述循环工作。

与定流量系统相比，变流量系统则较为复杂，而且根据《采暖通风与空气调节设计规范》（GB 50019—2003），系统需要配置自控设备，但其输送能耗可随着负荷的减小而降低，有利于节能。

此系统则适用于频繁使用的民用建筑。值得注意的是，由于冷水机组控制技术的进步，现在很多大型冷水机组可以在机组上实现变水量调节，自动跟踪空调末端负荷的变化。

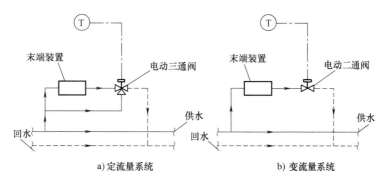

图 5-2　定流量和变流量系统调节示意图

5.1.1.3　一次泵系统和二次泵系统

1. 一次泵系统　一次泵系统（或称单式泵系统）是在空调系统的冷源侧和负荷侧共用一组循环泵的水系统，其示意图如图 5-3a 所示。

一次泵系统又可分为一次泵定流量系统和一次泵变流量系统。前者冷源侧和负荷侧均为定流量，不节省输送能耗；后者使用自控设备在分水器与集水器之间旁通部分冷冻水，从而做到在冷源侧定流量在负荷侧变流量节省了部分输送能耗。

总的来说，这种系统较为简单，自控装置少，操作方便，初投资也较低，但是由于冷源侧要保持定流量，则在负荷侧要调节流量就存在困难。即使可以使用自控设备进行调节，则系统也势必变得复杂，尤其是遇到供水分区间压降较为悬殊时，此系统也就很难适应了。所以一次泵系统适用于系统较小而且各个循环管路压降差较小的中小型工程。

2. 二次泵系统　二次泵系统（或称复式泵系统）则是在空调系统的冷源侧和负荷侧分别设置循环水泵的水系统，其示意图如图 5-3b 所示。

二次泵系统的冷冻水循环管路以分水器和集水器之间的旁通管为界，把系统划分为冷冻水制备和冷冻水输送两个部分。其中冷冻水制备部分为一次环路，由各冷水机组、供回水管路、初级泵（或称一次泵）和旁通管所组成，一般是按定流量运行工作。冷冻水输送部分为二次环路，由用户末端装置、供回水管路、次级泵（或称二次泵）和旁通管所组成，并且是按照用户负荷而采用改变并联水泵的台数或改变变频调速水泵转速的方式实现变流量运行工作。值得注意的是，在冷冻水制备部分一般采用"一泵"对"一机"的形式，而在输送部分水泵个数可多于制冷机组的个数，以更好地适应用户负荷的变化。

与一次泵相比较，二次泵系统所需要配置的自控设备更多，系统较为复杂，操作技术也要求较高，初投资也较大，但是系统在负荷侧较为容易实现变流量，从而有较好的灵活性并达到了节能的目的。同时，二次泵系统也能较好地适应分区压降较大的空调系统，故适用于系统较大、管道阻力较高、功能区别大的民用高层建筑。

5.1.1.4　同程式系统和异程式系统

1. 同程式系统　同程式系统是水流通过各循环管路的流程均相同（或基本相同）的水系

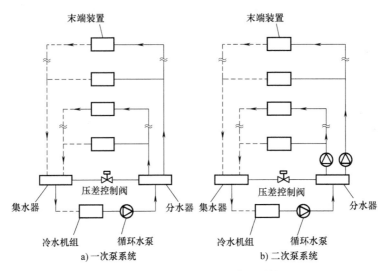

图 5-3 一次泵系统和二次泵系统

统。而同程式系统按管路布置的形式又可分为垂直同程布置和水平同程布置两种形式。

垂直同程布置是通过立管来达到同程，它解决了各楼层间的环路阻力平衡问题，具体地，有如图 5-4 所示的两种布置形式，两种形式的管路总长度是相同的，这体现了同程的特点。但在水系统运行方面，图 5-4a 布置形式的底层用户末端装置（如图中点 A）所承受的压力明显要比图 5-4b 布置形式的要高（由于图 5-4b 布置形式点 A 到水泵出口距离较近），而考虑到保护末端装置，故优先采用图 5-4a 的布置形式。

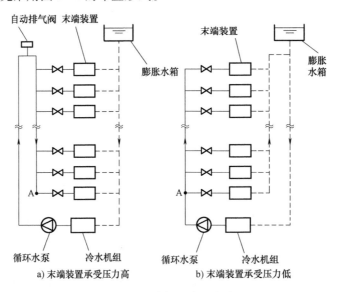

图 5-4 垂直同程布置方式

水平同程布置是通过水平管来达到同程，它解决了每组用户末端设备间的环路阻力平衡问题，并有如图 5-5a 和图 5-5b 的两种布置形式，区别是前者的供水总管和回水总管在同一侧（有多根回程管），而后者供水总管和回水总管则分别在两侧（只有一根回程管）。当工程所要求的水平管较长时，宜采用后者。

综上可知，同程式系统是一种水力稳定性好的水系统，它的各环路的流量分配较均匀，调节也较为方便，但其管路复杂，所耗管材也较多，初投资也自然较大。

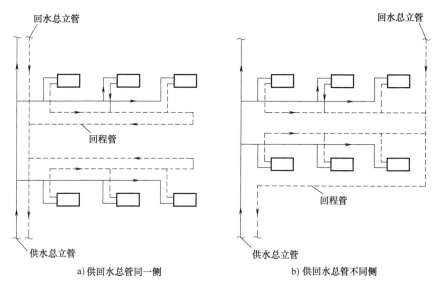

图 5-5 水平同程布置方式

所以当支管路阻力较小，而负荷侧干管环路较长且其阻力占有较大比例时，应采用同程式系统。

2. 异程式系统 异程式系统则是水流通过各循环管路的流程不相同的水系统，示意图如图 5-6 所示。在异程式系统中，由于各环路的流程不相同，故当沿程阻力在总阻力中占有较大比例时，各环路的阻力也会相差较大，也就导致了各环路流量的不平衡，为末端装置的调节和正常运行增添了困难。但是对于末端装置阻力较大或者有条件在管路上安装流量自控阀门的系统来说，异程式系统是可以采用的。

总的来说，异程式水系统管路较短，系统简单，较为节省管材，也减低了初投

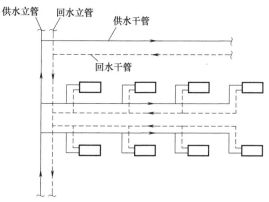

图 5-6 异程式系统

资，但是为平衡各环路的阻力也要采取相应的措施，例如增大局部阻力的比例和在每个环路上加装流量自控阀门。

5.1.1.5 双管水系统、三管水系统和四管水系统

1. 双管水系统 对于非独立式空调器，一般在上面设供水管和回水管各一根（见图 5-7），由这种空调器所组成的水系统即为双管水系统。由于这种系统仅拥有一套供水管和回水管，供水管在夏季供给冷冻水，冬季供给热水；回水管也是一样冬夏季合用。所以，如果是冬夏季均需要使用空调，则机房应具备对夏季供冷和冬季供热的工况切换功能。

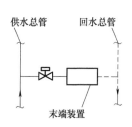

图 5-7 双管水系统

根据现今众多高层建筑工程实例，双管水系统能够满足绝大部分中央空调的要求，故其符合我国国情，应得到广泛的使用。在《采暖通风与空气调节设计规范》（GB 50019—2003）中规定："全年运行的空气调节系统，仅要求按季节进行供冷与供热转换时，应采用两管制系统"。

双管水系统管路较少，系统简单，初投资较低。但是由于供热和供冷需要共用管道，所以不能满足多功能建筑的要求，无法同时在供冷和供热两个工况下运作。所以双管水系统尤其适合在我国南方只在夏季供冷，而在冬季不需要供热的中央空调系统中使用。

2. 三管水系统　由于双管水系统无法同时供冷和供热，为满足这一要求又萌生出了供冷水管和供热水管分别设置而回水管共用的三管水系统。

在系统复杂程度方面，三管水系统要比双管水系统复杂，比四管水系统简单。由于冷冻水和热水共用回水管，冷热量相互抵消，不必要的冷量损失和热量损失会较大，不利于节能。同时，末端装置和管道水量控制也存在一定的难度。故三管水系统较少被采用。

3. 四管水系统　由于双管水系统不能满足同时供冷和供热，三管水系统又存在不利于节能等缺点，所以四管水系统就出现了。所谓四管水系统，就是对于空调末端装置，均设有两根供水管和两根回水管，其中一组用于冷冻水循环，另一组用于热水循环的水系统，示意图如图 5-8 所示。

四管水系统基本上解决了双管水系统和三管水系统的问题，在多用途建筑中，各末端设备可随时选择供冷或者供热的运行模式，且在管路上两者不存在相互干扰，两种运行状态均可独立控制室内的环境参数要求。在运行模式切换时，不存在管路上冷热量相互抵消的问题，系统中的能耗按照末端的要求提供，能最大限度地节能。

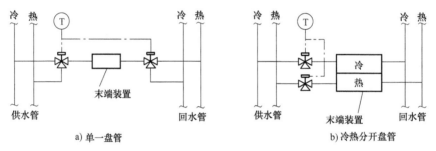

a) 单一盘管　　　　　　　　　　　　　　b) 冷热分开盘管

图 5-8　四管水系统

但是，四管水系统的使用也有限制，由于其管路较为复杂，管路较多较长，所以在管材、管件和保温材料上的投资会较大，管路所占用的空间也较多。四管水系统适合在允许大投资、大空间、多功能、高标准建筑的中央空调系统中使用。在《公共建筑节能设计标准》（GB 50189—2005）中规定："全年运行过程中，供冷和供热工况频繁交替转换或需同时使用的空气调节系统，宜采用四管制水系统"。

5.1.2　冷却水系统的主要形式

5.1.2.1　直流式冷却水系统

冷却水系统常用的水源有地表水（河水、湖水等）、地下水（深井水、浅井水）、海水、自来水等。而在有充足水源的地方，例如江河附近有大型空调冷源用水量大的场合，可采用直流式冷却水系统。这种冷却水系统是最简单的一种冷却水系统，无须设置冷却塔，直接把水源作为冷却水抽吸使用，使用后又直接排走，不再循环使用，示意图如图 5-9 所示。

值得注意的是，由于直流式冷却水系统不再循环使用冷却水，为避免造成浪费，故不应以自来水作为水源。选取水源时也要注意对水质的检验，保证有良好的水质作为冷却水，保证换热效率。

5.1.2.2　混合式冷却水系统

为节省水源，可以把经过冷凝器使用后的一部分冷却水排走，而一部分与供水混合后循环使用，其示意图如图 5-10 所示。这种系统虽然节省了水源，但是同时也增大了冷却水进水温度，所以这种系统只适合用于冷却水进水温低和中央空调系统较小的场合。

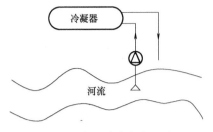

图 5-9　直流式冷却水系统

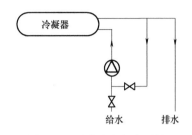

图 5-10　混合式冷却水系统

5.1.2.3　循环式冷却水系统

1. 利用喷水池冷却　如图 5-11 所示，这种冷却水系统由水池（或水箱）作为冷却水的储存装置，工作时，水泵把水池中的冷却回水抽出，喷洒入大气中，从而增加了水与空气的接触面积，部分水滴蒸发吸热，起到降低水温的作用，然后再用水泵抽出降温后的冷却水，供冷凝器冷却。这种冷却水系统结构简单，一般每平方米的水池的冷却水量为 $0.3\sim1.2\mathrm{m^3/h}$，但占地面积较大，在建筑中的中央空调工程很少使用，但是工业空调中不乏常见。

2. 利用冷却塔冷却　如图 5-12 所示，这种冷却水系统是利用冷却塔来对冷却回水进行冷却，蒸发冷却后的冷却水再循环供给冷凝器使用。由于其占地较小而且使用灵活，所以在建筑中央空调中应用得最广泛。以下对利用冷却塔冷却的几种典型形式进行介绍。

（1）单独配套相互独立的冷却水循环系统。如图 5-13 所示，为单机配套冷却水循环系统，这种循环系统的冷却塔和冷水机组一对一配对，构成相互独立的冷却水系统。运行和管理都比较方便，但管路布置复杂，所耗费的管材也比较多，所以在实际工程中应用得比较少。

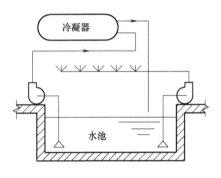

图 5-11　喷水池冷却水系统

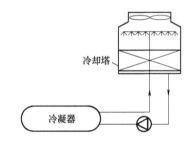

图 5-12　机械通风冷却水系统

（2）共用供、回水管的冷却水循环系统。一般工程中的中央空调冷却水系统都是设置相同台数的冷水机组和冷却塔，并且共用供回水干管。这种共用循环管道的系统为了使冷却水泵能够稳定地运行，即在起动时水泵吸入口不出现空蚀现象，故一般会设置冷却水的蓄水箱（池），以增加系统的水容量方便补水。一般工程中比较典型的有以下三种形式：

1）下水箱式冷却水系统。如图 5-14 所示，冷却水箱设在冷却塔下方（一般设在冷水机房），而冷却塔则设在楼顶。单层的地上制冷站（冷却塔设于楼顶）或地下制冷

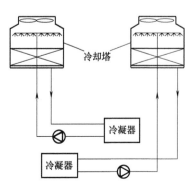

图 5-13　单独配套冷却水循环系统

站（冷却塔设于室外地面）最常用。

这种冷却水系统的一般循环流程是：来自冷却塔的冷却供水→冷水机房的冷却水箱（同时加药装置向水箱投药）→除污器（以过滤杂质，保护水泵）→冷却水泵（增压）→冷水机组的冷凝器（吸热升温）→冷却回水返回冷却塔。

因设置了冷却水箱就令这种系统成为开式冷却水系统，这就要求冷却水泵有较高的扬程（要克服从水箱水面到冷却塔洒水点的几何高度、系统管道沿程及局部阻力、出水的喷射压头，并有 5%～10% 的富余量），造成耗电量大，水在与空气接触时也容易被污染。而这种系统的好处则体现在冷却水泵从冷却水箱（池）吸水后把冷却水压入冷凝器，该过程水泵总是充满水的，即可避免水泵吸入空气而产生水击现象。

2）上水箱式冷却水系统。如图 5-15 所示，冷却水箱设在冷却塔近旁（两者共同设在裙楼楼顶或主楼楼顶）。

这种冷却水系统的循环流程是：来自冷却塔的冷却供水→楼顶的冷却水箱（同时加药装置向水箱投药）→除污器（以过滤杂质，保护水泵）→冷却水泵（增压）→冷水机组的冷凝器（吸热升温）→冷却回水返回冷却塔。

显然，上水箱式由于冷却水箱设在与冷却塔高度相近的楼顶上，有效利用了冷却水箱至冷却水泵的进口势能，减小了冷却水泵的扬程（主要是降低了建筑的几何高度部分），所以上水箱式的扬程主要是克服冷却塔洒水点到水箱水面（或冷却塔集水盘）的几何高度、系统管道沿程及局部阻力、出水的喷射压头，并有 5%～10% 的富余量。如此一来，所需水泵扬程较小，较为节省电能。另外，系统中冷却塔的供水自流入楼顶冷却水箱后，靠自身重力进入冷却水泵，冷却水在被水泵增压后进入冷凝器，这有效保证了水泵始终充满水，避免了气蚀。

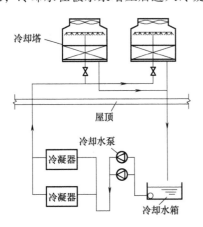

图 5-14　下水箱式冷却水系统

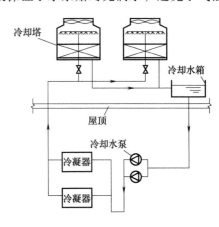

图 5-15　上水箱式冷却水系统

3）多台冷却塔并联运行冷却水系统。多台冷却塔并联运行的冷却水系统在大中型工程中比较常用，其示意图如图 5-16 所示。

由于冷却塔需要并联运行，所以设计时要注意平衡每个冷却塔的阻力，以保证水量的平均分配。若阻力出现不平衡，则处于阻力大回路的冷却塔水流量会比处于阻力小回路中的水流量小得多，具体表现为流量大的塔在溢水（回路阻力小），流量小的塔在补水（回路阻力大），这样既令冷却塔不能合理地使用，又浪费了水资源。

因此，就有必要设置连通各并联冷却塔的平衡管（该平衡管的管径与进水干管的管径相同），并把出水干管（即集合管）的管径定为比进水干管大两号，这样就可以保证塔与塔之间的水量平衡、集水盘的水量一致。

另外，只在冷却塔的进水管上设置自动阀门（例如电动两通阀），而不在出水管道上设置，不运行的冷却塔由于进水管的阀门关闭而没有进水，但出水管却继续出水，故也会造成不运行的冷却塔补水。所以也要注意在冷却塔的进、出水支管上均要设置电动两通的阀门，两组阀门需成对地工作，并与冷却塔的启闭有电气联锁。

（3）冷却塔供冷系统。如图 5-17a 和图 5-17b 所示，分别为冷却塔供冷系统的直接式和间接式。冷却塔供冷系统是适合于低湿球温度地区（在夏季或过渡性季节使用）和现代化办公楼内区使用的一种节能供冷系统（通过冷却水系统来利用自然冷源）。这种系统往往是在室外空气焓值低于室内设计焓值，又无法利用增大新风量进行免费供冷时使用。使用时，应关闭冷水机组，用流经冷却塔冷却后的冷却水直接或间接向空调系统供冷，用以承担建筑冷负荷。

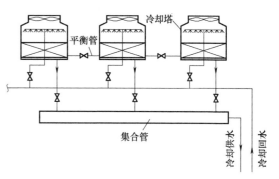

图 5-16　多台冷却塔并联运行冷却水系统

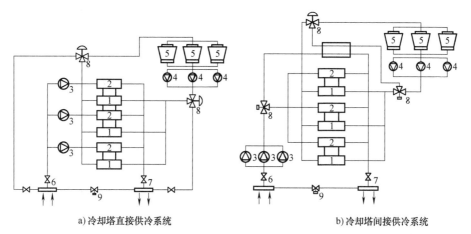

a) 冷却塔直接供冷系统　　　　　　　　b) 冷却塔间接供冷系统

图 5-17　冷却塔供冷系统

1—冷凝器　2—蒸发器　3—冷冻水泵　4—冷却水泵　5—冷却塔　6—集水器
7—分水器　8—电动三通阀　9—压差调节阀

5.2　水系统的分区、承压和定压

5.2.1　水系统的分区

5.2.1.1　根据承压能力分区

在高层建筑中，位于底层的管网往往要承受相当大的压力，当压力过大时便会造成管网系统的泄漏和设备的损坏，所以可以通过竖向分区来实现系统在允许的压力中安全运行。值得注意的是，若管道和空调设备均在允许范围内，则不应分区，以免造成管材和设备的浪费。

1. **竖向分区原则**　空调水系统管网的竖向分区是根据管道和设备的承压来决定，一般来说，当建筑高度（包含地下层高度）不大于 100m 时，即系统的静压不超过 1.0MPa 时，循环管网可不作竖向分区。原因是标准型冷水机组的蒸发器（位于吸入式冷水泵的吸入侧）工作压力为 1.0MPa（与换热器相同），而且其他末端设备的承压也在允许范围内，故可"一泵到顶"（见图 5-18）。

而当建筑高度（包含地下层高度）大于 100m 时，即系统的静压超过 1.0MPa 时，空调水循环管网应作竖向分区。负责高区制冷的冷水机组则需选用工作压力为 1.7MPa（加强型）或 2.0MPa（特加强型）高压型冷水机组，负责低区制冷的冷水机组选用标准型，示意图如图 5-19 所示。

当空调水循环系统采用间接式供冷，或者标准型冷水机组布置于低区上方的设备层时，则即使建筑高度（包含地下层高度）大于 100m 时，系统仍可不作竖向分区，具体介绍可见系统冷水机组的布置部分。

2. 系统冷水机组的布置　根据建筑的实际情况和综合考虑技术和经济等多种因素，可以灵活地布置冷水机组，在实际工程中可以如下所述布置：

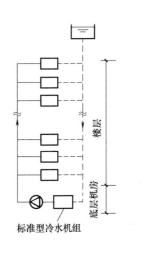

图 5-18　竖向不分区

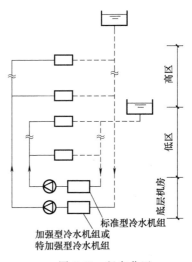

图 5-19　竖向分区

1）对于楼顶有条件设置冷水机房的建筑来说，可以考虑把冷水机组设置在楼顶，冷水机组位于水泵的压出侧。此时，应注意建筑底部的管路和末端设备的承压较大，一是要注意选用承压能力较大的设备，或添加减压阀门；二是把冷水机组吊装在楼顶有一定困难，而且以后更换和维修也有困难；三是对降噪消声的要求高。

2）在超高层建筑的设备层中，可以把分别负责高、低区制冷的冷水机组布置于其中，并且高区的冷水机组设在水泵的吸入侧，低区的设在水泵的压出侧，其示意图如图 5-20 所示。采用这种布置方式应对设备作相应的消声减噪的措施。

3）另外一种有地下设备层的超高层建筑，它采用的是间接式供冷，具体为在管网系统的静压不大于 1.0MPa 的部分通过底层的冷水机组直接供冷，而对于大于 1.0MPa 的部分则不再设置冷水机组供冷，而是设置板式换热器，耦合为高区传递冷量，其示意图如图 5-21 所示。由于在板式换热器换热时冷量损失较大，高区的冷冻供水在获得冷量后与低区的冷冻供水必然存在 0.5~1.5℃ 的温差，故应按二次供冷的水温对高区的末端设备供冷量进行校核。

4）在布置方式如图 5-21 的基础上，把设备层中的板式换热器和水泵移至底层冷水机房中集中布置，如图 5-22 所示。如此便可节省建筑空间和减低消声降噪的要求，也方便统一维护管理。

5）对于有裙楼的建筑，可以以裙楼楼顶为界分为高区和低区，冷水机房设置在裙楼楼顶，分别利用冷水机组对高区和低区进行制冷，如图 5-23 所示。

6）当高区的负荷较小或高区与低区在使用性质和时间上有较大差别时，则可以单独设置诸如风冷式热泵和自带冷热源空调机组的冷热源设备。

5.2.1.2　根据空调负荷特性分区

建筑的空调负荷特性包括了使用特性，在进行中央空调的方案设计时，根据建筑的特性和用户的使用特征进行合理的分区是中央空调设计要考虑的重要内容。中央空调水系统的设计，从分区上来说，取决于建筑中央空调的分区方案。

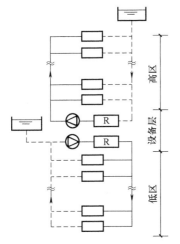

图 5-20　冷水机组设置在设备层

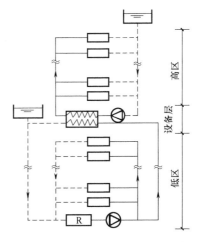

图 5-21　冷水机组设置在地下设备层

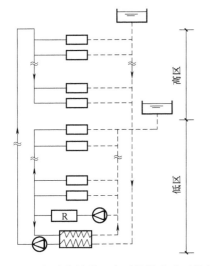

图 5-22　板式换热器和水泵均设在地下设备层

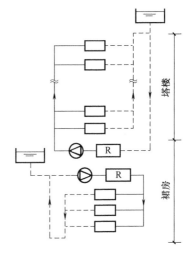

图 5-23　冷水机组设在裙房楼顶

1. **按空调负荷使用特性分区**　现代的综合性建筑拥有多种功能，它在建筑各区域的使用性质和时间上均有重大的区别，如酒店的客房部分与公共部分，办公楼的办公部分与公共部分等。故在设计空调水系统时就要求设计人员考虑到在运行和管理中，如何在综合性建筑的各个部分中做到最大限度的节能，以及方便管理。通常在综合性建筑的标准层和公共部分之间都有一设备层，分区时宜以设备层为界，上部的标准层为高区，下部的公共部分为低区，这样既符合竖向分区的原则，又符合负荷使用特性。

2. **按空调负荷固有特性分区**　建筑的朝向和内外分区都决定了建筑空调的固有特性。从建筑的朝向上看，同一建筑由于朝向不同，负荷上也会存在较大的区别，例如南北朝向的房间在过渡性季节上的日照差别会造成负荷的差别，东西朝向的房间在日出日落时也会存在较大的负荷差别。

从内外分区上看，内区受室外环境的影响较小，故其负荷较稳定，全年供冷的时间较多，供热的时间较少；外区则受室外环境的影响较大，负荷在不同时刻的变化较大。

5.2.2　水系统管路的承压和定压

5.2.2.1　空调水管网的承压

管网的承压问题是中央空调水系统管网设计时必须考虑的一个问题，它与之前所介绍的系统的分区有着重要的联系。具体地，它包括冷冻水管路、管件、水泵和冷水机组的承压能力问题。

1. 管路的承压　如图 5-24 所示，空调水系统管网的压力最大点为循环水泵出口处（A 点），下面讨论系统在三种不同状态下的最高压力：

（1）当空调水系统停止运行时，系统的最高压力 p_A 为系统的静水压力，按式（5-1）计算

$$p_A = \rho g h \tag{5-1}$$

（2）当空调水系统开始运行的瞬间，水的动压尚未形成，系统的最高压力 p_A 为静水压力与水泵的全压 p 之和，按式（5-2）计算

$$p_A = \rho g h + p \tag{5-2}$$

（3）当系统正常运行时，水的动压尚已形成，系统的最高压力 p_A 为静水压力与水泵的静压之和，按式（5-3）计算

$$p_A = \rho g h + p - p_d \tag{5-3}$$

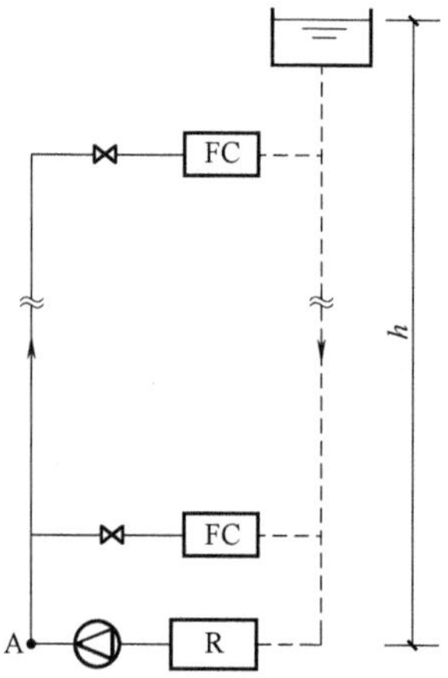

图 5-24　水系统的静水压力

式中　ρ——水的密度（kg/m³）；

g——重力加速度（m/s²）；

h——膨胀水箱液面到水泵中心的垂直距离（m）；

p_d——水泵出口处的动压，$p_d = \dfrac{v^2 \rho}{2}$（Pa）；

v——水泵出口处的流速（m/s）。

中央空调水系统管路的工作压力可参考表 5-1。

表 5-1　一般管路的工作压力　　　　（单位：MPa）

低压管路	中压管路	高压管路
≤2.5	4.0~6.4	10~100

2. 冷水机组与阀门的承压　冷水机组与阀门的承压主要是考虑管网的实际压力尽量接近它们的工作压力，而且不能超过最大压力，在选用时必须注意设备与阀门的性能参数，根据工程实际来选用。表 5-2 和表 5-3 可作为参考。

表 5-2　一般冷水机组的工作压力　　　　（单位：MPa）

国产冷水机组	普通型	国外冷水机组加强型	特加强型
1.0	1.0	1.7	2.0

表 5-3　一般阀门的工作压力　　　　（单位：MPa）

低压阀门	中压阀门	高压阀门
≤1.6	2.5~6.4	10~100

5.2.2.2　空调水管网的定压

如第一节介绍闭式水系统所述，为防止管网系统的水发生"倒空"和汽化，闭式水系统需要有稳定管网压力的措施，即配备稳压设备。常见的稳压措施有两种。即设置高位开式膨胀水箱、设置隔膜式气压罐和设置补水泵。

由于在第三章中已对定压设备的选用作了详细的介绍，为避免重复，故下面只对设备的构成和定压原理作介绍。

1. 设置高位开式膨胀水箱

（1）膨胀水箱的配管和仪器。如图 5-25 所示，膨胀水箱的箱体上的配管主要有膨胀管、信号管、远程水位显示控制仪、溢水管、排水管、循环管，它们的作用和安装要求如下：

膨胀管：膨胀水箱是主要通过膨胀管起作用的，它把膨胀水箱的箱体与定压点连通。安装时注意在膨胀管上不能安装阀门，否则在阀门关闭以后膨胀水箱将失去作用，系统有超压的可能。

信号管：用于检验膨胀水箱内是否有水。安装时注意信号管位置的选择，宜把它接到冷水工容易观察的地方。同时，管上应安装阀门，用于在系统安装和清洗完成后检测水位。

远程水位显示控制仪：用于实时观测膨胀水箱的水位。安装时最好安装在信号管上，以方便在水位仪失灵后立即使用信号管检测水位。

溢水管：在膨胀水箱箱体内水位到达溢水口后，水可以从溢水管中流出。安装时不能在溢水管上安装阀门。并注意到若系统有软化水设备，可把溢水引至水软化水设备的原水箱中，以达到节水的目的。

排水管：用于放空膨胀水箱内的水，管上应该安装阀门。

循环管：用于防止冬季水箱内的水结冰，对于如我国南方无结冰可能的地区可不设。安装注意把循环管接到定压点前的水平回水干管上，与定压点保持 1.5～3.0m 的距离，并且不可安装阀门。

（2）膨胀水箱的作用。概括来说，膨胀水箱有以下几点作用：

1）容纳水的膨胀量和稳压：当管网中的水温升高时，水的体积增大，若水体积的膨胀部分得不到容纳，管网的水压势必增大，影响到系统运行的安全，故利用膨胀水箱来容纳管网中水的膨胀量，有利于减少系统的因水温改变而引起的水压波动，从而起到了稳压定压的作用。

2）对管网实现定压：为了令系统运行时各点的压力均高于静止时的压力，选定定压点（膨胀水箱的膨胀管与管网的连

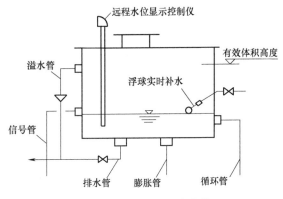

图 5-25　高位开式膨胀水箱

接点）在整个管网的压力最低点，即冷冻水泵吸入口前的回水管上。另外，膨胀管一般接到集水器上，膨胀水箱的箱体要设置在此系统最高点至少高出 0.5m 处。

3）向管网系统补水：当管网中出现漏水或剧烈降温的情况时，膨胀水箱可在有效容积内对管网进行及时的补水，防止"倒空"。

4）排出管网中的空气：管网中的横管均保留有一定的坡度，用以在管内出现气体时可上升至开式膨胀水箱中排出。

膨胀水箱在中央空调的实际工程当中使用得相当广泛，因为它具有定压简单、稳定、可靠和节能的优点。

2. 设置隔膜式气压罐 用于定压的隔膜式气压罐是一套需消耗电能的自控设备（如图 5-26 所示），它既能解决管网中水体积膨胀的问题，又能自动实现稳压、补水、排气、泄水及过压保护等功能。不过，在中央空调工程设计中，较少使用这种定压方式。

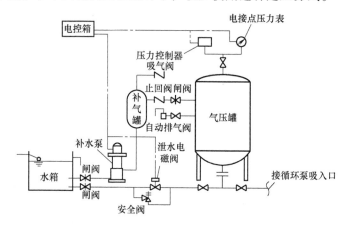

图 5-26 隔膜式气压罐设备

5.3 水系统的设计计算

在进行中央空调水系统的设计计算时，应该注意以下的两个设计原则：

1）首先应该保证管路的输送设计流量，这就要求能够合理地选择管径，从而达到阻力损失小和水流噪声小的效果，也能够符合经济运行。

一般来说，应用大管径的水管的初投资会较大，但从运行方面考虑，由于其阻力小，故增压设备的输送能耗也会较少，运行费用也就下降。因此，设计时我们应该找出初投资和运行费的综合最优点，而要杜绝大流量小温差的问题。

2）其次在进行水力计算时，应该确保各个环路之间的水力平衡，从而保证整个中央空调水系统能够有良好的水力工况和热力工况。

在遵循了以上两个原则后即可进行水系统的水力计算，其主要包括冷冻水循环管路及冷却水循环管路的水力计算。

5.3.1 水管管径和管内流速

所选用的水管管径 d 可由公式（5-4）确定：

$$d = \sqrt{\frac{4m_w}{\pi v}} \tag{5-4}$$

式中　m_w——管内水流量（m^3/s）；

　　　v——管内水流速（m/s）。

应该注意到，管路的沿程阻力和局部阻力均与流速有关，所以流速可影响管材和管件的使用寿命。当流速较小时，虽然阻力会较小，而有利于运行和保护管路，但在流量一定时，势必要增大管径，从而增大了初投资；当流速较大，在增加输送能耗的同时也会对管路造成严重的冲刷和腐蚀，减小了其使用寿命。故计算时应该按照表 5-4 中选择推荐流速，经过计算来确定管径。

不同用途的管段应该按照表 5-5 选用。

不同管径的冷冻水管、热水管和冷却水管内流速应该按照表 5-6 选用。

表 5-4　管内推荐流速　　　　　　　　　　　　　　　　　（单位：m/s）

管径/mm	15	20	25	32	40	50
闭式系统	0.4~0.5	0.5~0.6	0.6~0.7	0.7~0.9	0.8~1.0	0.9~1.2
开式系统	0.3~0.4	0.4~0.5	0.5~0.6	0.6~0.8	0.7~0.9	0.8~1.0
管径/mm	65	80	100	125	150	200
闭式系统	1.1~1.4	1.2~1.6	1.3~1.8	1.5~2.0	1.6~2.2	1.8~2.5
开式系统	0.9~1.2	1.1~1.4	1.2~1.6	1.4~1.8	1.5~2.0	1.6~2.3
管径/mm	250	300	350	400	—	—
闭式系统	1.8~2.6	1.9~2.9	1.6~2.5	1.8~2.6	—	—
开式系统	1.7~2.4	1.7~2.4	1.6~2.1	1.8~2.3	—	—

表 5-5　不同用途管段推荐流速　　　　　　　　　　　　　　（单位：m/s）

管段	水泵吸水管	水泵出水管	一般供水干管	室内供水立管	集管(分水器和集水器)
流速	1.2~2.1	2.4~3.6	1.5~3.0	0.9~3.0	1.2~4.5

表 5-6　管内推荐流速　　　　　　　　　　　　　　　　　（单位：m/s）

管径/mm	<32	32~70	70~100	125~250	250~400	>400
冷冻水	0.5~0.8	0.6~0.9	0.8~1.2	1.0~1.5	1.4~2.0	1.8~2.5
冷却水	—	—	1.0~1.2	1.2~1.6	1.5~2.0	1.8~2.5

5.3.2　水流阻力

中央空调水系统的水流阻力一般是由各种设备、管件和管路产生的。从类型上讲，阻力一般可以分为沿程阻力和局部阻力。

因为设备是从厂家购买的，所以设备所产生的阻力数据可以由厂家在测试好后提供。管路和管件所产生的阻力则需要设计人员进行计算，其中管道所产生的阻力即为沿程阻力，管件所产生的阻力即为局部阻力。

5.3.2.1　沿程阻力

沿程阻力也称为摩擦阻力（H_f），它可以按式（5-5）计算得到

$$H_f = \lambda \frac{l}{d} \frac{\rho v^2}{2} = Rl \tag{5-5}$$

式中　H_f——沿程阻力（Pa）；

　　　λ——摩擦阻力系数，无因次数；

　　　l——管段长度（m）；

　　　d——管路内径（m）；

　　　ρ——水的密度（1000kg/m³）；

　　　v——水的流速（m/s）；

　　　R——单位长度沿程阻力，即比摩阻（Pa/m）。

其中，比摩阻可以用式（5-6）表示为

$$R = \frac{\lambda}{d} \frac{\rho v^2}{2} \tag{5-6}$$

冷水管的比摩阻值应该取 100~300Pa/m，最大不应该超过 400Pa/m，而较为常用的值为 250Pa/m。

摩擦阻力系数 λ 与流体的性质、流态、流速、管路内径和内表面粗糙度有关，而对于湍流过渡区的 λ 可按式（5-7）进行计算

$$\frac{1}{\sqrt{\lambda}} = -2.01\lg\left(\frac{K}{3.71d} + \frac{2.51}{Re\sqrt{\lambda}}\right) \tag{5-7}$$

式中　K——管路内表面的绝对当量粗糙度（mm），闭式水系统宜取 0.2mm，开式水系统宜取 0.5mm，冷却水水系统宜取 0.5mm；

　　　Re——雷诺数，且 $Re = \dfrac{vd}{\nu}$；

　　　ν——运动黏度（m²/s）。

当水温为 20℃时，根据式（5-6）和式（5-7）可得冷水管路的摩擦水力计算表 5-7。

表 5-7　冷水管路摩擦水力计算表

流速 /（m/s）	动压 /Pa	$DN = 15$mm			$DN = 20$mm			$DN = 25$mm		
		G	R_C	R_O	G	R_C	R_O	G	R_C	R_O
0.20	20	0.04	68	85	0.07	45	56	0.11	33	40
0.30	45	0.06	143	183	0.11	95	120	0.17	69	86
0.40	80	0.08	244	319	0.14	163	209	0.23	111	150
0.50	125	0.10	371	492	0.18	248	323	0.29	180	231
0.60	180	0.12	525	702	0.21	351	460	0.34	255	330
0.70	245	0.14	705	948	0.25	471	622	0.40	343	446
0.80	319	0.16	911	1232	0.28	609	808	0.45	443	580
0.90	404	0.18	1142	1553	0.32	764	1019	0.51	555	731
1.00	499	0.19	1400	1912	0.35	936	1254	0.57	681	900
1.10	604	0.21	1685	2307	0.39	1126	1513	0.63	819	1086
1.20	719	0.23	1995	2739	0.42	1334	1797	0.69	970	1289
1.30	844	0.25	2331	3208	0.46	1595	2105	0.74	1134	1510
1.40	978	0.27	2693	3714	0.50	1801	2437	0.80	1310	1748
1.50	1123	0.29	3082	4258	0.53	2061	2793	0.86	1499	2004
1.60	1278	0.31	3496	4838	0.57	2338	3174	0.91	1701	2277
1.70	1422	0.33	3937	5456	0.60	2633	3579	0.97	1915	2568
1.80	1617	0.35	4404	6110	0.64	2945	4009	1.03	2142	2876
1.90	1802	0.37	4896	6802	0.67	3274	4462	1.09	2382	3202
2.00	1996	0.39	5415	7531	0.71	3621	4940	1.14	2634	3545
2.10	2201	—	—	—	—	—	—	1.20	2899	3905
2.20	2416	—	—	—	—	—	—	1.26	3177	4283
流速 /（m/s）	动压 /Pa	$DN = 32$mm			$DN = 40$mm			$DN = 50$mm		
		G	R_C	R_O	G	R_C	R_O	G	R_C	R_O
0.20	20	0.20	23	27	0.20	19	23	0.44	14	16
0.30	45	0.30	48	59	0.40	40	49	0.66	29	35
0.40	80	0.40	82	102	0.53	63	85	0.88	49	60
0.50	125	0.50	125	158	0.66	101	131	1.10	75	93
0.60	180	0.60	176	225	0.79	147	187	1.32	106	132
0.70	245	0.70	237	304	0.92	193	253	1.54	142	179
0.80	319	0.80	306	395	1.05	256	328	1.76	183	233
0.90	404	0.90	384	498	1.19	321	414	1.93	230	293
1.00	499	1.00	471	613	1.32	394	509	2.20	282	361
1.10	604	1.10	566	739	1.45	473	614	2.42	339	435
1.20	719	1.20	671	878	1.53	561	729	2.64	402	517
1.30	844	1.30	784	1029	1.71	655	854	2.86	470	605
1.40	978	1.40	906	1191	1.85	757	989	3.08	543	701
1.50	1123	1.50	1036	1365	1.98	867	1134	3.30	621	803
1.60	1278	1.60	1176	1551	2.11	983	1289	3.52	705	913

（续）

流速/(m/s)	动压/Pa	$DN=32$mm			$DN=40$mm			$DN=50$mm		
		G	R_C	R_O	G	R_C	R_O	G	R_C	R_O
1.70	1422	1.70	1324	1749	2.24	1107	1453	3.74	794	1029
1.80	1617	1.80	1481	1959	2.37	1238	1627	3.96	888	1153
1.90	1802	1.90	1647	2181	2.50	1377	1812	4.18	987	1284
2.00	1996	2.00	1821	2415	2.64	1523	2006	4.40	1092	1421
2.10	2201	2.10	2004	2660	2.77	1676	2210	4.62	1202	1566
2.20	2416	2.20	2196	2918	—	—	—	4.85	1317	1717
2.30	2640	—	—	—	—	—	—	5.07	1437	1875

流速/(m/s)	动压/Pa	$DN=65$mm			$DN=80$mm			$DN=100$mm		
		G	R_C	R_O	G	R_C	R_O	G	R_C	R_O
0.20	20	0.73	10	11	1.03	8	9	—	—	—
0.30	45	1.09	21	25	1.54	17	20	2.35	13	15
0.40	80	1.45	36	43	2.06	28	34	3.24	22	26
0.50	125	1.81	54	67	2.57	43	53	3.92	33	40
0.60	180	2.18	77	95	3.09	61	76	4.70	47	57
0.70	245	2.54	103	129	3.60	82	102	5.49	63	73
0.80	319	2.90	133	167	4.12	106	133	6.27	81	101
0.90	404	3.26	167	210	4.63	134	167	7.06	102	127
1.00	499	3.63	205	259	5.14	164	206	7.84	125	153
1.10	604	3.99	246	313	5.66	197	248	8.62	151	188
1.20	719	4.35	292	371	6.17	233	295	9.41	179	224
1.30	844	4.71	341	435	6.69	273	345	10.2	209	262
1.40	978	5.08	394	503	7.20	315	400	11.0	241	304
1.50	1123	5.44	451	577	7.72	361	458	11.8	276	348
1.60	1278	5.80	512	656	8.23	409	521	12.5	313	395
1.70	1422	6.16	576	739	8.74	461	587	13.3	353	446
1.80	1617	6.53	644	828	9.26	515	658	14.1	294	499
1.90	1802	6.89	717	922	9.77	573	732	14.9	439	556
2.00	1996	7.25	793	1021	10.3	634	811	15.7	485	615
2.10	2201	7.61	872	1124	10.8	698	893	16.5	534	678
2.20	2416	7.98	956	1233	11.3	765	979	17.3	585	744
2.30	2640	8.34	1043	1347	11.8	835	1070	18.0	639	812
2.40	2875	8.70	1135	1466	12.4	907	1164	18.8	694	884
2.50	3119	9.06	1230	1590	12.9	984	1263	19.6	753	959
2.60	3374	—	—	—	13.4	1063	1365	20.4	813	1036
2.70	3639	—	—	—	13.9	1145	1471	21.2	876	1117
2.80	3913	—	—	—	—	—	—	22.0	941	1201
2.90	4198	—	—	—	—	—	—	22.7	1009	1288
3.00	4492	—	—	—	—	—	—	23.5	1079	1378

流速/(m/s)	动压/Pa	$DN=125$mm			$DN=150$mm			$DN=200$mm		
		G	R_C	R_O	G	R_C	R_O	G	R_C	R_O
0.20	20	—	—	—	—	—	—	—	—	—
0.30	45	3.68	10	11	—	—	—	—	—	—
0.40	80	4.90	16	20	7.06	13	15	13.4	9	10
0.50	125	6.13	25	30	8.82	20	24	16.8	13	16
0.60	180	7.35	35	43	10.6	28	34	20.2	19	22
0.70	245	8.50	48	58	12.4	38	40	23.5	25	30
0.80	319	9.80	61	75	14.1	49	60	23.9	33	40
0.90	404	11.0	77	95	15.9	61	75	30.2	41	50
1.00	499	12.3	95	117	17.6	75	92	33.6	50	61

（续）

流速 /（m/s）	动压 /Pa	$DN=125$mm			$DN=150$mm			$DN=200$mm		
		G	R_C	R_O	G	R_C	R_O	G	R_C	R_O
1.10	604	13.5	114	141	19.4	90	112	37.0	61	74
1.20	719	14.7	135	163	21.2	107	132	40.3	72	88
1.30	844	15.9	157	196	22.9	125	155	43.7	84	103
1.40	978	17.2	182	227	24.7	145	180	47.0	97	119
1.50	1123	18.4	208	260	26.5	166	206	50.4	111	136
1.60	1278	19.6	236	296	28.2	188	234	53.8	126	155
1.70	1422	20.8	266	334	30.0	212	264	57.1	142	175
1.80	1617	22.1	298	374	31.8	237	295	60.5	158	196
1.90	1802	23.3	331	416	33.5	263	329	63.8	176	218
2.00	1996	24.5	366	461	35.3	291	364	67.2	195	241
2.10	2201	25.7	403	508	37.0	320	401	70.6	214	266
2.20	2416	27.0	441	557	38.8	351	440	73.9	235	292
2.30	2640	28.2	482	608	40.6	383	481	77.3	256	318
2.40	2875	29.4	524	662	42.3	417	523	80.6	279	347
2.50	3119	30.6	568	718	44.1	452	567	84.0	302	376
2.60	3374	31.9	614	776	45.9	488	613	87.3	327	406
2.70	3639	33.1	661	836	47.6	526	661	90.7	352	438
2.80	3913	34.3	710	899	49.4	565	711	94.1	378	471
2.90	4198	35.5	761	964	51.2	605	762	97.4	405	505
3.00	4492	36.8	814	1031	52.9	647	815	101	433	540

流速 /（m/s）	动压 /Pa	$DN=250$mm			$DN=300$mm			$DN=350$mm		
		G	R_C	R_O	G	R_C	R_O	G	R_C	R_O
0.50	125	26.3	10	12	37.4	8	10	—	—	—
0.60	180	31.6	14	17	44.9	11	14	63.7	9	11
0.70	245	36.8	19	23	52.4	13	15	74.3	12	15
0.80	319	42.1	25	30	59.9	20	24	84.9	16	19
0.90	404	47.3	31	37	67.4	25	30	95.6	20	24
1.00	499	52.6	38	46	74.9	31	37	106	25	30
1.10	604	57.9	46	56	82.3	37	44	117	30	36
1.20	719	63.1	54	66	89.8	44	53	127	35	42
1.30	844	68.4	63	77	97.3	51	62	138	41	50
1.40	978	73.6	73	90	105	59	72	149	48	58
1.50	1123	78.9	84	103	112	67	82	159	54	66
1.60	1278	84.2	95	117	120	77	93	170	62	75
1.70	1422	89.4	107	132	127	86	105	180	70	85
1.80	1617	94.7	120	147	135	96	118	191	78	95
1.90	1802	99.9	133	164	142	107	131	201	87	105
2.00	1996	105	148	182	150	119	145	212	96	117
2.10	2201	110	162	200	157	131	160	223	105	129
2.20	2416	116	178	219	165	143	176	234	115	144
2.30	2640	121	194	240	172	156	192	244	126	154
2.40	2875	126	211	261	180	170	209	255	137	168
2.50	3119	131	229	283	187	184	226	265	149	182
2.60	3374	137	247	306	195	199	245	276	161	196
2.70	3639	142	266	330	202	214	264	287	173	212
2.80	3913	147	286	354	210	230	284	297	186	228
2.90	4198	153	307	380	217	247	304	308	199	244
3.00	4492	158	328	406	225	264	325	319	213	261

（续）

流速 /（m/s）	动压 /Pa	DN = 400mm		
		G	R_C	R_O
0.70	245	91.4	11	13
0.80	319	104.4	14	17
0.90	404	117	18	21
1.00	499	131	22	26
1.10	604	144	26	31
1.20	719	157	31	37
1.30	844	170	36	44
1.40	978	183	42	51
1.50	1123	196	48	58
1.60	1278	209	54	66
1.70	1422	222	61	74
1.80	1617	235	69	83
1.90	1802	248	76	93
2.00	1996	261	84	103
2.10	2201	274	93	113
2.20	2416	287	102	124
2.30	2640	300	111	135
2.40	2875	313	121	147
2.50	3119	326	131	160
2.60	3374	339	141	173
2.70	3639	352	152	186
2.80	3913	365	164	200
2.90	4198	378	175	215
3.00	4492	392	188	230

表中：G——冷水流量（L/s）；

　　　R_C——闭式水系统（绝对当量粗糙度 $K = 0.2$mm）的比摩阻（Pa/m）；

　　　R_O——开式水系统（绝对当量粗糙度 $K = 0.5$mm）的比摩阻（Pa/m）。

各管段的冷水流量 G，可按式（5-8）计算

$$G = \frac{\sum_{i=1}^{n} q_i}{1.163\Delta t} \tag{5-8}$$

式中　$\sum_{i=1}^{n} q_i$——该管段的空调冷负荷（W）；

　　　Δt——冷水供回水的温度差（℃）。

冷水量 G 可根据该管段所连接的末端设备的额定流量进行叠加计算得到。但要注意的是，叠加计算所得到的总水量已达到系统的总流量（水泵流量）时，则该管段的水量不应该再叠加。

5.3.2.2　局部阻力

当水在管路系统中流过弯头、三通等管件时，因为摩擦和涡流而产生的阻力为局部阻力，按式（5-9）计算

$$H_d = \zeta \frac{\rho v^2}{2} \tag{5-9}$$

式中　H_d——局部阻力（Pa）；

　　　ζ——局部阻力系数，通过查表 5-8 和表 5-9 可得；

　　　v——水流速（m/s）。

表 5-8 阀门及管件局部阻力系数

序号	名 称		局部阻力系数 ζ						
1	截止阀	普通型	4.3~6.1						
		斜柄型	2.5						
		直通型	0.6						
2	止回阀	升降式	7.5						
		旋启式	DN/mm	150		200		250	300
			ζ	6.5		5.5		4.5	3.5
3	蝶阀(全开时)		0.1~0.3						
4	闸阀 (全开时)	DN/mm	15	20~50	80	100	150	200~250	300~450
		ζ	1.5	0.5	0.4	0.2	0.1	0.08	0.07
5	旋塞阀		0.05						
6	变径管	渐缩	0.10(对应小断面流速)						
		渐扩	0.30(对应小断面流速)						
7	普通弯头	90°	0.30						
		45°	0.15						
8	焊接弯头	DN/mm	80	100	150	200	250	300	
		90°	ζ	0.51	0.63	0.72	0.72	0.87	0.78
		45°	ζ	0.26	0.32	0.36	0.36	0.44	0.39
9	弯管(煨弯) (R 为曲率半径, d 为管径)	d/R	0.5	1.0	1.5	2.0	3.0	4.0	5.0
		ζ	1.2	0.8	0.6	0.48	0.36	0.30	0.29
10	水箱接管	进水口	1.0						
		出水口	0.5(箱体上的出水管在箱内与壁面保持平直,无凸出部分)						
			0.75(箱体上的出水管在箱体内凸出一定长度)						
11	滤水器	DN/mm	40	50	80	100	150	200	250	300
		有底阀 ζ	12	10	8.5	7	6	5.2	4.4	3.7
		无底阀	2.0~3.0						
12	水泵入口		1.0						
13	过滤器		2.0~3.0						
14	除污器		4.0~6.0						
15	吸水底阀	无底阀 DN/mm	40	50	80	100	150	200	250	300	500
		有底阀 ζ	12	10	8.5	7	6	5.2	4.4	3.7	2.5

表 5-9 三通局部阻力系数

图 示	流向	局部阻力系数 ζ	图 示	流向	局部阻力系数 ζ
	2→3	1.5		1→3	0.1
	1→3	0.1		1→2	3.0
	1→2	1.5		1→3	1.5
	2→3	0.5		2→1	3.0
	3→2	1.0		3→1	0.1

此外，再提供部分设备的局部压力损失值，当厂家所提供的设备压力损失值不明了时，可用做参考，见表 5-10。

表 5-10　部分设备压力损失值

设备名称	压力损失/kPa	备注
离心式冷水机组：		
蒸发器	30～80	—
冷凝器	50～80	
螺杆式冷水机组：		
蒸发器	30～80	—
冷凝器	50～80	
吸收式冷水机组：		
蒸发器	40～100	—
冷凝器	50～140	
冷冻水盘管	20～50	水流速度：$v = 0.8～1.5\text{m/s}$
热交换器	20～50	
风机盘管机组	10～20	随机组容量的增大而增大
自动控制调节阀	30～80	
冷却塔	20～80	—

5.3.2.3　总阻力

管路系统的水流阻力包括沿程阻力 H_f 和局部阻力 H_d，某一环路的总阻力损失 H 应按式（5-10）进行计算

$$H = H_f + H_d = Rl + \zeta\frac{v^2\rho}{2} \tag{5-10}$$

5.3.2.4　阻力平衡

计算各环路的总阻力与实际运行过程中的总阻力比较，若相差太大，则可能会在实际运行中出现水力失调，令室内热环境变差，使系统运行效率降低。

为保证系统中各空调末端装置能够正常地运行，故应对各并联环路进行阻力平衡，这就要求有合理的管路设置和必要调节阀门安装。

一般来说，各并联环路的压力损失相对差额不应大于 15%。当大于该值时，应该先尽可能地改变系统的布置和管径的选择来减少个环路之间的压力损失差额，若计算差额仍大于 15% 时，再考虑安装流量调节阀门来平衡阻力。

但是，管路设置所受限制较多，一般情况下较难改变，故经常会增加具有自控功能的流量调节阀门，例如静态调节阀、平衡阀、动态流量调节阀和压差控制阀等，它们都在不同的系统特性（定流量或变流量）下安装使用。

5.3.3　水系统设计计算举例

图 5-27 所示为一冷冻水供水子系统管路示意图（回水管路未画出）。图中上侧每个末端的所需风量为 320 m³/h，冷负荷为 1.90kW；下侧每个末端的所需风量为 500 m³/h，冷负荷为 2.80kW。试确定每段管路的流量、管径及流速。

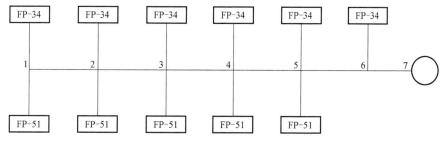

图 5-27　冷冻水供水子系统管路

【解】

（1）根据所给出的要求处理的冷量以及由空气处理过程计算所得到的风量，在相应的风机盘管产品样本中做出如表5-11的选择：

表5-11 所选风机盘管的型号及其参数

位置	型号	名义风量/（m³/h）	名义供冷量/kW	进水管管经 DN/mm	额定流量/（m³/h）
上侧	FP—34	340	1.92	20	0.302
下侧	FP—51	510	2.81	20	0.454

（2）连接各风机盘管的所有供水支管，管径均与连接管管径一致，即上、下侧支管均为20mm。管中的最大流速按表5-12选取。

（3）计算并选择各段干管管径（已选用镀锌钢管作为管材）。

1—2段：流量 m_w =（0.302+0.454）m³/h = 0.756m³/h。干管管径不应小于支管管径，故取 DN 为20mm进行试算。查表5-14可知，DN 为20mm时最大允许速度为0.65m/s。把 m_w = 0.756m³/h 及 0.65m/s 代入式（5-4）中，算出 d = 20.29mm。DN 为20mm时内径 d_1 =（26.75 −2.75×2）mm = 21.25mm > d = 20.29mm，实际流速 < 0.65m/s。反算出实际流速为0.59m/s，符合表5-6的推荐范围。所以选择 DN 为20mm合适。

表5-12 管内冷冻水的最大流速

管道公称直径 DN /mm	最大允许速度 v /（m/s）	管道公称直径 DN /mm	最大允许速度 v /（m/s）
<15	0.30	50	(1.00)
20	0.65	70	(1.20)
25	0.80(0.70)	80	(1.40)
32	1.00(0.80)	100	(1.60)
40	1.50(1.00)	125	(1.90)
>40	1.50(见右侧)	≥150	(2.00)

注：括号内的值是另一种建议值，以供参考。

2—3段：流量 m_w =（0.756+0.302+0.454）m³/h = 1.512m³/h。取 DN 为25mm进行试算。查表5-14可知，DN 为25mm时最大允许速度为0.80m/s。把 m_w = 1.512m³/h 及 0.80m/s 代入式（5-4）中，算出 d = 25.86mm。DN 为25mm时内径 d_1 =（33.50−3.25×2）mm = 27.00mm > d = 25.86mm，故实际流速 < 0.80m/s。反算出实际流速为0.73m/s，符合表5-6的推荐范围。所以选择 DN 为25mm合适。

3—4段：流量 m_w =（1.512+0.302+0.454）m³/h = 2.268m³/h。取 DN 为25mm进行试算。把 m_w = 2.268m³/h 及 0.80m/s 代入式（5-4）中，算出 d = 31.67mm。DN 为25mm时内径 d_1 = 27.00mm < d = 31.67mm，故实际流速 > 0.80m/s，所以选择 DN 为25mm不合适。再取 DN 为32mm进行试算。查表5-14可知，DN 为32mm时最大允许速度为1.00m/s。把 m_w = 2.268m³/h 及 1.00m/s 代入式（5-4）中，算出 d = 28.33mm。DN 为32mm时内径 d_1 =（42.25−3.25×2）mm = 35.75mm > d = 28.33mm，故实际流速 < 1.00m/s。反算出实际流速为0.63m/s，符合表5-6的推荐范围。所以选择 DN 为32mm合适。

4—5段：流量 m_w =（2.268+0.302+0.454）m³/h = 3.024m³/h。取 DN 为32mm进行试算。把 m_w = 3.024m³/h 及 1.00m/s 代入式（5-4）中，算出 d = 32.71mm。DN 为32mm时内径 d_1 = 35.75mm > d = 32.71mm，故实际流速 < 0.90m/s。反算出实际流速为0.84m/s，符合表5-6的推荐范围。所以选择 DN 为32mm合适。

5—6段：流量 m_w =（3.024+0.302+0.454）m³/h = 3.780m³/h。取 DN 为32mm进行试算。把 m_w = 3.780m³/h 及 1.00m/s 代入式（5-4）中，算出 d = 36.57mm。DN 为32mm时内径 d_1 =

35.75mm<d=36.57mm，故实际流速>1.00m/s，所以选择 DN 为 32mm 不合适。再取 DN 为 40mm 进行试算。查表 5-14 可知，DN 为 40mm 时最大允许速度为 1.50m/s。把 m_w=3.780m³/h 及 1.50m/s 代入式（5-4）中，算出 d=29.86mm。DN 为 40mm 时内径 d_1=（48.00-3.50×2）mm=41.00mm>d=29.86mm，故实际流速<0.90m/s。反算出实际流速为 0.80m/s，符合表 5-6 的推荐范围。所以选择 DN 为 40mm 合适。

6—7 段：流量 m_w=（3.780+0.302）m³/h=4.082m³/h。取 DN 为 40mm 进行试算。把 m_w=4.082m³/h 及 1.50m/s 代入式（5-4）中，算出 d=31.03mm。DN 为 40mm 时内径 d_1=41.00mm>d=31.03mm，故实际流速<1.50m/s。反算出实际流速为 0.86m/s，符合表 5-6 的推荐范围。所以选择 DN 为 40mm 合适。

5.4　水系统的管路布置

中央空调水系统的管路布置是空调水系统设计的重要一环，同时也是中央空调工程设计的主要内容之一。

然而，管路布置又受到诸多因素的影响，例如建筑的位置、外形、规模、层数、结构、平面布置、使用功能与区域划分及空调系统形式与分区等。同时，它又与建筑物中的中央机房、空调机房的布置、设备层的选择、管井的布局、管孔的预留及屋面结构等方面紧密相关。而且，在设计时又要同时兼顾建筑的各种管路和建筑的装修，所以，空调水管的布置需要在众多因素下协调统筹考虑，然后再确定设计方案。

一般说来，中央空调水系统的布置包括系统管材和阀门的选择，水管的布置及敷设，设备与管路的连接等方面。

5.4.1　空调水管路的管材和阀门

5.4.1.1　空调水管路的管材

空调水系统的管材一般采用无缝钢管和焊接钢管。焊接钢管的管壁纵向有一条焊缝，在其碳素钢的材质上作镀锌处理。根据管壁厚度不同，它可分为普通管（适用于公称压力小于 1.0MPa）和加厚管（适用于公称压力小于 1.6MPa）。它的管长一般为 4~9m，并带有一个管接头（管箍）。其最大规格为 DN=150mm。管径小于 DN=80mm 的用螺纹连接，管径大于 DN=80mm 的用电焊连接。

无缝钢管一般是用 10、20、35 及 45 低碳钢用热扎或冷拔法制成。冷拔管的最大规格为 DN=200mm，热轧管的最大规格为 DN=600mm。外径小于 57mm 时常用冷拔管，大于 57mm 时常用热轧管。在长度方面，冷拔管长度为 1.5~7m，热轧管长度为 4~12.5m。无缝钢管一般采用电焊连接。

5.4.1.2　空调水管路阀门

空调水系统中最常用的阀件是用于关断的阀门，分别有闸阀、截止阀、球阀和蝶阀。各种阀门的应用如下：

闸阀：一般用在公称直径大于 50mm 的管路上，启闭件（闸板）在阀杆的带动下沿阀座密封面作升降运动，实现管路的开启和关断，一般用在以关断为主要目的的场合。

截止阀：一般用在公称直径小于 50mm 的管路上，启闭件（阀瓣）在阀杆的带动下沿阀座密封面作升降运动，实现管路的开启和关断，一般用在以控制流量为主要目的而关断为次要目的的场合。

球阀：一般用在公称直径较小的管路上，启闭件（球体）绕垂直于通路的轴线旋转，从而实现切断、分配和改变流动方向，作用与闸阀相类似。

蝶阀:一般用在公称直径大于 100mm 的管路上,启闭件(蝶板)绕固定轴旋转实现开启和切断,用于以控制流量和关断为目的的场合

此外,在冷冻水循环管路上,还会使用到自动排气阀、流量平衡阀和减压阀等。

自动排气阀:它能把闭式空调水循环系统中的空气集中并在局部位置自动排出,尤其是在系统初次注水和清洗换时和水系统运行中,能够及时地排出空气,它稳定了水力工况,保证了良好的换热效率。它一般安装在闭式水路系统的最高点和局部管网最高点。

流量平衡阀:正如在本章介绍异程式水系统中所提及的,流量平衡阀一般用于空调循环水路,起到控制流量和平衡各环路管路阻力的作用,保证了在不同环路上各末端的水量能按设计值来分配。

减压阀:它能通过改变开度,实现阀后压力的改变并稳定在某一数值上;另外它既能减低动压,又能隔断静水压力(无水流过时)。在高层建筑没有作分区的循环管路中,为保护管路和设备,管网中供回水管路的适当部位应设置减压阀门,从而有效地降低阀后管路和设备的承压,从而替代水系统的竖向分区。

5.4.2 水系统的管路布置

空调水系统的管路和阀门的布置和安装应严格按照《通风与空调工程施工质量验收规范》(GB 50243—2016)来进行。一般规定,空调水平管路采用支吊架沿着楼板下方敷设,而且应该避免布置在热水器、锅炉和烟囱等热设备附近,更不能布置其上方,垂直管路一般布置于建筑的管槽中。

此外,管道宜保留有一定的坡度,以利于排气;管道的布置应该充分考虑在不同温度输送介质下的变形,并采取对应的补偿措施;除了应该对水管采取一般的防腐措施外,为减小冷量在输送途中的损失和防止结露,诸如输送冷冻水等管路更应该有保温措施。

5.4.2.1 空调水管的坡度

在空调水管中,管路的敷设宜留有坡度,即水平干管沿水流方向有向上坡度。采取留有坡度的措施是因为考虑到空调的水管在输送流体时会分离出空气泡(尤其是对于两管制系统,它在冬季输送热水时更容易分离出空气),补水亦会为系统带入空气,而沿水流方向的向上坡度有利于气泡随水流在系统最高处排出(一般设置自动排气阀进行排气)。

但在实际工程中,往往受吊顶高度所限制,设置坡度很难实现。则需要令管内流体有较高的流速,一般不得小于 0.25m/s(流体流速达到 0.25m/s 后,气泡不能浮升,并被流体带走)。

5.4.2.2 空调水管的伸缩补偿

虽然膨胀水箱可容纳水系统的膨胀水量,但是布置空调水管时还需考虑其热膨胀量。

一般情况下,水平干管可只利用其自然弯曲部分对膨胀量进行补偿。但对于长度较长的水平管路,则需要计算出其轴向伸缩量,再选用诸如自由臂补偿或方形补偿等补偿形式。

对于长度超过 40m 的垂直空调管路,也应该设置补偿器,一般在尺寸狭小的管井中使用波纹管伸缩器。

5.4.2.3 空调水管的防腐保温

防腐防锈是空调水管必须要进行的,并应在做保温前完成。一般是在管路表面刷两遍防锈漆,防锈漆可选用铁红酚醛防锈漆或铁红环氧底漆。

完成刷防锈漆后即可对管路进行保温处理。一般来说,冷冻水管路和冷凝水管路均要进行保温隔热处理,尤其是冷冻水输送管路,更需要有较好的保温结构以减小冷量的损失。

保温结构一般是由保温层和保护层组成。

保温层:按材料和施工方法的不同可分为绑扎式、胶泥式、预置保温管、浇灌式、填充

式和喷涂式等。

采用预置保温管作为保温层是较常用且较为简便的方法。保温管的材料有有聚苯乙烯（白熄型）、玻璃棉、岩棉等，这些材料除应具有良好的隔热保温性能外，还应具有良好的防潮防火性能。最后还要在套管外壁贴上有带网格线的铝箔贴面，以更好地隔绝辐射热和防止水气渗透。

保温材料也可以直接捆扎或粘贴在管路外壁，注意保温材料不是越厚越好。表 5-13 给出了三种保温材料的经济厚度供参考。

表 5-13　常见材料的经济保温层厚度参考值

水管公称直径 DN/（mm）		≤ 32	40 ~ 65	80 ~ 150	200 ~ 300	>300
保温层厚度/mm	聚苯乙烯（白熄型）	40 ~ 45	45 ~ 50	55 ~ 60	60 ~ 65	70
	玻璃棉	35	40	45	50	50
	发泡橡胶	6	9	9	9	9

保护层：一般的保护层应具有保护保温层和防水的作用，一般采用是轻质、化学性能稳定、难燃和耐压材料。常见的保护层有包扎式复合保护层、金属保护层、涂抹式保护层，前两种为轻型结构。

要注意冷冻水管道的保温结构中应该包含有防潮层。这是因为在诸如我国南方夏天的潮湿气候中，大气中水汽的分压力较大，所以容易向温度低和水蒸气分压力低的保温层内部渗透，混合有水蒸气的空气进入保温层后即可产生凝结水，破坏隔热性能。

5.4.2.4　冷却塔的布置

由于冷却塔充当着冷水机组冷凝器的"散热器"，故在对它进行布置的时候必须考虑布置点的通风条件（保证有足够的进风面积）和温度，并且要注意避开有害气体的排放点及建筑高温高湿气体的排放点。同时要考虑到冷却塔的水飘逸和噪音对周围环境的影响，合理选择冷却塔的类型。

一般地，为保证整个冷却水系统可以安全可靠地运行，冷却塔应该布置在冷凝器上方，故对于一般的高层建筑，冷却塔应布置在裙房楼顶上，若只能布置在主楼楼顶上时，则必须充分考虑冷水机组的冷凝器的承压。在楼顶上布置时应校核建筑结构的承压强度，冷却塔还应布置在专用基础上，不可直接设置于屋面上。同时布置多个冷却塔时，为避免相互影响造成气流短路，应注意塔与塔之间的净距大小（不宜小于 4m）。

5.5　水系统的补水、排气和泄水

5.5.1　水系统的补水

冷冻水系统可采用带有补水调节水箱的补水泵进行补水，而冷却水系统则使用冷却水箱或通过冷却塔集水盘进行自动补水。下面分别说明冷冻水系统和冷却水系统的补水量。

5.5.1.1　冷冻水的补水量

要计算冷冻水管道系统的补水量则一定要知道泄漏量，而冷冻水系统一般为闭式系统，其规模、施工安装的质量和运行管理的水平均会直接影响到泄漏量的大小，所以要准确计算冷冻水系统的补水量是很困难的，一般可对其进行结算。

一般估算冷冻水补水量有两种方法，一是按系统水容量的 1% ~ 2% 来估算，一是按系统的循环水量的 1% ~ 4% 来估算。

5.5.1.2　冷却水的补水量

对于常用的开式机械通风式冷却塔冷却水系统，水量在各个方面均有损失，其补水量即为每个方面损失的总和。下面介绍水量损失途径。

水的蒸发：在冷却水的循环过程中，有相当一部分的水由于与空气接触而汽化蒸发，尤其是在冷却塔的喷洒过程中，蒸发量最大。总体来说，蒸发水量与水的温降有关，温降幅度越大，蒸发量越大。一般水的温降为 5℃ 时，蒸发水量为循环水量的 0.93%；而水的温降为 8℃ 时，蒸发水量为循环水量的 1.84%。

水的飘逸：冷却塔的喷洒时，部分较小的水滴会蒸发气化，部分较大的水滴则会在气流作用下被带走。现在国外生产的冷却塔的飘逸损失为循环水量的 0.15%~0.3%，国内质量较好冷却塔的飘逸损失则约为循环水量的 0.3%~0.35%。

设备排污：由于冷却水会与空气接触，而且又不断地补进新水，所以在水循环的过程中难免会给系统带入一些微生物、矿物及杂质等，为此要做水处理外，还要对水系统进行定期的排污，使水的浓缩倍数小于 3~3.5。一般排污损失量为循环水量的 0.3%~1%。

其他损失：包括正常运作下冷却水泵的轴封漏水，部分阀门、设备的渗漏，还有在冷却塔停止运行时冷却水的外溢。

由此可见，若采用低噪型的逆流式冷却塔时，用于离心式冷水机组的补水率约为 1.53%，而用于溴化锂吸收式冷水机组的补水率约为 2.08%。设计时可按 2%~3% 来估算冷却水的补水率。

5.5.2　水系统的排气和泄水

由于水中可溶解一定量的空气，而且在空调水系统运行时流体有低压的部分，所以无论是哪一种空调水系统，其管道中都有可能积聚从水中分离出来的空气，从而形成气塞，阻碍管道中流体的流动。因此，空调水系统需有排气的措施。如上节所说，可通过为水平管道设置坡度或在系统最高点设置自动（或手动）的排气阀门来排除空气，保证水系统的正常循环。

另外，为便于在水系统或设备检修时把管路系统的水放走，应该在管路上下拐弯处、立管下部最低处以及管路中的最低点均要设置配有阀门的泄水管。

5.6　水系统的水质管理

5.6.1　水处理目的

在中央空调系统水管路的实际运行中，往往由于长时间循环使用，作为冷量的输送介质——水，它的质量（含有重碳酸盐、细菌和藻类杂物等因素）直接影响到系统运行的质量和管道设备的寿命。例如，在热水工况下，水中的溶解氧会极大地加速管道和设备的腐蚀，缩短其寿命；还有在给水为硬水的地区，系统中容易积聚水垢，令冷水机组冷凝器换热性能下降，制冷效果变差，并减短了冷水机组的寿命。因此，非常有必要对运行于系统的水质进行管理。

具体来讲，一是应该在补水上对水质进行控制，二是应该在进入设备前的管段上作水的除污过滤。接下来分别对两者进行介绍。

5.6.2　补水的水处理

5.6.2.1　补水的软化处理

对于在我国南方只是在夏季用作供冷而在冬季不用作供热的中央空调系统，补水可只使用静电除垢法、电子水处理法和强磁水处理法等水软化措施，而不用化学除垢。以下对静电除垢法、电子水处理法和强磁水处理法三种电学除垢法作简介。

静电除垢法：在水中产生一定强度的静电，在此极化作用下，难溶解盐类的正、负离子便难以结合或结晶，更不能沉淀结垢，这种方法适宜在总硬度小于 700mg/L（以 $CaCO_3$ 计算），水温小于 80℃ 的场合下使用，它操作简单，管理方便，运行费用较低，适应 pH 值范围宽，应用较为广泛。

电子水处理法：处理后水中的溶解盐的离子和带电离子间静电引力减弱，从而不能相互积聚结垢，它适宜在总硬度小于 600mg/L（以 $CaCO_3$ 计算），水温小于 100℃ 的场合下使用。

强磁水处理法：水流过强磁力线切割后，水分子的氢键角从 105° 减小到 103°，令水的溶解度大大增加，防止结垢生成，它适宜在总硬度小于 600mg/L（以 $CaCO_3$ 计算），水温小于 105℃ 的场合下使用。它设备占地小，安装方便，而且不需要用电，维护简单，还有除藻、除菌的作用。

对于所在地区给水硬度较高或在夏冬季节合用空调机组的我国北方，补水则需要进行化学投药的除垢处理。原因是在冬季系统在热水工况下运行时，60℃ 的热水平均给水温度已处于结垢水温，而且在与一次热媒接触的换热器表面温度会更高，更有结垢的危险。所以对于整个系统进行水软化很有必要。

一般的化学水软化处理是向补水中投加阻垢分散剂（又称表面活性剂），包括有机磷酸、磷酸盐、聚丙烯酸和聚丙烯酸钠等。投加阻垢分散剂后可提高水的极限碳酸钙硬度，防止结垢；还能令水中碳酸钙发生晶格畸变，使微小晶体不能长大沉淀。

5.6.2.2　补水的杀菌处理

为防止细菌和藻类等微生物在空调水系统中大量繁殖，影响设备的正常工作和阀门的启闭，补水仍然有必要作杀菌处理。具体措施就是向补水中投加杀菌剂。杀菌剂分氧化型（包括氯、二次氯酸钠、次氯酸钠和氯胺等）和非氧化型（包括有季铵盐类、氯酚类、二硫氰基甲烷等），应根据具体补水水质情况来选择投药类型。

5.6.2.3　补水的除氧处理

北方中央空调供暖系统中的水温一般较高，水中的溶解氧会令散热器腐蚀得较快，尤其是采用钢制的换热器时，腐蚀的速度会更快，所以有必要对热水的补水进行除氧处理。一般有真空除氧和化学除氧等措施。

而在供冷工况下运行的中央空调系统中，因为水温较低，水对系统的腐蚀速度是很慢的，故只需投加腐蚀抑制剂，即可满足防腐要求。

5.6.3　设备入口除污

为防止空调系统水管发生堵塞和保证各类设备和阀件的正常功能，在系统管路中应安装除污器或水过滤器，用以清除和过滤水中的杂物及水垢。必备的几个地方为冷水机组或换热器、冷冻水循环水泵、冷却水泵、补水泵等设备的入口管段上。

具体地，除污过滤装置主要有立式直通式、卧式直通式和卧式角通式等多种除污器，以及金属网状、尼龙网状和 Y 型管道式过滤器。除污器和水过滤器的型号都是按连接管的管径选定，连接管的管径应与干管的管径相同，还要注意它的耐压要求和安装检修的场地要求。

5.7　冷凝水系统的设计

中央空调系统在夏季运行过程中，空调冷却器的表面温度一般会低于被处理空气的露点温度，此时空气中的水汽便会在空调器的表面凝结成水滴。因此，为了可以及时、顺利地把冷凝水滴集中起来并排走，则必须设置相应的冷凝水系统。

一般地，冷凝水系统由收集装置和排水管路所组成，常设置在单元式空调机、风机盘管机组、组合式空气处理机组及新风机组等处。

5.7.1　冷凝水管路的水封设置

在实际工程中，冷凝水的集水盘后必须设置存水弯，以形成水封。

空调末端设备的冷凝水盘会位于机组的正压段或负压段，在正压段设置水封是为了防止漏风，在负压段设置则是为了顺利排出冷凝水，而且注意水封的高度要比正压值（或负压值）约大 50%。

水封出口需与大气相通，实现方法是把集水盘以下的管路通过排水漏斗与排水系统连接。

5.7.2　冷凝水管路的坡度设置

为保证冷凝水能顺利排走，水平冷凝水管道不得有积水的部位，且需有一定的坡度。水平泄水干管沿水流方向的坡度应大于 0.002，连接设备的水平泄水支管应有大于 0.01 的坡度。

5.7.3　冷凝水管路的管材选择

由于冷凝水排水系统的排水量较少，所以一般处于非满流状态，则管路内壁会经常接触水和空气，极容易被腐蚀。故在选择管材时应首选塑料管路，避免使用金属管路。同时要注意不可选用强度低的软塑料管，否则当水平管段较长时，在重力作用下会形成中间下垂，造成积水，影响排放。

综上可知，冷凝水管路应使用强度大的塑料管材（如 PVC、UPVC 和钢衬塑管等），也可使用不易生锈的镀锌钢管。

5.7.4　冷凝水管路的管径选择

冷凝水排水系统一般处于非满流状态，容易实现无压自流排放，故一般不需要进行管路水力计算，只需确定坡度和管径。

在实际中，从每个风机盘管引出的冷凝水排水管管径的尺寸一般不小于 20mm，而具体管径则需要根据冷凝水量和敷设坡度计算而定。而流量又可根据末端装置的冷负荷进行估算：一般情况下，每小时每千瓦的冷负荷约产生 0.4kg 的冷凝水；在潜热负荷高的环境下，每小时每千瓦的冷负荷约产生 0.8kg 的冷凝水。在最小坡度 0.003 下，冷凝式水管管径的选择见表 5-14：

表 5-14　冷凝水管管径选择表

冷负荷/kW	≤42	42~230	231~400	401~1100
公称直径 DN/mm	25	32	40	50
冷负荷/kW	1101~2000	2001~3500	3501~15000	>15000
公称直径 DN/mm	80	100	125	150

5.7.5　冷凝水系统设计注意事项

（1）冷凝水系统与污废水系统相连接处应有空气隔断措施，且冷凝水管道不得与室内密闭雨水系统直接连接，以防止有毒气体和雨水在集水盘处外溢泄漏。

（2）为便于定期冲洗和检修，冷凝水水平干管始端应该设置扫除口。

（3）冷凝水系统应多设排水立管（以减小水平管道的长度），立管直径应该与水平干管的直径保持相同，而且立管最高点应设置与大气相通的管道。

（4）由于冷凝水温度较低，管道表面会有结露的可能，所以设计时需结合具体环境进行防结露验算，有可能结露时，必须对管道采取保温措施。

第6章　中央空调工程风系统设计

中央空调工程的风系统对稀释和排除余热、余湿和有害空气以保证室内空气标准具有重要的意义。中央空调工程的风系统通过在室内合理布置送风口和回风口，令经过净化和热湿处理后的空气由送风口送入室内的空调区域，然后在与空调区域内的空气混合、扩散或进行置换后，使之形成合理的空气流动，最后通过回风口抽走空调区域内的空气。通过送、回风这一除热湿过程，原来空调区域内（一般是指离地面高度为 2m 以下的空间）的余热和余湿被均匀地消除，有比较均匀稳定的温湿度和洁净度，满足人的舒适感和工艺需要。由此可见，风系统设计与中央空调工程是密不可分的。本章对中央空调的风系统设计进行详细的介绍。

6.1　各送回风方式的特点和应用

在中央空调系统中，送回风方式对室内气候和环境具有重要影响，尤其是风系统的送、回风口类型不同所形成的气流组织（又称空气分布）会影响到室内的最终空调效果，并关系到室内人员活动区或工作区的温湿度参数和舒适度。因此，在风系统设计中，合理设计风系统的送、回风形式很有必要。

6.1.1　气流组织的基本要求及设计流程

6.1.1.1　气流组织的基本要求

在设计气流组织时，重心是在室内人群的活动区域，即人的"工作区"（如办公室、商场等场所），一般规定为距离地面 2m 以下的空间；工艺性空调则要针对具体的室内设备或工艺流程而定（如通信机房、电脑机房等场所）。气流组织最基本的要求是：工作区内保持较为均匀、稳定的温湿度，风速不能超过设计值；而在允许室内温湿度波动的空调房间，在工作区内要满足气流的区域温差（即为工作区内无局部热源时由于气流引起的不同地点的温差）、温湿度基数及其波动范围。气流在有洁净度要求的空调房间内应保持有洁净度的设计值和室内的正压设计值。另外，还需要以节能为目的合理地组织气流。表 6-1 列出了舒适性空调气流组织的基本要求参数。

另外，我们应该注意到影响气流组织的因素有很多，诸如送风参数（送风温差和风口速度），送回风装置的形式、数量、大小和位置，以及空间的几何尺寸、污染源的位置、分布和性质等因素，均对气流组织的效果有影响。

6.1.1.2　气流组织设计步骤

在设计室内空调区域的气流组织之前应该收集以下参数：室内温湿度参数、允许风速、噪声标准、空气质量、室内温度梯度以及空气分布特性指标（ADPI）。然后根据上面的参数或指标结合建筑的特点性质、设备类型、工艺特点、内部的装修、家居布置等现场条件进行设计。一般地，室内气流组织设计流程如图 6-1 所示。

6.1.2　气流组织的分类及其典型形式

按照气流形成机理的不同，空调区域内的气流组织可以分为 5 个类型：

1）上（顶）部混合系统（Overhead Mixing Systems，OHM）。

2）置换通风系统（Displacement Ventilation Systems，DV）。

表 6-1　舒适性空调气流组织的基本要求

室内温湿度参数	送风温差/℃	换气次数/（次/小时）	风速/（m/s）		可能的送风方式
			送风出口	空气调节区	
冬季： 18~24℃ $\phi=30\%\sim60\%$ 夏季： 22~28℃ $\phi=40\%\sim65\%$	送风高度 h ≤5m 时，不宜大于 10； 送风高度 h> 5m 时，不宜大于 15	不宜小于 5 次，但对高大空间，应按其冷负荷通过计算确定	应根据送风方式、送风口类型、安装高度、室内允许风速、噪声标准等因素确定。 消声要求高时，采用 2~5	冬季≤0.2 夏季≤0.3	①侧向送风 ②散流器平送或向下送 ③孔板上送 ④条缝口上送 ⑤喷口或旋流风口送风 ⑥置换通风 ⑦地板送风

注：当夏季采用大温差送风时，应防止送风口结露。

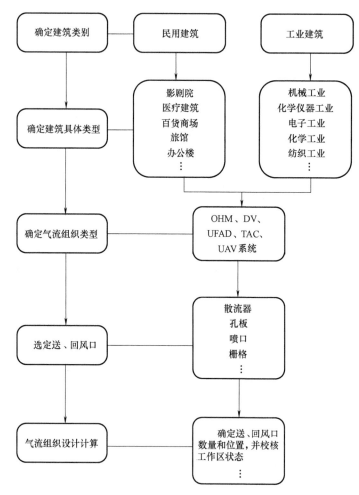

图 6-1　气流组织设计的一般流程

3）地板送风系统（Underfloor Air Distribution Systems，UFAD）。

4）岗位/个人环境调节系统（Task/Ambient Conditioning Systems，TAC）。

5）单向流通风系统（Unidirectional Airflow Ventilation Systems，UAV）。

其中，从送风口在空调空间内所处的位置上看，上（顶）部混合系统（OHM）为上部送风系统，置换通风系统（DV）、地板送风系统（UFAD）和岗位/个人环境调节系统（TAC）

统称为下步送风系统。

单向流通风系统（UAV）主要有两种通风方式：其一为空气从吊顶送出，通过地面排走；其二为空气从侧墙送出，通过对面墙上的回风口排走。它的主要任务是用低紊流度的"活塞流"横掠过房间，除去污染物颗粒，这种系统主要用于洁净室的通风，这里不对其气流组织作详细介绍。

6.1.2.1　上（顶）部混合系统（OHM）

上（顶）部混合系统（Overhead Mixing Systems），简称 OHM 系统，又可称为头部以上混合系统或传统顶部混合系统，也可简称为混合式送（通）风。

它的基本原理是：通常是把调节好的送风（供冷时温度低于房间设定温度），以高于室内人员舒适所能接受的速度从房间的上部（顶棚或侧墙的高处）送出，送出的空气为高速紊动射流，并与室内空气产生强烈的混合，使射流的温度迅速地趋近于整个房间的温度。如图 6-2 所示，即为属于上（顶）部混合系统的常见的顶棚送风、顶棚回风系统。

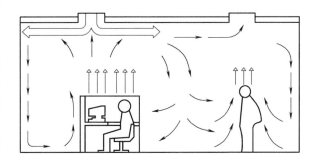

图 6-2　上（顶）部混合系统

应当注意到，送风射流会引起房间（二次）空气进入主射流，从而导致射流尺寸的扩大，空气流速降低。因此，设计和运行上（顶）部混合系统时，要令送风的射流在进入人员活动区域（离地面高 2m）前把速度降到容许速度之内，一般取为低于 0.25m/s。

1. 上（顶）部混合系统的空气分布形式　根据室内的设计需求可分别布置送、回风口，以形成不同的空气分布形式。上（顶）部混合系统的空气分布形式主要有三种，分别是上送下回、上送上回和中送风。

（1）上送下回。从送回风口布置方式上看，把送风口设于顶棚或侧墙的房间上部，把回风口设于地板或侧墙的房间下部，即可形成上送下回的空气分布方式。运行时，风从房间上部送出，然后从房间下部的回风口排走。最常见的是送、回风口在同一侧，如图 6-3 所示。其中图 6-3a 为单侧送风、单侧回风，送风气流贴附于顶棚，送风与室内的空气充分混合，令

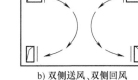

a) 单侧送风、单侧回风　　b) 双侧送风、双侧回风

图 6-3　单 \ 双侧混合式送（通）风形式

工作区风速较低，温湿度较为均匀，适用于恒温恒湿的空调房间。图 6-3b 为双侧送风、双侧回风，即为两个前者的并列模式。这两种方式的工作区均处于回流区中。

图 6-4a 所示则是在顶棚使用散流器送风，然后在房间下部双侧回风。这种方式所使用的散流器具有向下送风的特点，运行时空气一般以 20°~30° 射出，射出后先卷吸周围空气，以致不断扩大，最后气流向下流动。这种方式的工作区上部为射流的混合区，工作区位于向下流动的空气中。图 6-4b 所示是在顶棚安装孔板，通过孔板送风，然后在房间下部单侧回风。由于是单侧回风，所以不能保证气流流向的单一性，气流在房间下部会偏向于回风口。

一般来说，在全年中以冬季送热风为主且建筑的层高较高的舒适型空调空调系统中，宜采用上送下回所形成的空气分布方式。此外，在有恒温要求和洁净度要求的工艺性空调中，也可以采用这种方式。

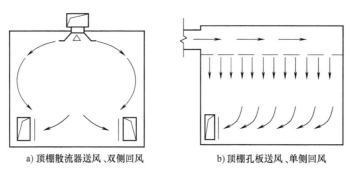

a) 顶棚散流器送风、双侧回风　　　　　　　b) 顶棚孔板送风、单侧回风

图 6-4　顶棚散流器、孔板送（通）风形式

（2）上送上回。上送上回的送、回风口布置为在诸如顶棚或侧墙的房间上部均设置送风口和回风口，运行时空气从房间上部送出，进入空调区域后再从房间上部的回风口排走。如图 6-5 所示说明了实际中常见的上送上回气流组织方式。

图 6-5a～图 6-5c 所示均为侧送风，均把送风、回风的风管上下重叠布置。其中图 6-5a 实现了单侧送风，气流组织形式与图 6-3a 相类似；图 6-5b 实现了双侧由内向外送风，为两个图 6-5a 的并列模式；而图 6-5c 实现了双侧由外向内送风。

图 6-5d 所示的方式则是送风管和回风管不在同一侧上，这种方式一般把送、回风口分别设置于房间的两端。如图 6-5e 所示，也可以使用顶棚上的送回两用散流器实现上送上回。上送上回气流组织方式应用较为广泛，尤其是只在夏季作为降温服务而建筑层高较低的南方地区的中央空调系统多采用这种方式。此外，对于在房间下部无法布置回风口的冬夏两用的空调系统（例如商场、车站候车大厅、层高较低的会议厅等），这种方式也用得较多；对于有恒温要求（精度不高）的工艺性中央空调系统也可采用。

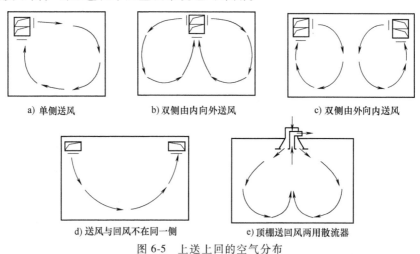

a) 单侧送风　　　　　b) 双侧由内向外送风　　　　　c) 双侧由外向内送风

d) 送风与回风不在同一侧　　　　　e) 顶棚送回风两用散流器

图 6-5　上送上回的空气分布

（3）中送下回。中送下回方式是在房间的中部设置送风风管，在房间的下部设置回风风管，有时也会在顶棚设置排风口。运行时，在房间的竖向上存在明显的温度分层现象，故对于使用这种方式的空调系统又被称为"分层空调"。如图 6-6a 所示，即为典型的中送风、下回风的形式。送冷风时，射流向下弯曲；而图 6-6b 则是在前者的基础上在顶棚增设排风口，以有效排走室内的余热。

在实际应用中，中送下回使用得较少，只是当某些高大的空间（例如需要增设空调的工业厂房）没有必要把上部也作为控制调节对象时才被采用。由于送风口以上空间的温湿度不作为调节对象，则空调上部的冷负荷较小，故在满足房间下部温湿度的前提下，此方式可达到节能的效果。

2. 上（顶）部混合系统的送风方式 根据在上（顶）部混合系统中所采用的送风口的类型和布置方式的不同，又可以分为以下5种常见的送风方式：侧送风、散流器送风、孔板送风、喷口送风和条缝送风。

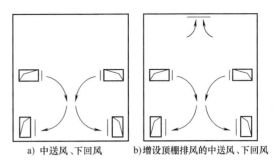

a) 中送风、下回风　　b) 增设顶棚排风的中送风、下回风

图 6-6　中送下回的空气分布

（1）侧送风。侧送风是指在空调房间的侧墙上布置带有如百叶风口的送风风管，回风风管则设于房间同一侧或不同一侧的侧墙上或下部。在实际工程中，侧送风是使用得最多的一种送风方式，该方式尤其适用于建筑层高较低、进深较大的房间。这是由于侧送风有布置简单、初投资低、施工方便、容易实现房间的对流扩散和房间的温度及速度的衰减等优点。侧送风造成的贴附射流还拥有射程长、射流衰减充分的特点，故也可应用于高精度的恒温空调。侧送风又可以分为以下几种情况。

第一种方式如图 6-7 所示，在走廊的吊顶内安装送风总管，从总管引出送风的支管向室内送风，回风则从暗装在墙内的回风支管的端口进入，回至走廊吊顶上部的回风总管。

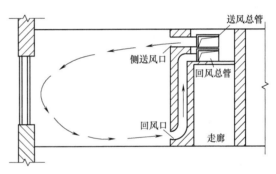

图 6-7　单侧上送下回且回风立管暗装布置

第二种方式如图 6-8 所示，与第一种安装方式相比较，是把回风立管紧靠内墙或靠走廊墙面敷设，送、回风的总管也设在走廊的吊顶内。此种方式中，送风口一般使用百叶型，而回风口使用栅格型。

第三种方式则是把走廊作为回风道的一部分，送、回风的总管仍设于吊顶内，并直接在墙上设置栅格回风口，如图 6-9 所示。这种布置方式多用于多房间的空调系统，且其走廊需保证封闭，避免浪费。

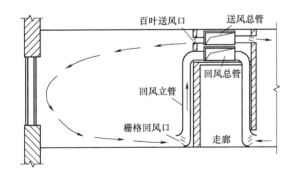

图 6-8　单侧上送下回且回风立管明装布置

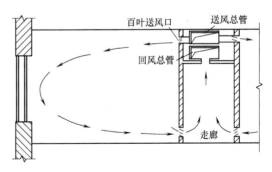

图 6-9　单侧上送下回且走廊回风

（2）散流器送风。散流器是一种安装于房间顶棚的送风口，常用于由上向下送风，这种依靠散流器吹出的气流实现送风的方式则称为散流器送风。由于散流送风需要有吊顶或技术夹层来进行风管的安装，故风管的暗装量大，初投资比侧面送风要高。散流器送风又可分为散流器平送和散流器下送两种方式。

1）散流器平送。散流器平送是通过平流散流器与顶棚平齐安装实现的。运行时散流器送出的气流贴附于顶棚表面，形成贴壁射流，并向房间四周扩散，同时射流下侧卷吸工作区空气，最后在近墙处衰减下降。这种方式使射射流与室内空气能很好地混合，工作区基本处于混合区中，故可获得较为均匀的温度场和风速场。如图 6-10a 和图 6-10b 所示，分别为散流器平送的上送下回和上送上回的表现方式。

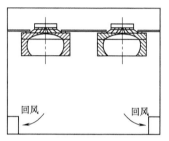 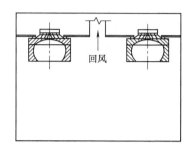

a) 散流器平送的上送下回方式　　　　b) 散流器平送的上送上回方式

图 6-10　散流器平送

一般房间进深较低、室内温度波动范围受限制的舒适性空调可采用此种方式，对于工艺性空调只要吊顶或技术夹层有足够的空间亦可采用。

2）散流器下送。散流器下送是通过流线型散流器伸出顶棚安装实现的。运行时空气以 20°~30° 的扩散角 θ（即射流边界线与散流器的中心线夹角）喷出，起始时不断地卷吸周围的空气形成混合区，并逐渐扩大与相邻的射流搭接后形成稳定的下送直流气流，使工作区笼罩于直流送风气流中，如图 6-11 所示。

一般房间进深较大（例如 3.5~4.0m）的净化空调工程中可采用此种方式。

（3）孔板送风。孔板送风的最大特点是把顶棚上的空间作为稳压层，空气进入稳压层后形成一定的静压，空气在静

图 6-11　散流器下送（上送下回）

压作用下通过顶棚上的孔板均匀地送入空调房间，然后从房间下部的回风口进行回风，如图 6-12 所示。

 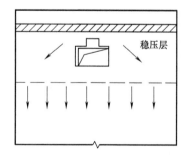

图 6-12　孔板送风

孔板送风的气流类型又有全面孔板单向流型、全面不稳定流流型和局部孔板流型三种，分别如图 6-13~图 6-15 所示。

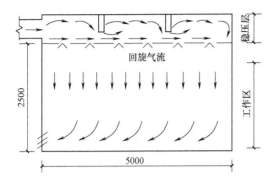

图 6-13　全面孔板单向流型

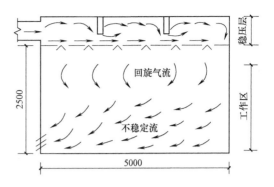

图 6-14　全面不稳定流流型

孔板在顶棚上的布置有全面布置和局部布置两种方式。全面布置是在除灯具以外的整个顶棚上布置孔板，局部布置则是非均匀布置，即在顶棚两侧或中间以带形、梅花形和棋盘形等形状布置。

孔板送风适用于需要保证有均匀温度场和风速场，同时又需要较大送风量的场合（房间高度为 3～5m）。设计时，可通过选择孔板形式和孔板出口风速来防止室内灰尘的飞扬，从而满足洁净要求。稳压层的有着保持足够高且稳定的静压作用，从而维持孔口稳定的送风。

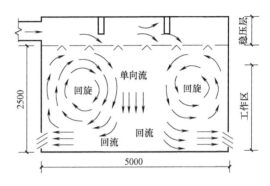

图 6-15　局部孔板流型

因此，孔板送风的中心设计环节在于对稳压层的设计，表明稳压层的设计好坏直接关系到孔板送风的质量。对此，《工业建筑供暖通风与空气调节设计规范》（GB 50019—2015）作出了关于稳压层设计的规定：孔板上部的稳压层高度应按照计算确定，其最小净高为 0.2m；向稳压层内送风的风速宜为 3～5m/s。在实际工程中，要注意稳压层的维护结构应保证密封，并有一定的光滑度；稳压层内可不作分布支管的设计，但当送风射流较长时可考虑设置；在送风口处宜装设防止送风气流往孔口直吹的导流片或挡板。

（4）喷口送风。喷口送风是指使用喷口射出的高速射流实现送风的送风方式。如图 6-16 所示，把喷口和回风口布置于同一侧，运行时大量的空气以较高的速度从喷口中射出，射流逐渐衰减下落，并在回风口的牵引下折回，在空调区形成大的回旋气流。

由于喷口送风的送风速度高、射程远，所以射流可带动室内空气进行强烈的混合，从而使射流流量成倍地增加，射流断面不断扩大，并随着速度的衰减在室内形成了范围很大的回旋气流。这保证了处于回流区中的工作区获得均匀的温度场和风速场，满足了舒适性要求。

《工业建筑供暖通风与空气调节设计规范》（GB 50019—2015）对喷口送风的设计做出了相关的规定：

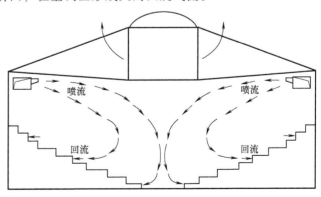

图 6-16　喷口送风的气流类型

人员活动区宜处于回流区；喷口的安装高度应根据空气调节区的高度和回流区的分布位置等因素决定，兼做热风采暖时，宜能够改变射流出口角度的可能性。

此外，在实际中，每个喷口的送风要做到高风速、均匀风速且每个喷口的风速都接近相等，故与喷口对接的风管应为变断面的均匀送风风管或有起静压箱作用的等断面风管；喷口处应有调节喷射角的措施，使其可任意调节喷射角度，一般冷射流的倾角为0°~12°，热射流要保持有向下的倾角，一般大于15°。

基于喷口送风的特点，在实际空调工程中其应用主要有大型体育馆、商场、礼堂、歌（影）剧院以及其他高大空间（例如工业厂房等）的送风。

（5）条缝送风。条缝送风是指使用安装于送风风道上（底面或侧面）的条形送风口送出空气射流而实现送风的方式。它所喷出的射流属于扁平射流，常与下部回风配合使用。

条缝送风与喷口送风相比，它的射程较短，温度和风速衰减得较快，一般来说，使用条缝送风的空调区的温度波动范围是$\pm(1~2)$℃，允许风速为0.25~0.5m/s。对于条缝的布置，一般有两种方式可采用：一为把条缝设于空调区的中央，如图6-17a所示；一为把条缝设于空调区的一端，如图6-17b所示。采用哪种布置方式应计算后确定。

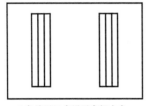 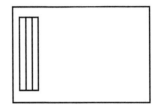

a) 条缝风口布置于房间中央 　　　　　b) 条缝风口布置于房间一端

图6-17 条缝风口的布置

实际工程中，对于散热量大且只要求降温的房间或民用建筑的舒适性空调可采用此种送风方式。

6.1.2.2 置换通风系统（DV）

置换通风系统（Displacement Ventilation Systems），简称DV系统，它是一种有别于传统的空气混合稀释原理的空调通风系统。它的基本原理是把经过热湿处理后的新鲜空气在地板附近以低速送入人员工作区，由于送风层温度较低，密度较大，故会在整个地板上蔓延开来，形成一层薄空气湖。由于室内存在人员或电气设备等热源，通过挤压原理热源会带动浮升气流（热烟羽）上升，并不断地卷吸室内的空气，并带动其向上运动形成主导气流，最后热浊的空气从房间顶棚的排风口排出，如图6-18所示。

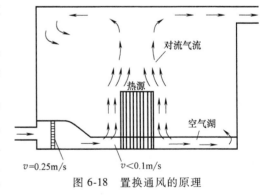

图6-18 置换通风的原理

1. 置换通风系统的空气分布形式及末端装置的布置　置换通风房间内存在热力分层现象，以分层为界，上部为人的非活动区（紊流混合区），下部则为人的活动区（单向流动区）。所以，应把注意力放在下部的活动区中，应保证活动区的热舒适性并控制有害物浓度。而对于上部的非活动区，其空气温度和有害物浓度则可不作为控制对象（可不考虑其冷负荷，有节能的潜力）。

在一般的民用建筑中，置换通风的末端装置经常采用落地安装的形式，如图6-19a所示。使用时末端装置送出下沉冷空气，冷空气逐渐在地面上扩散成空气湖，这种方式应用广泛。而高级办公大楼有采用夹层地板时，置换通风的末端装置可安装于地面上，如图 6-19b 所示。对于工业厂房中有机械设备占用地面及地面有运输等需要的情况，置换通风末端装置可考虑架空布置，如图 6-19c 所示。运行时冷空气先从引导出口送出，下降至整个地面，扩散成空气湖。

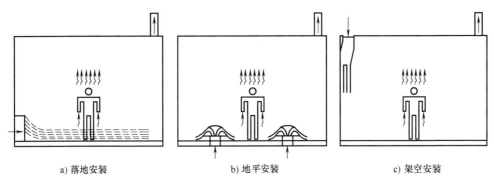

a) 落地安装　　　　　b) 地平安装　　　　　c) 架空安装

图 6-19　置换通风末端装置布置

2. 置换通风系统的应用　置换通风最早是用于在工业厂房中控制有害物浓度，以后随着民用建筑的室内空气品质问题的日益突出，它又被逐渐推广至室内中央空调中应用，形成一种独立的气流组织系统。

目前置换通风系统在北欧国家使用得较为广泛，在我国尚处于起步阶段，现有的通风空调设计手册及暖通设计规范尚未对其做出相关的设计规定，有待进一步的发展和应用。

根据置换通风的特性，它应被应用于诸如工业厂房、歌剧院等高大建筑（充分发挥其节能潜力），其次也可用于办公室、会议室。具体地，当符合下列条件时，可考虑使用置换通风系统：有热源或热源与污染源伴生；人员活动区的空气质量要求严格；房间高度不低于2.4m；建筑、工艺及装修等条件许可，且技术经济比较合理。

3. 置换通风系统与混合通风系统的比较　置换通风系统与混合通风系统在设计目标上有着本质的区别，前者是以人为本，后者则是以建筑为本，具体内容见表 6-2。

表 6-2　置换通风系统与混合通风系统的比较

项　目	置　换　通　风	混　合　通　风
目标	工作区舒适性	全是温湿度均匀
动力	浮力控制	流体动力控制
机理	气流扩散浮力提升	气流强烈掺混
措施1	小温差、低风速	大温差、高风速
措施2	下侧送上回	上送下回
措施3	送风湍流小	风口湍流系数大
措施4	风口扩散性好	风口掺混性好
流态	送风区为层流区	回流区为湍流区
分布	温度/浓度分层	上下均匀
效果1	消除工作区负荷	消除全室负荷
效果2	空气品质接近于送风	空气品质接近于回风

6.1.2.3　地板送风系统（UFAD）

地板送风系统（Underfloor Air Distribution Systems），简称为 UFAD 系统。它是最有效的一种把已调节好的空气输送到建筑物人员活动区特定位置的送风口处的方法。具体地说，它是在结构地板或架空地板上布置送风管实现送风，然后通过顶棚回风口实现回风的一种空调送、回风系统。

地板送风的机理是：气流从房间下部空间的送风管或送风静压箱（静压室）送出，形成水平贴附射流或垂直射流，在射流的卷吸作用下工作区中出现许多小股的混合气流，吸收工作区中的余热和余湿。同时工作区中人员和热物体（例如计算机和打印机等）会使周围空气变热，形成热射流，并卷吸周围的空气向上升，最后有害物和吸收了热、湿的空气从顶棚回风口排出，如图 6-20 所示。

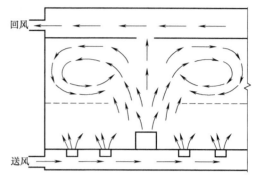

图 6-20　地板送风系统

1. 地板送风系统静压室的设置　一般地，静压室是由 0.6m×0.6m 的钢筋混凝土预制板组合的架空地板系统安装而成的，高度为 0.30~0.46m，电力、语音和数据电缆均允许布置于静压室内。在实际工程中可按以下三种方式进行构建：

（1）当静压室具有集中式空气处理机时，新风可通过有压静压室由被动式格栅或散流器或可调式散流器和风机动力型末端机组送入空调区中。注意上这两种方法可单独使用，亦可两者组合使用。

（2）静压室的类型为零压静压室时，新风可通过局部的风机动力型（主动式）送风口与集中式空气处理机相结合送入空调区。

（3）在较为特殊的情况下，在静压室上连接风管，新风机先进入静压室，再进入风管，最后通过风管上的末端装置送入空调区。

总的来说，零压静压室固然有不会出现难以控制的空气泄露到被调空间、邻近区或室外的问题，但在实际中用得较多的是在地板下布置的有压静压室。

2. 地板送风系统的应用　在 20 世纪 50 年代，地板送风系统就在诸如计算机房、实验室等余热量较高的中央空调空间中使用，当时的空调送风并没有着重考虑人的舒适性，而把焦点主要放在空间中的工艺性设备上。到了 20 世纪 70 年代，欧洲已有把地板送风推广至公共建筑的案例，当时既考虑到除去众多电子设备的余热的问题，也考虑到了工作人员的舒适性，具体表现为把室内人员控制的特定布置的送风散流器改进为工位空调。到目前为止，地板送风系统已在欧洲、南非和日本等地得到较大的发展和应用，但在我国仍处于起步阶段。

而在实际应用中，地板送风系统主要用于办公建筑中，另外在空间较大的音乐厅、歌剧院、图书馆和博物馆等建筑中也有应用。但要注意它不适用于产生液体泄漏物的场所。

6.1.2.4 岗位/个人环境调节系统（TAC）

岗位/个人环境调节系统（Task/Ambient Conditioning Systems），即 TAC 系统，是一种较为特殊的气流组织类型（见图 6-21）。该系统可由室内人员控制其工作其位置的微气候，而在诸如走廊等其他公共环境中则是自动地维持可接受的环境状态。

1. 岗位/个人环境调节系统的特点　首先要明确 TAC 系统的理念是在于，先把每个工作区的具体需求作"人性化"的标定，然后同时为它们提供最优化的送、回风方案。由此可见，TAC 系统的着眼点是为小范围的工作区域提供工位空调，即把经过热湿处理的新鲜空气直接送到室内工作人员的附近，取得良好的通风和热湿舒适性。而在非工作区中，则降低了空调要求，只维持人员可接受的舒适性。

TAC 系统在较大程度上结合了个人的需要，即对处于不同工作环境中（衣着、活动程度不同）的不同体重、不同身材大小、个人喜好不同的人员，在他的舒适认同感之下作了"量身订造"。这是 TAC 系统的一个最大的优势。

2. 岗位/个人环境调节系统的送风方式　TAC 系统的气流分布形式为下送上回，具体是在地板下的静压室中形成一定的静压后，空气从静压室流向柔性风管，再通过柔性风管送至各个工作区的人员附近，消除工作区的余热余湿后再从顶棚排风口回风。

TAC 系统为了在送风上实现有效的、高程度的个人舒适度控制，送风口利用了直接快速供冷的送风方式：设在家具中或隔墙中的由风机驱动（主动式）射流型散流器和射流型（主动式）地面散流器等。在散流器的布置上，TAC 系统紧密与工作区结合在一起，把散流器融入了人员的工作环境中。另外，

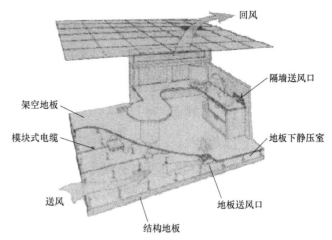

图 6-21　岗位/个人环境调节系统

TAC 系统的散流器还可以结合具体的工位情况，安装于家具或隔墙上。

6.1.3　中央空调送风口和回风口

各类送风口和回风口的选用和安装在中央空调的实际工程中是必不可少的一部分，而且与气流组织类型紧紧地结合在一起，实现室内的空气分布，所以也形象地把送风口和回风口统称为空气分布器。

6.1.3.1　送风口类型及其应用

一般送风口的分类方法有以下两种：一是按安装的位置可分为侧送风口、顶送风口（向下送风）和地面风口（向上送风）；二为按气流流动的状况，可分为扩散型风口（诱导室内空气作用大，温度衰减快，射程短）、轴向型风口（诱导室内空气作用小，温度和风速衰减慢，射程远）和孔板型风口（风速分布均匀且衰减快）。

1. 百叶风口

（1）单层百叶风口。单层百叶送风口有 V 型（叶片竖装，见图 6-22a）和 H 型（叶片横装，见图 6-22b）两种，一般带有用于调节风量的开式风量调节阀。其中，V 型则可调节水平扩散角，而 H 型可竖向调节叶片的仰角或俯角。风口规格用颈部尺寸 $W \times H$ 表示。

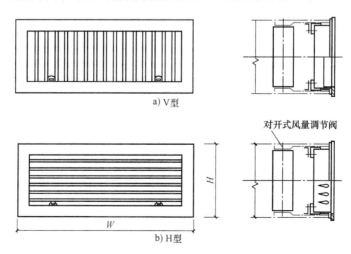

图 6-22　单层百叶风口

一般把单层百叶风口用于一般精度的空调工程，作为侧送风口使用。单层百叶风口在与铝合金网式过滤器或尼龙过滤网配合后也可用作回风口。

（2）双层百叶风口。双层百叶送风口由两层叶片组成，分别是里层的固定叶片和外层的可调叶片。当里层叶片横装，外层叶片竖装时，为 VH 型，如图 6-23a 所示；当里层叶片竖装，外层叶片横装时，为 HV 型，如图 6-23b 所示。两种型号均带有风量调节阀，并且可根据供冷和供热的需要，调节外层百叶得到合适的仰角、俯角或水平扩散角。

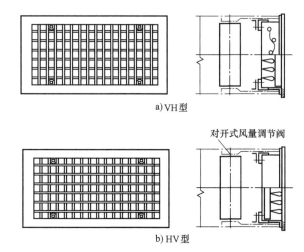

a）VH 型

b）HV 型

图 6-23 双层百叶风口

同样作为侧送风口，双层百叶风口的空气动力性能比单层百叶风口要好，故它在精度要求较高的工艺性空调工程中被采用。另外，在公共建筑的舒适性空调、含出风口的风机盘管组和独立新风系统中也被经常采用。

（3）侧壁栅格风口。侧壁栅格风口有叶片固定和叶片可调两种，前者一般用于回风口（在新风系统的送风口中也有应用），后者则可实现上、下倾角或水平扩散角的调节。由于不带风量调节阀，故只适用于要求不高的空调工程中。在侧墙上作为通风口时，它可配合无纺布过滤层或加装单层（或双层）的铝板网使用，共同对空气进行过滤。

（4）条缝型格栅风口。条缝型格栅风口的构造如图 6-24 所示，是安装于顶棚上的一种长宽比大于 10 的条缝型送风口。它有两种形式，分别为可调叶片横装型和固定直叶片型，可带风量调节阀使用，在送风口上端还需要设静压箱。

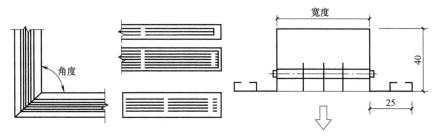

图 6-24 条缝型格栅风口

条缝型格栅风口一般用在公共建筑的舒适性空调和风机盘管的出风口中，它也可作为顶棚的回风口使用。

2. 散流器 散流器按形状分为方形、矩形和圆形三种，按送风的类型分为平送贴附型和下送扩散型，按功能分为普通型和送回（吸）两用型。

（1）方形散流器。方形散流器是在实际工程中使用得最多的一种，一般用在民用建筑和工业建筑的舒适性空调中。在安装开式多叶风量调节阀后，散流器既有可调节风量的特点，又有保证进入散流器的气流分布均匀，保证气流流型的优势。如图 6-25 所示，分别为单面送风、双面送风、三面送风和四面送风等四种散流器，其中四面送风散流器最常用。

（2）圆形散流器。圆形散流器有直片形、圆盘形和凸形三种形式（见图 6-26），它们均安装于室内的顶棚中，可带风量调节阀门。一般用于公共建筑的舒适性空调和工艺性空调中。

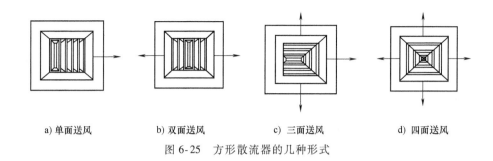

| a) 单面送风 | b) 双面送风 | c) 三面送风 | d) 四面送风 |

图 6-25　方形散流器的几种形式

圆形散流器均以颈部尺寸或直径来标定。

| a)直片形 | b)圆盘形 | c)凸形 |

图 6-26　圆形散流器

（3）送回两用散流器。送回两用散流器是同时具有送风和回风两种功能的散流器。一般来说，散流器的外圈和内圈分别负担着送风（下送流型）和回风的功能，其工作原理如图 6-27 所示。

3. 喷射式送风口　喷射式送风口（简称喷口）的部件分为射流喷嘴和喷嘴的安装壳体，两者相连接而组成喷口。而通过不同的安装连接方式既可以把喷嘴固定在壳体上，也可以安装成上下或左右方向可调的形式。按其射流喷嘴安装在不同形状的壳体中区分，可构成圆形喷口、矩形喷口和球形旋转风口等几种形式。

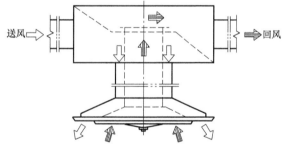

图 6-27　送回两用散流器工作原理

4. 射流消声风口　射流消声风口是一种具有极低噪特点的射流风口。简而言之，它的基本构造是在不同形状的壳体内安装具有消声功能的射流元件即射流元件消声体，就构成了射流消声风口。其中射流元件消声体是该风口的核心部件，实现消声全依靠此元件运用声波的全反射临界角、90°角的相位延迟频率及喉部声阻抗的消声机理发挥作用。具体地，空气通过射流消声体时，可构成一种类似声音闭塞状态的气流通道，致使噪声声波受到较大的损耗，但送风则在小阻力下以较高的速度送出，并不产生二次噪声。

射流消声风口按断面可分为矩形、圆形和 T 形（灯具形），也可按不同的送风方式分为侧送和顶送两种。

5. 置换通风器　置换通风器是一种在置换通风方式中置于地面上的送风口而作为下侧的送风装置。它一般置于墙边或墙脚上，送风面积较大，风口处有密集的栅格或条缝，运行时空气以小速度送出，诱导周围空气的能力较低。

置换通风器主要有四种类型：圆柱形（宜在室内中央布置）、半圆柱形（宜靠墙布置）、1/4 圆柱形（宜布置在墙脚）和扁平形（宜靠墙布置）。

6.1.3.2　回风口的类型及其应用

1. 回风口类型　如上所述，单层百叶风口、固定百叶直片条缝风口等可作为回风口外，还有篦孔回风口、网板回风口、孔板回风口和蘑菇回风口等类型。

2. 回风口的布置　回风口是室内气流的一个汇流场所，风速衰减得很快，而且回风量一般小于送风量，所以回风口对室内气流的流型、温度及风速的均匀性影响相对于送风口来说要小。设计时需要遵循以下几条原则：

（1）除了高大空间或面积较大而有较高区域温差要求的空调房间外，一般可仅在一侧布置回风口。

（2）回风口不能设在送风口的射流区内，而对于侧送风一般把回风口设于同侧下方，若在顶棚送出热风，则回风口应设于下方，令热风更好地下送。

（3）高大空间上部有一定的余热时，宜在上部增设排风口排走余热，以减小室内的冷负荷。

（4）在两边有较多的房间走廊中，若对消声、洁净度要求不高，房间又不排出有害气体，则可以在走廊的尽头布置回风口（尽头有自动关闭的密闭门），而在房间与走廊连接的门或内墙下侧亦设置可调百叶栅口。

（5）设计时要考虑避免射流短路和产生"死区"等现象。

3. 回风口的吸风风速　在确定回风口的迎面风速时，主要需要考虑三种因素：其一是避免靠近回风口处的风速过大，防止对回风口附近经常停留的人员造成不舒适的感觉；其二是因为风速过大而造成扬尘或增加噪声；其三是尽可能地缩小风口断面，以节约投资。确定回风口风速时宜按表 6-3 进行选择。

表 6-3　回风口风速

回风口位置		回风风速/（m/s）	备　注
房间上部		4.0~5.0	用风管回风
房间下部	不靠近操作位置	3.0~4.0	回风口距离较远时， 可再适当提高
	靠近操作位置	1.5~2.0	
	用于走廊回风	1.0~1.5	

6.2　风系统的设计计算

中央空调风系统的设计计算由两部分组成，分别为室内的气流组织计算和送回风管路的水力计算。

6.2.1　气流组织设计计算

由于室内的气流组织会直接影响到空调效果，包括具体会关系到房间工作区的温湿度基数、精度及区域温差、工作区的气流速度、空气洁净度和人的舒适感受的重要因素，同时还会影响中央空调系统的运行能耗，故非常有必要对气流组织进行设计计算。

由此可见气流组织设计计算的基本任务是，从空调房间对空气参数的设计要求出发，选择合适的气流流型，确定送风口及回风口的型式、尺寸、数量和布置，计算送风射流参数。

值得注意的是，由于存在很多影响室内空气流动的因素令空气流动的随机性较强，这使得理论计算方法有很大的局限性，目前所用的计算方法主要是基于实验条件下所得的半经验公式。故在使用这些方法时，还需注意参考同类型空调房间设计的实践经验。

6.2.1.1　侧面送风设计计算

侧面送风在拥有足够的射程时，气流的速度和温度在进入工作区前均可充分衰减，令室内具有均匀的温度场和速度场，是应用得很广泛的一种送风方式。对于一般的供冷中央空调系统，若其送风口靠近顶棚布置，则其射流类型一般为贴附射流。在实践中，往往并没有对舒适性空调进行气流组织计算，对一些精密空调则一般要进行相关计算。下面以工艺性空调来说明其计算步骤。

1. 室内温度波动范围≤±0.5℃的工艺性空调

（1）已知条件为：射流方向的房间长度 $A(\text{m})$，房间的总宽度 $B(\text{m})$，房间的高度 $H(\text{m})$，送风温差 $\Delta t_S(\text{℃})$ 均按表 6-1 选取；空调区域的全冷负荷 $Q(\text{W})$ 和显冷负荷 $Q_X(\text{W})$，室内空气的比焓值 $h_N(\text{kJ/kg})$ 和送风状态的比焓值 $h_S(\text{kJ/kg})$。

（2）根据空调区域夏季的冷负荷、热湿比及送风温差，绘制空气处理过程的焓湿图，并按下列公式算出空调的总送风量 $L_S(\text{m}^3/\text{h})$ 和换气次数 n （1/h）：

$$L_S = \frac{3.6Q}{1.2(h_N - h_S)} = \frac{3.6Q}{1.2c\Delta t_S} \tag{6-1}$$

$$n = \frac{L_S}{ABH} \tag{6-2}$$

对于上述换气次数，对工艺性空调要求大于 8 次，否则需要改变送风温差重新计算。

（3）然后，按下列公式确定送风口的出风速度 $v_S(\text{m/s})$，即

$$v_S \leq 371\frac{BHk}{L_S} \tag{6-3}$$

式中的 k 为送风口的有效面积系数，对于可调式双层百叶风口可取为 0.72。

根据式（6-3）中得到的最小值，再由表 6-4 中确定满足风速衰减和防止噪声的送风口出口风速。

表 6-4　推荐送风口出口风速　　　　　　　　　　（单位：m/s）

射流自由度 $\sqrt{F}/d_S$	5	6	7	8	9	10
最大允许出口风速 $v_0 = 0.36\sqrt{F}/d_S$	1.80	2.16	2.52	2.88	3.24	3.60
建议（采用）出口风速 v_S	2.0				3.5	
射流自由度 $\sqrt{F}/d_S$	12	13	15	20	25	30
最大允许出口风速 $v_0 = 0.36\sqrt{F}/d_S$	4.32	4.68	5.40	7.20	9.00	10.80
建议（采用）出口风速 v_S	3.5				5.0	

（4）计算射流自由度 $\sqrt{F}/d_S$ 和确定无量纲距离 $\bar{x}$　根据下列公式计算射流自由度 $\sqrt{F}/d_S$

$$\frac{\sqrt{F}}{d_S} = 53.2\sqrt{\frac{BHv_Sk}{L_S}} \tag{6-4}$$

式中　F——每个风口所负担的房间横断面积（m^2），当有多股射流时，取每个服务区域的横断面积；

　　　d_S——送风口直径或当量直径（m）。

确定无量纲距离 $\bar{x}$ 有两个方法，其一为先计算出 $\dfrac{\Delta t_X\sqrt{F}}{\Delta t_S\,d_S}$，再由相关图中的曲线确定；其二为按下列公式拟合计算。Δt_X 为射程 x 处的轴心温差，即射流中心与边缘的温度差，一般应小于或等于空调精度，而对于高精度的恒温空调，则宜为空调精度的 0.4~0.8 倍。

$$\bar{x} = \frac{ax}{\sqrt{0.5F}} = 0.5433\exp\left(-0.4545\frac{\Delta t_X\sqrt{F}}{\Delta t_S\,d_S}\right) \tag{6-5}$$

式中　x——贴附射流的射程（m），取 $x = A - 0.5$（考虑到距墙 0.5m 范围内为非恒温区）；

　　　a——送风口的湍流系数，跟送风口的形式有关。

（5）按下列公式确定送风口的个数 N

$$N = \frac{BH}{\left(\dfrac{\alpha x}{\bar{x}}\right)^2} \tag{6-6}$$

（6）按下列公式计算送风口的面积 f_S（m^2），并确定送风口的长和宽或等面积当量直径，进而选取风口型号。

$$f_S = \frac{L_S}{3600 v_S N k}$$ （6-7）

$$d_S = 1.128\sqrt{f_S}$$ （6-8）

式中 k——送风口的有效面积系数，对于可调式双层百叶风口，系数可取 0.72。

（7）校核射流贴附长度 由于射流贴附长度与阿基米德准数 Ar 有关，故先要按下列公式计算出阿基米德数 Ar

$$Ar = \frac{g\Delta t_S d_S}{v_S^2(t_n + 273)}$$ （6-9）

式中 t_n——室内的空气温度（℃）；

g——重力加速度，可取 9.81m/s^2。

算出 Ar 值后便有两种不同的途径对贴附长度进行校核：其一为通过相关图，查得射流相对射程 x/d_S 与阿基米德准数 Ar 的关系曲线确定相对射程，再求出被校核的贴附长度；其二为通过下列公式拟合求出射流的相对射程 x/d_S。

$$\frac{x}{d_S} = 53.291 e^{-85.53Ar}$$ （6-10）

求出贴附长度 x 后，把它与（$A-0.5$）进行比较。若 $x > (A-0.5)$，则表示贴附长度满足要求；反之则不满足，需要重新设置风口数量和尺寸，再进行计算。

（8）按下列公式校核房间高度 H'

$$H' = h + S + 0.07x + 0.3m$$ （6-11）

式中 h——空调区的高度（m），一般小于 2m；

S——风口底边至吊顶的距离（m）；

0.3——安全系数。

校核时用实际的房间高度 H 与 H' 进行比较，若 $H \geqslant H'$，则符合要求，反之则需要对风口的布置和高度进行适当的调整并重新计算。

2. 室内温度波动范围 $\leqslant \pm 1.0℃$ 的工艺性空调

其计算过程与室内温度波动范围 $\leqslant \pm 0.5℃$ 的工艺性空调计算相类似，本书略。

6.2.1.2 散流器送风设计计算

当有条件在室内设置吊顶时，采用散流器作为空调的送风口也是一种很好的选择。散流器平送流型是使用得最多的一种，绝大部分的散流器均按此流型设计。运行时送风射流沿着顶棚径向流动，形成贴附射流，从而实现室内较为均匀的温度场和风速场。

（1）送风口的喉部风速 v_d。确定散流器的喉部风速 v_d 时需考虑房间的高度和空调区域对噪声的要求，可按表 6-5 选取。

表 6-5 散流器喉部最大送风速度 （单位：m/s）

建筑物类别	允许噪声 /dB（A）	室内净高度/m			
		3	4	5	6	7
广播室	32	3.9	4.2	4.3	4.4	4.5
剧场、住宅、手术室	33～39	4.4	4.6	4.8	5.0	5.2
旅馆、饭店、个人办公室	40～46	5.2	5.4	5.7	5.9	6.1
商店、餐厅、百货公司	47～53	6.2	6.6	7.0	7.2	7.4
一般办公室、百货公司底层	54～60	6.5	6.8	7.1	7.5	7.7

（2）散流器送风的总送风量 L_S（m^3/h）。根据空调房间或空调分区的显热冷负荷

$q(kW)$ 和送风温差 Δt_S 可通过下列公式计算出总送风量。其中 ρ 为空气密度，取 $1.2kg/m^3$；c_p 为空气比热容，取 $1.01kJ/(kg \cdot ℃)$。

$$L_S = \frac{q}{\rho c_p \Delta t_S} = \frac{q}{1.2 \times 1.01 \Delta t_S} \approx \frac{0.83q}{\Delta t_S} \tag{6-12}$$

（3）散流器的射流速度衰减方程和射流射程 x。散流器的射流速度衰减方程一般采用 P. J. Jackman 对圆形多层锥面型散流器或盘式散流器所进行试验得出的试验结果，如下

$$\frac{v_X}{v_S} = \frac{K\sqrt{F}}{x + x_o} \tag{6-13}$$

式中　v_X——距离散流器中心水平距离为 x 处的最大风速（m/s）；

　　　v_S——散流器的送风速度（m/s）；

　　　K——送风口常数，多层锥面型散流器为 1.4，平盘式散流器为 1.1；

　　　F——散流器的有效流通面积（m^2）；

　　　x_o——自散流器中心算起到射流外观原点的距离，对于多层锥面型散流器可取
　　　　　为 0.07m。

由于送风速度 $v_S = \dfrac{L_S}{F}$，故式（6-13）可改写为下列公式

$$\frac{v_X}{L_S} = \frac{K}{\sqrt{F}(x + x_o)} \tag{6-14}$$

所以，射流的射程可以用下列公式表示

$$x = \frac{Kv_S\sqrt{F}}{v_X} - x_o = \frac{KL_S}{v_X\sqrt{F}} - x_o \tag{6-15}$$

（4）室内的平均风速 v_{Pj}。室内的平均风速 v_{Pj} 与房间的尺寸和主气流射程有关，可按下列公式计算

$$v_{Pj} = \frac{0.381nA}{\left(\dfrac{A^2}{4} + H^2\right)^{0.5}} \tag{6-16}$$

式中　A——空调房间（或分区）的长度（m）；

　　　H——空调房间（或分区）的高度（m）；

　　　n——射程与空调房间长度之比，当散流器为中心设置时，其射程为至每个墙面距离
　　　　　的 0.75。

应注意在散流器送冷风时，要把室内平均风速 v_{Pj} 的取值增加 20%，送热风时要减少 20%。

（5）轴心温差 Δt_X 的校核。对于散流器采用平送流型，其轴心温差衰减可近似地用下列公式计算

$$\frac{\Delta t_X}{\Delta t_o} \approx \frac{v_X}{v_d} \tag{6-17}$$

即

$$\Delta t_X \approx \Delta t_o \frac{v_X}{v_d} \tag{6-18}$$

6.2.1.3　喷口送风设计计算

在诸如礼堂、体育馆和影剧院等空间较大且室温波动范围允许 $\geqslant \pm 1℃$ 的公共建筑中，喷口侧送或垂直下送（顶部）的送风方式经常被采用。喷口的送风速度高，气流射程远，与室

内的空气产生强烈的掺混，并形成较大的回流区，从而形成较为均匀的温度场和风速场。喷口送风的计算可分为两个方面。

1. 喷口侧送风（单股非等温自由射流）的设计计算　有关单股非等温自由射流的公式有两个，其一为喷口侧向送风射流轴心轨迹公式（6-19），其二侧为射流轴心速度衰减公式（6-20），如图 6-28 所示。

$$\frac{y}{d_S}=\frac{x}{d_S}\tan\beta+Ar\left(\frac{x}{d_S\cos\beta}\right)^2\left(0.51\frac{ax}{d_S\cos\beta}+0.35\right) \tag{6-19}$$

$$\frac{v_X}{v_S}=\frac{0.48}{\frac{ax}{d_S}+0.145} \tag{6-20}$$

式中　y——射流轨迹的中心距离风口中心的垂直落差（m）；

　　　x——射流的射程（m）；

　　　d_S——喷口直径（m）；

　　　β——喷口倾角（喷口与水平方向的倾角，向下为正，向上为负，送冷风时可取为 0°，一般小于 15°，送热风时一般大于 15°）。

计算步骤如下。

（1）根据已知条件（包括房间尺寸和室内冷负荷、送风温差等），根据空调区域的显热冷负荷 Q_X 和送风温差 Δt_S（一般为 8~12℃），计算出空调房间的总送风量 L_S。

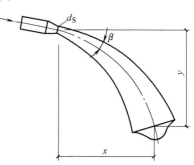

图 6-28　喷口侧向送风射流轨迹

（2）假设喷口直径 d_S（一般取 0.2~0.8m）、喷口倾斜角 β 和安装高度 h，并按照房间尺寸，计算出相对落差 y/d_S 和相对射程 x/d_S。

（3）在计算出气流射程 x 和垂直落差 y 后，按照下列公式计算出阿基米德数 Ar

当 $\beta=0$ 且送冷风时，有

$$Ar=\frac{y/d_S}{(x/d_S)^2\left(0.51\frac{ax}{d_S}+0.35\right)} \tag{6-21}$$

当 β 角向下且送冷风时，有

$$Ar=\frac{\frac{y}{d_S}-\frac{x}{d_S}\tan\beta}{\left(\frac{x}{d_S\cos\beta}\right)^2\left(0.51\frac{ax}{d_S\cos\beta}+0.35\right)} \tag{6-22}$$

当 β 角向下且送热风时，有

$$Ar=\frac{\frac{x}{d_S}\tan\beta-\frac{y}{d_S}}{\left(\frac{x}{d_S\cos\beta}\right)^2\left(0.51\frac{ax}{d_S\cos\beta}+0.35\right)} \tag{6-23}$$

（4）根据下列公式计算出喷口的送风速度 v_S

$$v_S=\sqrt{\frac{gd_S\Delta t_S}{Ar(t_n+273)}} \tag{6-24}$$

此送风速度 v_S 不应大于 10m/s（一般为 4~8m/s），否则需要重新计算。可以通过增大 d_S

或减小 β 的值来减小 v_S 的值。

（5）按下列公式计算出射流的末端轴心速度 v_X

$$v_X = v_S \frac{0.48}{\dfrac{ax}{d_S} + 0.145} \tag{6-25}$$

再根据下列公式算出射流平均速度 v_P

$$v_P = \frac{1}{2} v_X \tag{6-26}$$

在算出射流平均速度 v_P 后把它与表中的值进行比较，若不符合要求则按调整送风速度 v_S 的方法重新计算 v_S，再计算 v_P。

（6）根据下列公式计算出单个喷口的送风量 $l_S(\mathrm{m^3/s})$，然后再确定喷口数 N

$$l_S = \frac{\pi}{4} d_S^2 v_S 3600 \tag{6-27}$$

$$N = \frac{L_S}{l_S} \tag{6-28}$$

（7）校核送风速度 v_S　把 N 值进行取整，按下列公式算出实际送风速度。

$$v_S = \frac{l_S}{\dfrac{\pi}{4} d_S{}^2 3600} \tag{6-29}$$

把此值与式（6-24）所算出的值作比较，若相差大于 5% 或 10% 以上，则需重新计算。最后再算出实际的 v_X 和 v_P 的值。

2. 喷口垂直向下送风的设计计算　有关喷口垂直下送风的主要公式如下，分别为非等温射流轴心速度衰减和轴心温度衰减两个公式。

$$\frac{v_X}{v_S} = K_P \frac{d_S}{x} \left[1 \pm 1.9 \frac{Ar}{K_P} \left(\frac{x}{d_S} \right)^2 \right]^{\frac{1}{3}} \tag{6-30}$$

$$\frac{\Delta t_X}{\Delta t_S} = 0.83 \frac{v_X}{v_S} \tag{6-31}$$

式中　x——喷口垂直向下送风的射程（m）；

　　　K_P——射流常数。

图 6-29 为喷口垂直向下送风对于圆形和矩形喷口的情形，当 $v_S = 2.5 \sim 5\mathrm{m/s}$ 时，射流系数取 5.0；当 $v_S \geqslant 10\mathrm{m/s}$ 时，取 6.2。式（6-30）中的正负号规定为：送冷风时取正号，送热风时取负号。

计算步骤：

（1）明确已知条件后，根据空调房间的显热冷负荷和送风温差计算出总送风量 L_S。

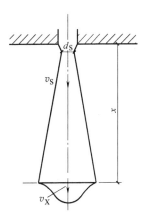

图 6-29　喷口垂直送风

（2）以空调房间的尺寸和平面特点作为依据均匀布置送风喷口，得出喷口的数量 N，进而再算出每个喷口的送风量 l_S。

（3）假定喷口的出口直径 d_S，通过式（6-29）计算出送风速度 v_S，再按式（6-31）计算出空调房间的平均风速 v_X。把 v_X 的值与表 6-1 中的值进行比较，若不符合要求，则需重新布置喷口和重新假定 d_S 值。

（4）校核空调区的温度波动 Δt_X 是否符合要求，若不符合要求，按步骤（3）的方法重新计算。

6.2.1.4　条缝送风设计计算

由于条缝送风的气流轴心速度衰减得很快，所以它适用于允许风速较低（通常取为 0.25 ~0.5m/s）的民用建筑舒适性空调，其温度波动范围一般在 ±(1~2)℃。

1. 条缝送风的设计计算内容

（1）条缝风口的速度衰减公式。P. J. Jackman 总结了条缝风口的速度衰减公式如下

$$\frac{v_X}{v_S} = K\left(\frac{b}{x+x_o}\right)^{\frac{1}{2}} \tag{6-32}$$

式中　v_X——距条缝风口水平距离为 x 处的最大风速（m/s）；

v_S——条缝风口的送风速度（m/s）；

K——送风口常数，条缝风口取为 2.35；

b——条缝口的有效宽度（m）；

x_o——自条缝口中心起到主气流外观原点的距离（m），对于条缝风口可取为 0。

又因为 $v_S = \dfrac{L_{S1}}{b}$（L_{S1} 为单位长度的条缝风口送风量，单位为 m³/(s·m)），所以有

$$\frac{v_X}{L_{S1}} = \frac{K}{\sqrt{b}}\left(\frac{1}{x+x_o}\right) \tag{6-33}$$

或

$$\left(\frac{L_{S1}}{v_X}\right)^2 = \frac{b}{K^2}(x+x_o) \tag{6-34}$$

（2）单位长度的条缝送风量 L_{S1} 的计算公式为

$$L_{S1} = \frac{q}{l\times 1.2\times 1.01\Delta t_S} \approx \frac{0.83q}{l\Delta t_S} \tag{6-35}$$

（3）室内平均风速 v_{Pj}（房间尺寸和主气流射程 x 的函数）

$$v_{Pj} = 0.25A\left(\frac{n}{A_1^2+H^2}\right)^{\frac{1}{2}} \tag{6-36}$$

式中　H——房间的高度（m）；

n——系数，且 $n=x/A_1$；

A——房间长度（m）；

A_1——与射程有关的房间长度（m）。

如图 6-30 所示，当条缝风口安装在空调房间的中央时，$A_1=\dfrac{1}{2}A$，且其射程取为至每个端墙距离的 0.75 倍，即 $x=0.75A_1$，$n=0.75$；当条缝风口安装于房间侧墙的一端时，$A_1\approx A$。

（4）条缝送风计算表。表 6-6 和表 6-7 为 P. J. Jackman 根据条缝风口的速度衰减公式和室内平均风速公式编制的计算表，该表分为 5.0m、6.0m、7.0m、8.0m、9.0m 和 10.0m 等几个不同的房间长度 A，此处只列出前 4 个对应的数据。注意该表是在等温条件下编制的，故在送冷风时要乘以修正系数 1.2，送热风时要乘以 0.8。

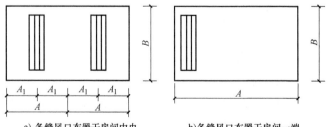

a）条缝风口布置于房间中央　　　b）条缝风口布置于房间一端

图 6-30　条缝风口的布置

表 6-6　条缝送风计算表（1）

房间长度			$A = 5.0\text{m}$			房间长度			$A = 6.0\text{m}$		
H/m	2.75	3.00	3.25	3.50	4.00	5.00					
$v_{Pj}/(\text{m/s})$	0.15	0.14	0.13	0.13	0.11	0.10					
H/m							2.75	3.00	3.25	3.50	4.00	5.00
$v_{Pj}/(\text{m/s})$							0.16	0.15	0.15	0.14	0.13	0.11
$L_{S1}/[\text{m}^3/(\text{s}\cdot\text{m})]$		$v_S/(\text{m/s})$		b/mm		$L_{S1}/[\text{m}^3/(\text{s}\cdot\text{m})]$		$v_S/(\text{m/s})$		b/mm

$L_{S1}/[\text{m}^3/(\text{s}\cdot\text{m})]$	$v_S/(\text{m/s})$	b/mm	$L_{S1}/[\text{m}^3/(\text{s}\cdot\text{m})]$	$v_S/(\text{m/s})$	b/mm
0.040~0.042	4.24~4.04	5	0.044~0.046	4.62~4.42	5
0.044~0.046	3.85~3.68	6	0.048~0.050	4.24~4.07	6
0.048~0.050	3.53~3.39	7	0.052~0.054	3.91~3.77	7
0.052	3.26	8	0.056~0.058	3.63~3.51	8
0.054~0.056	3.14~3.03	9	0.060~0.062	3.39~3.28	9
0.058	2.92	10	0.064	3.18	10
0.060~0.062	2.83~2.73	11	0.066~0.068	3.08~2.99	11
0.064	2.65	12	0.07	2.91	12
0.066	2.57	13	0.072~0.074	2.83~2.75	13
0.068~0.070	2.49~2.42	14	0.076~0.078	2.68~2.61	14~15
0.072	2.35	15	0.080~0.084	2.54~2.42	16~17
0.074	2.29	16	0.086~0.088	2.37~2.31	18~19
0.076	2.23	17	0.090~0.092	2.26~2.21	20~21
0.078	2.17	18	0.094	2.16	22
0.080	2.12	19	0.096	2.12	23
0.082	2.07	20	0.098	2.08	24
0.084	2.02	21	0.100	2.03	25

表 6-7　条缝送风计算表（2）

房间长度			$A = 7.0\text{m}$			房间长度			$A = 8.0\text{m}$		
H/m	2.75	3.00	3.25	3.50	4.00	5.00					
$v_{Pj}/(\text{m/s})$	0.17	0.16	0.16	0.15	0.14	0.12					

$L_{S1}/[\text{m}^3/(\text{s}\cdot\text{m})]$	$v_S/(\text{m/s})$	b/mm	$L_{S1}/[\text{m}^3/(\text{s}\cdot\text{m})]$	$v_S/(\text{m/s})$	b/mm
			0.050~0.055	5.42~4.93	5~6
0.05	4.75	5	0.060	4.52	7
0.055	4.31	6	0.065	4.17	8
0.060	3.96	8	0.070	3.87	9
0.065	3.65	9	0.075	3.62	10
0.070	3.39	10	0.080	3.39	12
0.075	3.16	12	0.085	3.19	13
0.080	2.97	13	0.090	3.01	15
0.085	2.79	15	0.095	2.85	17
0.090	2.64	17	0.100	2.71	18
0.095	2.50	19	0.105	2.58	20
0.100	2.37	21	0.110	2.47	22
0.105	2.26	23	0.115	2.36	24
0.110	2.16	25	0.120	2.26	27
0.115	2.06	28	0.125	2.17	29
			0.130	2.09	31
			0.135	2.01	34

H/m 行（$A=8.0\text{m}$）：2.75　3.00　3.25　3.50　4.00　5.00；$v_{Pj}/(\text{m/s})$：0.16　0.15　0.15　0.14　0.13　0.11

2. 条缝送风的设计计算步骤

（1）先要根据空调房间的尺寸来选择计算表，具体是根据房间的长度去找出表中最相近的 A 值（注意当条缝布置于房间一端时，要把房间的长度乘以 2 后再与表中的值作比较），找出表后查出室内平均风速 v_{Pj}。

（2）使用式（6-35）计算出单位长度的条缝送风量 L_{S1}。

（3）确定送风速度和条缝风口的尺寸。从已选出的计算表中的第一列找出与单位长度的条缝送风量 L_{S1} 相近的数值（注意当条缝布置于房间一端时，要把算出的条缝送风量 L_{S1} 乘以 2 后再与表中的值作比较），确定该数值后在该行查出送风速度 v_S 和有效宽度 b。

（4）按设计要求进行诸如允许噪声等的检验，若有数值超出允许范围，则需增加条缝风口的数目，且按以上的步骤重新进行。

（5）若检验通过，则可按照已得的参数在产品样本中选取条缝风口的型号。若产品没有给出条缝风口的有效宽度 b，则可按此式计算得到 $b = 500L_{S1}/v_S$（取整），单位为 mm。

（6）在实际工程中，校核在设计风量下所选的条缝风口的射程是否能达到要求，具体是从条缝风口到端墙或分区边界距离的 $0.65 \sim 0.85$ 倍之内作为标准进行判定的。

6.2.1.5 孔板送风设计计算

当空调房间的层高较低（一般在 $3 \sim 5$m），房间中有吊顶可以利用且室内的风速须严格控制（一般要求有低风速）或在空调区域中的温差有较为高的要求时，孔板送风正是一个合适的选择。

孔板送风的计算步骤如下：

（1）明确已知条件。

（2）如上述对孔板送风介绍，孔板送风有全面孔板送风和局部孔板送风两种布置形式。故在完成设计算前必须先要确定孔板的布置形式。若需要采用局部孔板，则要确定孔板在吊顶的具体位置，并注意与局部热源的分布相适应。

（3）按下列公式估算孔板的出口风速，一般为 $3 \sim 5$m/s

$$v_S = \frac{1500\gamma}{d_S} \tag{6-37}$$

式中　d_S——孔板的孔口直径（m），一般取值为 $4 \sim 10$mm；

　　　γ——空气的运动粘度（m^2/s），标准空气的运动粘度为 $15.06 \times 10^{-6} m^2/s$。

（4）由已知条件中的显热冷负荷 Q_X 和送风温差 Δt_S，按式（6-12）计算出室内的总送风量 L_S。

（5）根据送风速度 v_S 和总送风量 L_S，计算出孔口的送风面积 f_K 和净孔面积比 K，按下列公式分别进行计算

$$f_K = \frac{L_S}{3600v_S\alpha} \tag{6-38}$$

$$K = \frac{f_K}{f} \tag{6-39}$$

式中　α——孔口流量系数，范围在 $0.74 \sim 0.82$ 之间，一般取 0.78；

　　　f——孔板总面积（m^2），即为吊顶面积减去照明灯具所占用的面积，另外使用局部孔板时则为开孔孔板的总面积。

（6）确定孔口中心距离 l(m) 和孔口数目 n，可按下列公式分别进行计算

$$l = d_S\sqrt{\frac{0.785}{K}} = 0.886\frac{d_S}{\sqrt{K}} \tag{6-40}$$

$$n = n_a n_b = \frac{a}{l}\frac{b}{l} = \frac{ab}{l^2} \tag{6-41}$$

式中　a、b——孔板的边长（m）；

　　　n_a、n_b——孔板长度和宽度方向的孔口数。

（7）计算孔板送风气流中心的最大风速，按下列公式计算

$$\frac{v_X}{v_S} = \frac{\sqrt{\alpha K}}{\dfrac{v_P}{v_X}\left(1 + \sqrt{\pi}\tan\theta\dfrac{x}{f}\right)} \tag{6-42}$$

式中　v_X——距孔板距离为 x 处的气流中心的最大速度（m/s）；

　　　v_P——距孔板距离为 x 处的气流平均速度（m/s）；

　　　θ——孔板送风气流的扩散角，一般取为 $10° \sim 13°$。

对于全面孔板，由于气流受墙面限制，故 $\theta = 0°$，$\tan\theta = 0$，$v_P / v_X \approx 1$，故式（6-42）可简化为

$$v_X = v_S \sqrt{\alpha K} \tag{6-43}$$

计算出 v_X 后，把其与表中的值进行比较，若不符合则需重新计算。

（8）校核空调区域的最大轴心温差 Δt_X

$$\Delta t_X = \frac{v_X}{v_S} \Delta t_S \tag{6-44}$$

校核时，要把 Δt_X 与室内所允许的温度波动范围作比较，若不符合则需重新计算。

（9）计算稳压层的高度 h_w。

先算出空调房间单位面积的送风量 L_d

$$L_d = \frac{L_S}{F} \tag{6-45}$$

式中　F——空调房间的面积（m^2）。

再算出稳压层的净高 $h(m)$

$$h = \frac{0.0011 S L_d}{v_S} \tag{6-46}$$

式中　S——稳压层内有孔板部分的气流最大流程（m）。

最后再算出稳压层高度 h_w

$$h_w = h + b \tag{6-47}$$

式中　b——梁的高度（m）。

6.2.2　风管系统水力计算

风管系统作为进行水力计算的目的是确定风管的阻力，以便确定风机参数。中央空调中风管水力计算得是否正确，既关系到整个系统的实际使用效果，也关系到节能效果。

6.2.2.1　沿程阻力和局部阻力

1. 沿程阻力 ΔP_m 的计算

由于空气是一种具有黏滞性的流体，而且风管的内壁具有一定的粗糙度，空气在风管内流动时会与内壁产生摩擦而造成沿程能量的损失，此损失则称为沿程阻力，又可称为摩擦阻力。

沿程阻力有两种计算方法，其一为根据单位长度沿程压力损失计算表查出单位长度沿程压力损失后，再用风管长度与其相乘，这是一种经验计算方法，设计院经常采用。其二为按下面的步骤进行计算。

（1）风量 L 的计算。如果是圆形风管，风量 $L(m^3/h)$ 的计算公式为

$$L = 900\pi d^2 v \tag{6-48}$$

式中　d——风管内径（m）；
$\quad\quad v$——管内风速（m/s）。

如果是矩形风管，则风量 L 的计算公式为

$$L = 3600abv \tag{6-49}$$

式中　a、b——风管断面的净宽和净高（m）。

（2）当量直径 d_e。圆形风管的当量直径为

$$d_e = d \tag{6-50}$$

式中　d——圆形风管的横截面直径（m），即圆形风管的当量直径为其本身的直径。

非圆形风管的当量直径为

$$d_e = \frac{4F}{P} \tag{6-51}$$

式中 F——风管的净断面积（$\mathrm{m^2}$）；

P——风管的湿周长（m）。

特别地，矩形风管的当量直径为

$$d_e = \frac{2ab}{a+b} \tag{6-52}$$

式中 a、b——矩形风管断面的两边边长（m）。

（3）摩擦阻力系数 λ。先算出雷诺数 Re

$$Re = \frac{vd_e}{\gamma} \tag{6-53}$$

式中 γ——空气的运动粘度（$\mathrm{m^2/s}$）。

摩擦阻力系数 λ 可按下式计算

$$\frac{1}{\sqrt{\lambda}} = -2\lg\left(\frac{K}{3.71d_e} + \frac{2.51}{Re\sqrt{\lambda}}\right) \tag{6-54}$$

式中 K——风管内壁的绝对粗糙度（m）。

（4）单位长度沿程摩擦力 Δp_m。单位长度沿程摩擦力 Δp_m 可按下式计算

$$\Delta p_m = \frac{\lambda}{d_e}\frac{v^2}{2}\rho \tag{6-55}$$

式中 λ——摩擦阻力系数（无量纲）；

ρ——空气密度（$\mathrm{kg/m^3}$）。

（5）沿程阻力损失 ΔP_m

风管的沿程摩擦力损失 ΔP_m 的计算公式为

$$\Delta P_m = \Delta p_m l \tag{6-56}$$

式中 Δp_m——单位长度的沿程摩擦力（Pa/m）；

l——风管的长度（m）。

2. 局部阻力 ΔP_j 的计算　由于空气通过风管的管件（例如弯头、变径管或三通等）和设备（例如消声器、空处理设备或阀门等）时，空气会发生速度和方向的变化，进而产生涡流，导致造成集中的能量损耗，这一能量损耗即为局部阻力损失。

局部阻力可按下面的公式进行计算

$$\Delta P_j = \zeta \frac{v^2\rho}{2} \tag{6-57}$$

式中 ζ——局部阻力系数（无量纲）；

v——风管内局部压力损失发生处的空气流速（m/s）；

ρ——空气密度（$\mathrm{kg/m^3}$）。

对于 ΔP_j 的计算，关键在于确定局部阻力系数 ζ。局部阻力系数主要与管件的形状、管内壁的粗糙度和雷诺数有关。目前的局部阻力系数主要通过做实验测出管件前后的全压差（即 ΔP_j），再除以动压（即 $v^2\rho/2$）而得出。由于设计的需要，通常把局部阻力系数制成与各种管件相对应的计算表，以便于选用。

6.2.2.2 风管的水力计算方法

目前，风管的水力计算方法主要有假定流速法、压损平均法、静压复得法和 T 计算法四种。由于 T 计算法是一种风管的优化计算法，在此不作介绍。

1. 假定流速法　假定流速法又称为比摩阻法。它以噪声控制、风管的强度及运行费用等因素为依据来选定管内的空气流速，然后再以此流速和风管的送风量来确定风管的尺寸和阻

力，最后再调整环路间的阻力平衡。此方法适用于低速机械送排风系统的风管水力计算。

假定流速法的步骤可按下面的步骤进行：

（1）先确定好中央空调系统的风管形式，并完成风管的布置，再绘制出风管系统的轴测图作为水力计算的草图，图中有对各段风管所进行的编号、标注的长度和风量，注意管段的长度按两管件的中心线计算，不扣除管件本身的长度。

（2）然后在水力计算草图中选定风管的最不利环路，选定时按最远或局部阻力最大的环路作为最不利环路。

（3）合理地确定风管流速。风管内的风速对整个中央空调系统的经济性有较大影响。在输送空气量为定值的前提下，增大流速固然可以使风管的尺寸取得较小值，从而达到节省材料和投资的目的，但同时也增大了风管的阻力，运行费用和噪声也自然提高了；反之，取低流速虽然阻力变小了，动力消耗也变小了，但是所用的风管尺寸较大，相应地增大了初投资和占用了较大空间。所以需要经过全面的技术经济比较，才能使系统的造价与运行费用之和最低。故根据经验，可按表6-8进行选择。若需考虑噪声的大小，则可按表6-9进行选择。

（4）由草图中所给定的风量和所选定的风速计算出风管的断面尺寸，再根据推荐标准取值为实际尺寸，然后再通过下列公式计算出实际风速。

圆形风管实际风速的计算公式为

$$v = \frac{L}{900\pi d^2} \tag{6-58}$$

式中　L——该段风管的风量（m^3/h）；

　　　d——圆形风管的内径（m）。

矩形风管实际风速的计算式

$$v = \frac{L}{3600ab} \tag{6-59}$$

式中　a、b——矩形风管的净宽和净高（m）。

表 6-8　中央空调系统中的空气流速　　（单位：m/s）

部　位	低速风管						高速风管	
	推荐风速			最大风速			推荐风速	最大风速
	居住	公共	工业	居住	公共	工业		
新风入口	2.5	2.5	2.5	4.0	4.5	6.0	3.0	5.0
风机入口	3.5	4.0	5.0	4.5	5.0	7.0	8.5	16.5
风机出口	5~8	6.5~10	8~12	8.5	7.5~11	8.5~14	12.5	25
主风管	3.5~4.5	5~6.5	6~9	4~6	5.5~8	6.5~11	12.5	30
水平支管	3.0	3.0~4.5	4~5	3.5~4.0	4.0~6.5	5~9	10	22.5
垂直支管	2.5	3.0~3.5	4.0	3.25~4	4.0~6.0	5~8	10	22.5
送风口	1~2	1.5~3.5	3~4	2.0~3.0	3.0~5.0	3~5	4.0	—

表 6-9　不同噪声要求下的风管推荐风速

室内允许噪声/dB（A）	主管风速/（m/s）	支管风速/（m/s）	新风入口风速/（m/s）
25~35	3~4	≤2	3
35~50	4~6	2~3	3.5
50~65	6~8	3~5	4~4.5
65~85	8~10	5~8	5

（5）计算出各管段的沿程阻力。计算沿程阻力有两种途径，其一为按本节所介绍的沿程阻力公式进行计算，其二则为在相关的设计手册中的"风管单位长度沿程压力损失计算表"里查出单位长度沿程摩擦力，然后再根据公式计算出具体的该管段的沿程压力损失值。且在计算中注意计算出最不利环路的沿程阻力值。

（6）计算出各管段的局部阻力。要计算出局部阻力则需查出局部阻力系数，可按管件的型号及实际流速在相关的设计手册中的"风管局部阻力系数计算表"查出局部阻力系数，然后再根据公式计算出具体的该管件的局部阻力损失。且在计算中注意计算出最不利环路的局部阻力值。

（7）计算出各环路的总阻力损失值，然后进行环路间的阻力平衡计算。一般要求空调系统并联管路间的不平衡率不超过 15%。若不符合要求，则有以下三种途径可降低不平衡率。

1）在风量不变的情况下，按下列公式对风管尺寸进行调整。

$$D' = D\left(\frac{\Delta P}{\Delta P'}\right)^{0.225} \tag{6-60}$$

式中　D'——调整后的管径（mm）；

　　　D——原设计管径（mm）；

　　$\Delta P'$——要求达到的阻力（Pa）；

　　ΔP——原设计阻力值（Pa）。

2）在风管尺寸不变的情况下，适当地调整风管的风量。

$$L' = L\left(\frac{\Delta P'}{\Delta P}\right)^{\frac{1}{2}} \tag{6-61}$$

式中　L'——调整后的管路风量（m³/h）；

　　　L——原设计管路风量（m³/h）。

3）通过阀门的开度对风管的阻力进行调节，达到平衡阻力的目的。此方法在运用时需要进行复杂的调试。

上述的前两个改善方法可在设计计算阶段完成，但均只能在一定范围内调整管路的阻力，故在实际中最好辅以阀门的调节。

（8）计算出风管系统的总阻力。算出阻力平衡后的最不利环路的总阻力，即为沿程阻力与局部阻力之和。

（9）根据风管系统的总风量和总阻力选择风机及其配用电动机。

2. 压损平均法　这种方法又称为当量阻力法，它是以单位长度的风管具有相同的摩擦阻力损失（一般为 0.8~1.5Pa/m）为前提，并把已得的总压力平均分配给最不利环路的各个部分，再由各部分的风量和所分配的压力损失确定风管尺寸。最后结合各个环路的压力损失进行平衡调整，使得每个环路的压力损失相近，并符合设计规定值（一般送排风系统取 15%，除尘系统取 10%）。

此方法适用于系统的风机压头已确定并方便对分支管路进行损失平衡的情况。而对噪声有较为严格要求的场合或对风速有特别要求的场合，则最好采用假定流速法进行计算。

3. 静压复得法　由于风管分支处存在的风量出流使分支前后的总风量有所减小，故若分支前后的风管断面面积变化不大，必然使风速有所下降。而在流体的全压为定值的前提下，风速的降低则会导致静压的增加，则可利用这部分"复得"的静压去克服下一段主干管路的阻力，从而得出风管尺寸，保证了各分支前的静压相等。

此法适用于高速送风系统和变风量空调系统的风管水力计算。

6.3　风管系统的布置

风管系统既然是中央空调系统的重要组成部分，所以其设计的质量会影响到使用的效果和技术经济性能，其中风管的布置更直接关系到中央空调系统的总体布置，并且它与工艺、土建、给水排水及电气等专业配合紧密，需要协调几者的关系。

总的来说，风管的布置需要遵循以下六条原则：

1）首先应灵活考虑使用空调的不同房间的具体用途，以便对房间分组，设置方便调节风管的支管。

2）风管的布置也需要以中央空调的工艺和气流组织为根据，具体地有架空敷设、地板暗敷和内墙、吊顶敷设等方式。

3）为节省材料和降低施工难度，风管应尽量顺直布置，尽量避免采用局部管件，同时安装管件时应注意与风管要有良好连接，以减小阻力和噪声。

4）风管上应有必要的调节设备和检测装置的预留口，例如风阀、压力表、温度计的孔口及风量测定孔、采样孔，同时注意调节和测量装置应安装于便于操作和监测的地方。

5）所布置的风管应能最大限度地满足空调工艺的需要，并且不可对房间的使用产生阻碍。

6）所布置的风管应能最大限度地满足气流组织的要求，并且要做到美观、实用。

6.4 风管的保温

在送冷风的风管中，由于管内输送的冷风温度低于周围空气露点温度，管子的外壁面会结露并与外界传热，所以为了避免不必要的冷量损失，保证冷量有较高的利用率，中央空调风管的保温措施在布置风管时也是必要的一个环节。

6.4.1 保温材料

对于风管的保温材料，应注意考虑其保温性能、价格、加工性能以及使用寿命等几个方面。具体的保温材料要求如下：

1）热导率低，价格低。保温材料的热导率应保持在 0.025~0.15W/（m·℃）的范围内，再综合考虑价格因素，应把各材料热导率与价格的乘积相互比较，选择乘积较小的作为考虑对象，最后再进一步选择热导率小的材料作为使用对象。

2）应选择密度低的多孔保温材料，这是因为这类材料质量较轻，保温效果较好，且便于施工。

3）应选择吸水性差的保温材料，这是因为受潮后的材料会极大地增加热导率，且机械强度会降低，容易腐烂松散。

4）保温材料应有一定的抗压强度，以板状和毡状的成形材料为推荐材料，当采用散状材料时，应采取防止变形的措施。

5）应采用抗水蒸气渗透性好的保温材料。

6）应采用防虫、防腐蚀、难燃的保温材料。

目前的中央空调工程中常用的保温材料有软木、超细玻璃棉、玻璃纤维保温板、聚苯乙烯泡沫塑料、聚氨酯泡沫塑料、聚氯乙烯泡沫塑料、蛭石板及新型高分子材料等。

6.4.2 保温结构

保温结构应保证结实、平整，且无发胀、松弛及开裂等现象。一般的风管保温层结构有如下四层（由里到外）：其一为防腐层，一般是指防腐油漆层；其二为保温层，绑扎或粘贴保温材料；其三为防潮层，一般包扎油毛毡或刷沥青；其四为保护层，随风管敷设地点而异，室内敷设时可用玻璃布、塑料布、木板或胶合板，室外敷设时可用铁丝网、水泥或铁皮。

《民用建筑供暖通风与空气调节设计规范》（GB 50736—2012）在 11 章有关绝热与防腐的专门规定。同时，在该设计规范的附录 K 中列出了设备与管道最小保温、保冷厚度以及冷凝水管防结露厚度选用表。

第7章 中央空调工程主要设备的选型

一项良好的中央空调工程设计，设备选型是非常重要的。因为中央空调设备选型的质量和性能将会影响到中央空调系统的性能、可靠性和投资。因此，设计人员要重视中央空调设备的选型设计，审查人员则应重视对设备选型的审查。不能因为建筑法中有关于设计"不能指定设备厂家"的规定，而对设备的质量和性能放任自流。设备选型既要根据空调方案来确定，也要根据计算参数来确定。在完成负荷计算和水力计算以后，就可以进行设备选型了。在进行设备选型时，要遵循经济、适用、科学的原则，要结合空调方案进行技术经济比较，充分考虑业主需求的同时，兼顾先进性和经济性原则。分析设备选型中出现的常见问题。

7.1 制冷机组的选型

制冷机组是中央空调的冷源，在中央空调工程设计中，常用的制冷机组的类型有：
1）活塞式制冷机组。
2）螺杆式制冷机组。
3）离心式制冷机组。
4）蒸汽型溴化锂吸收式制冷机组。
5）直燃型溴化锂吸收式制冷机组。
6）热泵式冷热两用的制冷机组。
作为中央空调设计人员，只有熟悉这些机组的基本性能、特点，才能灵活地应用于各种工程设计，才能达到经济、合理、节能的目的，满足舒适与工艺的要求。机组的应用性能主要包括：制冷量范围、性能系数、调节特点等。因此，冷水机组的选择是一项重要的工作。

7.1.1 选型原则

制冷机组是中央空调系统的心脏，正确选择冷水机组，不仅是工程设计成功的保证，同时对系统的运行也产生着长期影响。制冷机组总的选型原则，是要根据建筑物空气调节的规模、用途、冷热负荷、所在地区的气象条件、能源结构、政策、价格和环保规定，经过综合论证来确定。比较合理的制冷机组选型配置应做到以下几点：①制冷机组整体内的 COP 值较高；②整个制冷系统具有良好的部分负荷性能（IPLV）；③制冷机组之间具有良好的可调节性，制冷机组的投资和运行成本低。

选择制冷机组要考虑的因素有：建筑物的用途，各类制冷机组的性能和特征，当地水源（包括水量、水温和水质），电源和热源（包括热源的种类、性质），建筑物全年空调冷负荷（热负荷）的分布规律，初投资和运行费用，对氟利昂类制冷剂限用期限及使用替代制冷剂的可能性。例如高大空间的会展中心、体育馆以及其他冷负荷量很大的建筑，应优先选用水冷式制冷机组，而一些建筑灵活、过于分散而房间面积又比较小的办公类建筑，且没有地下室或专门的制冷机房可以利用，则应优先选用空冷型的制冷机组。在北方有余热可以利用的工厂附近或宾馆的空调，可以优先选用吸收式制冷机组。在北方需要同时考虑冷、热空调的建筑，可以选用热泵型的制冷机组，而南方地区以制冷为主的空调，则只需要考虑普通制冷的机组。再如，在峰谷差电价比较明显的地区和城市，可以优先考虑冰蓄冷系统的制冷机组。再如，在一些环保要求比较严格的城市中心，当地可能不允许有燃油锅炉存在，则不能选用普通燃油吸收式制冷机组。还有的城市和地区，有比较丰富的地热和江水、湖水资源，可以优先选用地源、水源热泵作为制冷机组。比如一些建在湖泊旁边的酒店、别墅，有比较丰富的天然冷源可以利用，则应优先选用水源、土壤源热泵型制冷机组。在夏热冬冷地区的长江流域、干旱缺水的西北华北地区，可以优先采用空气源热泵或地源热泵冷水机组等。

值得注意的是，作为设计人员，在选择电动压缩式制冷机组时，其制冷剂必须符合国家的有关环保要求。采用过渡制冷剂时，其使用年限不要超过中国承诺的禁用时间表的规定。

7.1.2　工程设计规范对制冷机组选型的规定

一般情况下，普通建筑空调的冷源以选用电压缩式制冷机组最为常见。制冷机组一般设置在专用的制冷机房内，这样的建筑一般设有地下室，制冷机房一般就位于地下室内。在选用电动压缩式制冷机组时，要选用合适的台数和注意单机制冷量，这样才能增加制冷机组适应建筑冷负荷的变化，增加制冷系统的适应性，才能满足部分负荷运行的调节性能。因此，如果选用电压缩式制冷机组，一般选用应不少于两台制冷机组。当然，由于现在很多电压缩式制冷机组采用双回路，增加了部分负荷的调节性，在小型工程中，也可以选用一台制冷机组。

7.1.2.1　活塞式冷水机组

以活塞式压缩机为主机的冷水机组称为活塞式冷水机组。机组大多采用 70、100、125 系列制冷压缩机与冷凝器、蒸发器和热力膨胀阀等组装而成，并配有自动能量调节和自动安全保护装置，其外形结构如图 7-1 所示。

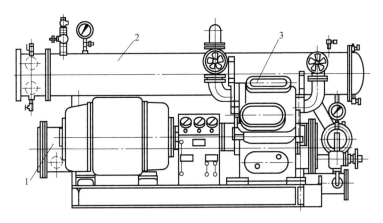

图 7-1　活塞式冷水机组的外形结构
1—蒸发器　2—冷凝器　3—压缩机

活塞式冷水机组是一种最早应用于空调工程中的机型，单机组的最大制冷量约为 1160kW。为了扩大冷量的选择范围，一台冷水机组可以选用一台压缩机，也可以选用多台压缩机组装在一起，分别称为单机头或多机头冷水机组。目前国内最大的多机头冷水机组配置有 8 台压缩机，机组的制冷量约 900kW。

活塞式冷水机组按选配的压缩机形式，可分为开启式、半封闭式和全封闭式。开启式活塞冷水机组配用开启式压缩机，制冷剂用氟利昂，机组的制冷量范围为 50~1200kW；活塞式和全封闭活塞式冷水机组，分别选用半封闭和全封闭活塞式压缩机，制冷剂一般使用氟利昂，冷水机组的制冷量范围分别是 50~700kW 和 10~100kW。

活塞式冷水机组按冷凝器的冷却介质不同，可分为水冷型和风冷型两种。风冷型冷水机组可安装于室外地面或屋顶上，为空调用户提供所需要的冷水，特别适合于干旱地区以及淡水资源匮乏的场合使用。活塞式冷水机组具有结构紧凑、占地面积小、操作简单且管理方便等优点，可为空调系统提供 5～12℃ 的冷水，适合于负荷比较分散的建筑群以及制冷量小于 580kW 的中小型空调系统中应用。

7.1.2.2 螺杆式冷水机组

以各种形式的螺杆压缩机为主机的冷水机组，称为螺杆式冷水机组。它是由螺杆式制冷压缩机、冷凝器、蒸发器、热力膨胀阀、油分离器以及自控元件和仪表等组成的组装式制冷装置，如图7-2所示。按照冷却方式，可分为水冷式冷水机组和风冷式冷水机组；按照用途，可分为热泵式机组和单冷式机组；按照组装的压缩机台数，可分为单机头和多机头冷水机组。

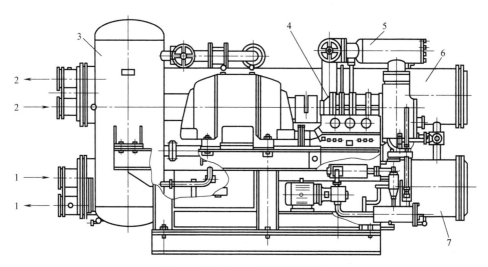

图 7-2　螺杆式冷水机组外形结构

1—冷冻水　2—冷却水　3—高效分油器　4—螺杆压缩机　5—吸气过滤器　6—冷凝器　7—蒸发器

螺杆式制冷机组最大的优点是可以适应湿压缩，且制冷负荷的调节范围较宽。多机头螺杆式制冷机组的能量调节还可由增、减压缩机的运行台数来实现，控制程序可设定各台压缩机的加载次序。因此，多机头螺杆式冷水机组由于其优良的部分负荷性能而被更多地应用于工程实际之中。一般能实现能量的调节范围为 15%～100%。而且螺杆式冷水机组结构紧凑，运转平稳，冷量能无级调节，节能性好，易损件少。适合于制冷量在 580～1163kW 的高层建筑、宾馆、饭店、医院、科研院所等大中型空调制冷系统中应用。目前，螺杆式冷水机组在我国制冷空调领域内得到越来越广泛的应用，其典型的制冷量范围为 700～1000kW。

7.1.2.3 离心式冷水机组

以离心式制冷压缩机为主机的冷水机组，称为离心式冷水机组。它是由离心式制冷压缩机、冷凝器、蒸发器、节流机构、能量调节机构以及各种控制元件组成的整体机组，如图7-3所示。

空调用离心式冷水机组配用的离心式制冷压缩机叶轮的级数一般为一级和两级。近年来一些生产厂家为了进一步降低机组的能耗和噪声，避免喘振，采用了三级叶轮压缩。由于离心式压缩机的结构及工作特性，它的输气量一般不小于 2500m³/h，单机容量通常在

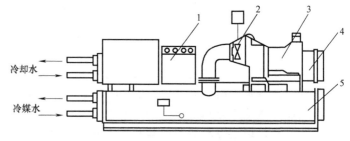

图 7-3　离心式冷水机组的外形结构

1—仪表箱　2—离心式压缩机　3—电动机　4—冷凝器　5—蒸发器

580kW 以上，目前世界上最大的离心式冷水机组的制冷量可达 35000kW。由于离心式冷水机组的工况范围比较窄，所以在单级离心式压缩机中，冷凝压力不宜过高，蒸发压力不宜过低。其冷凝温度一般控制在 40℃ 左右，冷却水的进水温度一般要求不超过 32℃；蒸发温度一般控制在 0~10℃ 之间，一般多用 0~5℃，冷水的出口温度一般为 5~7℃。

离心式冷水机组按选配的压缩机形式，可分为半封闭式和开启式两种。半封闭式机组将压缩机、增速齿轮箱和电动机用一个桶形外壳封装在一起，电动机由节流后的液体制冷剂冷却，需要消耗制冷量。这种机组的优点是体积小、噪声低、密封性好，是目前普遍采用的机型。开启式机组配用开启式压缩机，电动机与制冷剂完全分离，电动机直接由空气冷却，不需要液体制冷剂冷却，能耗较低，节约制冷量。

离心式冷水机组目前比较常用的工质为 R123、R22 以及 R134a。一般的离心式制冷机组具有叶轮转速高、压缩机输气量大、结构紧凑、质量轻、运转平稳、振动小、噪声较低、能实现无级调节、单机制冷量较大和能效比高等优点。适合于制冷量大于 1163kW 的大中型建筑物，例如宾馆、剧院、博物馆、商场、高层建筑、写字楼等。

《采暖通风与空气调节设计规范》（GB 50736—2012）对水冷式制冷机组的选型范围做出了规定（见表 7-1）。

表 7-1　水冷式制冷机组的选型范围

序　号	单机名义工况制冷量/kW	制冷机组类型
1	≤116	涡旋式
2	116~1054	螺杆式
3	1054~1758	螺杆式
		离心式
4	≥1758	离心式

7.1.3　设备选型和审查时的常见问题

7.1.3.1　大马拉小车的问题

工程设计人员在选择制冷机组时，最常见的问题是制冷机组（设计院习惯称为主机）选择冷量的余量过大。工程设计及应用中普遍存在制冷机组选用不当，出现所谓"大马拉小车"的严重低效耗能情况，这几乎已成为中央空调工程设计的一个通病。在调查并实测过的数十个新建和改建的中央空调系统中，发现很少有机组的冷冻水进出口温度能达到额定的 5℃，一般负荷高峰期为 2~3℃，负荷低峰期为 1~2℃，甚至还有低于 1℃ 的情况。并且，很多建筑的制冷机组在绝大部分时间内并没有完全开启。容量过大的制冷机组不能在全负荷运转，一方面会增加设备投资，另一方面也会造成系统不节能。因为水泵的运转能耗占了较大比例，制冷主机一旦打开，水泵也必须开启，如果是非变频泵则能耗浪费更大。此外，一般情况下，制冷机组在部分负荷下的COP 下降会比较明显。造成这种情况的主要原因是设计人员对建筑冷负荷计算不科学、不精确，很多设计院为赶工，没有对建筑冷负荷仔细计算，甚至采用估算方法，而估算的指标又偏大。另外，一些设计人员盲目追求安全系数，不切实际地追求可靠性，从建筑负荷到管路冷量、制冷机组容量，层层加码，致使制冷机组的容量远超出实际需要。实际上，计算建筑的冷负荷时，已经考虑了最恶劣的工作情况，不需要额外再增加安全系数了。

7.1.3.2　机组型号不匹配

在进行中央空调工程设计时，选择制冷机组除了容量方面容易出现问题外，型号选择也同样容易出现问题。一是受建筑法"不能指定设备厂家"的约束，在进行设计时不标注产品的容量、参数等。实际上，作为工程设计人员，虽然不能直接指定要什么品牌和型号的制冷机组，但却可以选择或向业主建议制冷机组的种类、容量和参数等，这样做是不违反规定的。

因为不指定制冷机组的型号和参数，业主无法进行设备采购和招标。另外，在选择制冷机组的种类和型号时，也要注意各种机组的性能特点和工程特点，尽量选择制冷效率高、COP数值高、调节范围宽、寿命长的制冷机组，作为工程设计人员既要关注技术，也应留意市场。例如在某中央空调工程设计中，总制冷量为2000kW。在选择制冷机组时，可以选择4台500kW活塞式制冷机组，也可以选择2台1000kW的螺杆式制冷机组，还可以选择1台2000kW的离心式制冷机组。虽然都不违反规范要求，但从制冷系统的灵活性、安全性、可靠性、可维修性、方便性以及经济性等方面综合考虑，则选择2台1000kW的螺杆式制冷机组为好。这是因为如果选择1台2000kW的离心式制冷机组，则一旦这台机组出现问题，则空调系统就会瘫痪，而且离心式制冷机组在部分负荷下的COP并不是很好；而活塞式制冷机组运动部件多，容易出现故障，寿命相对较短且维修量大，而4台机组的投资肯定是最大的。因此，制冷机组选型时应根据容量大小尽量选择能效比（EER）高的机组，例如螺杆式、离心式冷水机组等，此类制冷机组的能效比一般都在4.5~5.8之间。

7.2 组合式空调机组与新风机组的选型

7.2.1 组合式空调机组的结构与性能

组合式空调机组是将各种空气处理设备（加热、冷却、加湿、净化、喷水、挡水、消声和隔热等）、风机和阀门等组合成一个整体的箱形设备。箱内的各种设备可以根据空气调节系统的组合顺序排列在一起，以便能实现各种空气的处理功能。组合式空调机组的特点是以功能段为组合单元，用户可根据空气调节和空气处理的需要，任选所需各段进行自由排列组合，有极大的自由度和灵活性。考虑到运行和检修方便、气流均匀等因素，应适当设置中间段。

如图7-4所示为某组合式空调机组的全功能系统组合图。全功能的组合式空调机组由新风回风段、消声段、回风机段、热回收段、初效过滤段、中间段、表冷器冷却段（含挡水板段）、再加热段、二次回风段、送风机段、消声段、中间段、中效过滤段和送风段等组成。

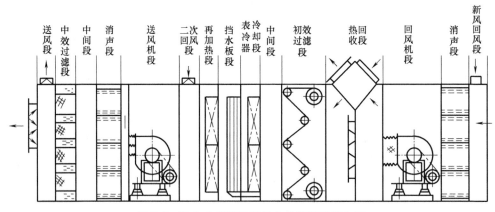

图7-4 组合式空调机组的全功能系统组合图

图7-4所示的全功能系统组合机组在普通商业建筑的实际应用中并不多见，选用时应根据工程需要和业主的要求，有选择地仅选用其中所需要的功能段即可。组合式空调机组中除采用表面式冷却段（冬季则成为加热段）的空气热交换方式外，还常采用淋水式的冷热交换装置，前者简称表冷段，后者则称淋水段（或喷水段）。

组合式空调一般用于全空气处理系统，只有在某些特殊的场合或要求精密的场合才比较常见。近年来，在一些综合性功能的高层建筑中，由于往往需要对温度、湿度、新风量、冷（热）负荷的空气气流组织采用分层或分区进行集中处理，因此选用了组合式空调机组。组合式空调由多个功能段组成，根据具体的冷却、加热、加湿、空气过滤、送风、消音等需求，灵活选择相应的功能段组装在一起，从而满足用户对空气温度、湿度、洁净度、流速以及新鲜度的不同要求。

7.2.2　组合式空调机组的选型原则和注意事项

在进行组合式空调机组的选型时，必须要注意以下几点：

1）向制造厂家提供组合式空调机组所需功能段的组合示意图。示意图上应注明所选机组型号、规格、段号、功能段长度、排列先后次序以及左右式方位等基本要求。

2）组合式空调机组的操作面规定为：①送回风机在有传动连接带的一侧；②袋式过滤器能装卸过滤袋的一侧；③自动卷绕式过滤器设在控制箱的一侧；④冷（热）媒进出口的一侧，有排水管一侧；⑤喷水室（段）喷水管的接水管一侧。当人面对机组操作时，气流向右吹为右式，反之则为左式，选型订货时需说明所需机组的左、右式。

3）选用表冷器、加热器和消声器前，必须设置过滤器（段），以保护换热器和消声器表面的清洁度，防止堵塞孔、缝，并应设置中间段。

4）喷水段、表冷段等，除已有排水管接至空调机组之外，还应考虑排水的水封装置。

5）选用喷水室（段）时，应说明几级几排。

6）选用表冷器、加热器（段）时，应注明形式和排数，使用的冷（热）媒性质、温度和压力等。机组用蒸汽供热时，空气温升不小于 20℃；以热水加热时，空气温升不小于 15℃。

7）选用干蒸汽加湿器需要说明加湿量、供汽压力和控制方法（手动、电动或气动）。

8）选用风机段要说明风机的型号、规格、安装形式、出风口位置，风机段前应设置中间段，保证气流均匀。新风机组的空气焓降应不小于 34kJ/kg。

9）注明各风口接口的位置、方向和尺寸，送、回风阀的形式、规格，采用的控制方式（手动、电动或气动）；风机出口应有柔性短管，风机底座应有减振装置。

10）机组四周或机组与机组（多台时）布置时应留出足够的操作和检修空间。

11）考虑到机组的防腐性能，箱体材料最好选用镀锌钢板、玻璃钢或特殊铝合金。对于黑色金属材料制作的构件表面应做防腐处理；对于玻璃钢箱体应采用氧指数不小于 30 的阻燃树脂制作。

12）在选择组合式空调机组时，要注意机组的漏风率标准：①机组内静压保持 700Pa 时，机组的漏风率不大于 3%；②净化空调系统的机组内静压应保持 1000Pa、洁净度低于 1000 级时，机组的漏风率不大于 2%；洁净度高于或等于 1000 级时，机组的漏风率不大于 1%。

13）组合式空调机组箱内的隔热、隔声材料应具有无毒、无异味、自熄性和不吸水等性能。不应使用裸露的含石棉或玻璃纤维的材料。隔热、隔声材料与面板之间应贴牢固、平整、无缝隙，保证在运行时箱体外表面无凝露。

14）机组应有凝结水处理设置，在运行中箱体外不应有渗漏水，箱体内不应有积水，排水应通畅。

15）箱体和检查门应具有良好的气密性，机组的漏风率应不大于 5%。检查门锁紧性能要好，防止因内外压差而自行开关。盘管迎面风的风速超过 2.5m/s 时，应加设挡水板。喷水段进、出风侧应有挡水板。

16）机组箱体应具有足够的刚度，在运行中不应产生变形。机组采用黑色金属材料制成的构件，其表面均应做防腐处理。

7.2.3　新风机组的结构和性能

新风机组是一种本身不带冷热源的空气处理机组，新风机组由进风口、电动机、风机、过滤器、换热器、风阀和出风口等元件组成。根据用户的要求，也可设置加湿器或配套电气调速控制装置等。新风机组即可处理新风，又可以处理混合空气，余压充裕，可增加调速控制改变风量，能满足各种气候条件下的降温、除湿和升温要求。新风机组从室外引入新鲜空气，经过过滤、换热、加湿等处理过程，以实现夏季制冷、冬季供热、提高室内空气品质等目的。

新风机组按构造可分为立式机和卧式机两种，按安装方式可以分为明装和暗装，也可以分为吊顶式和落地式，按能量回收方式还可以分为转轮全热回收式新风机和静止式能量回收新风机等。

较大的卧式新风机组的结构与小型组合式空调机组相近，而小型新风机组（风量 < 7000m^3/h）多为吊顶式，便于安装在天花板的顶棚内，而不占用建筑面积做新风机房。

新风机组的主要参数有额定风量（m^3/h），制冷量（kW），额定水量（m^3/h），余压（Pa），噪声 dB（A），风机功率（kW），外形尺寸，质量（kg），额定电压（V），接管尺寸；出风口尺寸等。

7.2.4　新风机组设备的选型步骤

新风机组的选型步骤如下。

（1）根据安装位置选择新风机的形式。一些建筑由于空间狭小或没有专门的空调机房，则应选择吊顶式新风机组。选择吊顶式空调时要注意空间尺寸的限制。

（2）选用新风机组设备的风量、风压时应以不小于设计值为原则，既要满足冷量也要满足风量等各种参数，还要注意接管尺寸、出口风位置等细节。

（3）对于特殊行业，如医院（手术室、特护病房）、实验室和工业车间要按行业的相关规范条例确定所需新风量，特别是噪声和余压等要求。

（4）确定制冷量及制热量的设计工况。

（5）原则上一台新风机组只负责一层楼面所需的新风量，但也可以根据建筑是否有空调设备房和通风竖井等设置情况，灵活处理空调机组所承担的楼层数量。同理，一层楼面的空调负荷可以设置成 2 台乃至多台空调机组，应具体情况具体分析。

7.3　风机盘管的选型

7.3.1　风机盘管的性能

风机盘管是中央空调系统中广泛使用的末端设备。是中央空调设计中风机盘管加新风系统的主要设备之一。风机盘管的合理选用不仅直接影响空调效果，也是保证系统正常运行和降低空调能耗的重要环节，尤其是在高精度或有严格工艺要求的场合，更须设定合理的送风参数。风机盘管是一种将风机和表面式换热盘管组装在一起的装置。风机盘管的结构比较简单，例如常见的吊顶式风机盘管。它是在一个不大的结构空间内，组装有离心式或贯流式的通风机以及铜管穿肋片的传热管束。风机盘管的形式有卧式、立式和嵌入式等。风机盘管通常与冷水机组（夏季）或热水机组（冬季）组成一个供冷或供热系统。风机盘管分散安装在每一个需要空调的房间内，例如宾馆的客房、医院的病房、写字楼的各写字间等。为了缩小外形和体积以及降低气流噪声，多采用贯流式风机并用多级电动机驱动，以便对风量进行调节。风机盘管实物照片如图 7-5 所示。

风机盘管有两个主要的性能指标，即风量和热（冷）交换量。风量由风机选型确定；热（冷）交换量则与盘管的传热面积、热（冷）媒的温度和流量以及经过盘管的空气温度和流速等因素有关。风机盘管的传热管束是用直径较小的纯铜管穿上铝肋片，排成 2~4 排制成管束。冷热水在管内成蛇形往复流动，空气在管外的肋片间穿行，同时被加热或冷却。

图 7-5　风机盘管实物照片

在国外的风机盘管样本中，一般会给出不同机外静压下的风量及供冷量，以方便用户选用。有些国外的简明样本虽然仅给出了名义风量，但其含义不同于我国的标准规定，其一般是指一定机外静压下的风量值，所以名义风量相近的国外风机盘管，其风量会比国产机组高出 20%~50%。同样需要说明的是，使用国外简明样本时，须注意国外各公司往往执行着不同的标准，名义风量的含义也会存在某些差异。所以在选用时最好依据数据齐全的最新样本，或要求供货厂家提供产品在不同机外静压下的风量及冷量值，以确定可靠性。风量不仅能够增加换气次数，降低送风温差，改善空调效果，还可以缩小机组体积。因此，国外风机盘管的体积和重量一般都要小于国产风机。提高机外静压和风量是我国风机盘管的发展方向。当然，风量的提高也要受空调区允许风速的制约。表 7-2 列出了一些风机品牌的风机盘管性能比较。

表 7-2　一些风机品牌的风机盘管性能比较（1000m³/h）

品　　牌	风量/（m³/h）	制冷量/W	耗电量/W	声级噪声/dB（A）
三菱	1020	6141	75	38
松下	930	5478	76	37
约克	1050	5584	85	43
捷丰	950	6380	97	<47
申达	1000	5300	64	<43
吉佳	1050	5360	98	43

注：表中所有参数均摘自有关厂家公开提供的样本。

7.3.2　风机盘管的选型步骤

风机盘管的选型步骤大致如下。

（1）要明确所选用风机盘管的形式、规格和风口位置等要求。例如是明装还是暗装，是测送风还是下送风，接一段风管还是直接出风，要把建筑形式和用户的功能结合起来进行选型。

（2）在选用风机盘管时，要选用与设计热负荷和冷负荷相匹配的设备。特别是在设计中要注意风机盘管是在干工况下工作还是湿工况下工作。在大多数情况下，风机盘管有足够的潜热容量，可满足设计需要。

（3）然后再确定风机盘管的数量、水量、所需水温及压降等参数。例如设置一台容量比较大的风机盘管还是设置两台或多台比较小的风机盘管都要综合考虑。

（4）要明确所选用风机盘管的接水管为左出还是右出（与管路布置有关）。

（5）要明确所配套的风机电动机的轴承是否采用含油轴泵。若选用不含油轴泵，使用中则在一定时期内要按规定定期加油。

7.3.3　风机盘管选型中的常见问题

1. 风机盘管制冷量不足的问题　制冷量不足是目前用户投诉最多的一个问题。造成这种问题的主要原因是不少企业没有自己的测试手段，样本上的参数直接参考其他厂家的数据，且自己生产的盘管的热工性能又较差，主要与翅片形式、胀管质量、生产工艺等有关。而工程设计人员只是照搬样本数据进行设计，没有实际考察风机盘管的性能好坏。一般情况下，风机盘管的冷量是按计算的冷负荷来选择产品的，但应注意不同的新风供给方式会导致风机盘管的负载冷量也不同。当新风直接通过外墙送至房间时，未经热湿处理，此时风机盘管的冷量=室内冷负荷+新风冷负荷；当设立独立的新风系统（处理到室内等熔点时）时，则风机盘管的冷量=室内冷负荷。目前市场的产品一般都是名义制冷量，而实际运行中的冷量应是冷量×单位时间内的平均运行时间，即改变运行时间或风量都会影响机组的输入冷量。所以并非名义冷量越高越好，如果仅按高冷量选用机组，则会出现供冷能力过大，开动率过低等问题，导致换气次数减少，室温梯度加大，还会加大系统容量和设备投资，空调能耗加大，空调效果降低。所以冷量仅作为选择设备的必要条件之一，还应兼顾其他因素。

2. 风量的问题　如何考虑盘管的风量是一个重要问题。有的空调房间有异味、闷气，其中的一个重要原因就是没有处理好风机盘管的风量校核。由于风机盘管的名义风量是在不通水且空气进出口压差为零的工况下测定的，故存在一些不切实际的因素，所以实际确定风量时应将这部分理想状态下的风量值扣除。目前在进行具体工程设计中往往是根据计算所得冷负荷再通过查阅有关厂家的样本来选择风机盘管的。国内市场上多数厂家的盘管都只有一种三排管的，但也有厂家提供二排管的盘管。对于大多数民用建筑空调系统而言，选择二排管的盘管更为有利，对高湿度场合例外。这是因为二排管的产品在同样冷量下的风量较大，这将增大空调房间的换气次数，有利于提高空调精度及舒适性。在同样的冷量下，采用小温差、大风量送风会取得比大温差、小风量送风更佳的空调效果。一般情况下，送风温差越小，换气次数越多，则空气品质越好，就越舒适。

3. 机外余压的问题　由于我国目前盘管的国家标准规定风机盘管的风量、冷量及噪声等参数的测试均是在机外静压为0Pa的条件下进行的。风机盘管可以接风管，也可以不接风管。但在实际使用中，盘管出风口前往往要接一小段风管及出风百叶，另外有的工程中还设有回风箱，因此在实际使用中会发现盘管的实际风量要小于其名义风量，这样会导致房间的风量减小，送风温差增大，空调的舒适性下降。有的设计人员为避免这种情况，在选型时按盘管的中挡风量选取，以避免风量不足，但却增大了工程的初投资。因此，在国内测试标准尚未改变的情况下，在盘管选型时应该优先选择有余压为10~15Pa的机组。

4. 噪声问题　这是目前国内产品与国外产品差距较大的地方，也是目前盘管因质量问题而被投诉的一个要点。造成这一问题的原因多在于盘管中的电动机与风机配置问题及两者匹配得不合理。另一个原因是厂家质量管理不严，装配工责任心不强，造成产品质量不稳定。因此，在考察一个厂家产品时，应查阅其由国家权威质检部门出具的该款产品的噪声检测报告。对于选用批量较大的工程项目应现场抽样并送有关质检部门检测。

5. 送、回风方式的问题　即形成所谓的气流组织，会直接影响空调房间的温度场、速度场的均匀性和稳定性，也决定着空调效果。合理的气流组织要求具备一定的送风速度，避免气流短路，以保证一定的射流长度。风速取决于机外静压、送风量和送风口等因素。机外静压过低会导致风量下降、射程降低、房间冷热不均，造成设计气流组织与实际运行状态在曲线图上存在较大差异，故应根据实际的建筑格局、房间的结构形式、进深、高度等情况，选择中挡风量、风速指标来相应选择风机盘管的型号。

综上所述，在选用风机盘管空调系统时，不仅要做到设计计算的准确，还要针对当前市场上各种产品的不同特点，合理选型，才能创造一个舒适、运行经济合理的空调系统。

7.4　冷冻水泵与冷却水泵的选型

为冷冻水系统提供动力的水泵叫冷冻水泵，为冷却水系统提供动力的水泵叫冷却水泵。

用于空调工程的水泵的类别与品牌很多，可供设计者有多种选择。

7.4.1　冷冻水泵与冷却水泵扬程和流量的确定

在进行冷冻水泵和冷却水泵选型时，扬程和流量是最主要的依据和参数。

7.4.1.1　冷冻水泵扬程和流量的确定

冷冻水泵的流量，理论上应为所对应的冷水机组的冷冻水流量。在进行冷冻水泵选型时，水泵流量应为冷水机组额定流量 1.1~1.2 倍，对于单台取 1.1，两台并联可取 1.2，或根据下列公式计算

$$L = \frac{Q_1 + Q_2}{\Delta t} \times 1.163 \times (1.1 \sim 1.2) \tag{7-1}$$

式中　L——冷冻水流量（m^3/h）；

　　Q_1——总冷负荷（kW）；

　　Q_2——制冷机组中的压缩机功率（kW）；

　　Δt——冷冻水进出水温差（℃），一般取 4.5~5℃。

如果是二次泵，由于一般要对冷冻水系统进行分区，则冷冻水流量应由按该区域所承担的末端设备的冷冻水流量来确定。

至于冷冻水泵扬程的确定，可以按以下方法进行：

（1）确定制冷机组蒸发器的水阻力：一般为 49~68kPa，具体值可参看产品样本。

（2）确定末端设备如空气处理机组、风机盘管等的表冷器或蒸发器的水阻力，一般为 4~6kPa，具体值可参看产品样本。

（3）确定供、回水过滤器的阻力，一般为 29~49kPa。

（4）确定分水器、集水器的水阻力，一般每个为 29kPa。

（5）确定冷冻水系统水管路的沿程阻力和局部阻力损失，沿程阻力一般用比摩阻（80~120Pa/m）乘以管路长度，局部阻力约为沿程阻力的 50%。将以上各部分阻力相加，即得到冷冻水泵的扬程。还有一些资料给出了计算冷冻水泵扬程更简略的估算方法，设计人员可以进行参考。

确定冷冻水泵扬程举例：估计出一栋高约 100m 的高层建筑的空调冷冻水系统的压力损失，即冷冻水泵所需的扬程。

1）制冷机组的阻力：取 80kPa（$8mH_2O$）。

2）管路阻力计算：取制冷机房内的除污器、集水器、分水器及管路等阻力为 50kPa。取冷冻水管路长度 300m 与比摩阻 200Pa/m，则摩擦阻力为 300m×200Pa/m = 60000Pa = 60kPa；考虑冷冻水管局部阻力为摩擦阻力的 50%，则局部阻力为 60kPa×0.5 = 30kPa；则冷冻水系统管路的总阻力为 50kPa+60kPa+30kPa = 140kPa（$14mH_2O$）。

3）空调末端设备的阻力：组合式空调机组的阻力一般比风机盘管的阻力大，故取前者阻力为 45kPa（$4.5H_2O$）。

4）二通调节阀阻力：取 40kPa（$0.4H_2O$）。

5）冷冻水系统各部分阻力之和为：80kPa+140kPa+45kPa+40kPa = 305kPa（$30.5mH_2O$）。

6）冷冻水泵的扬程：取安全系数为 10%，则扬程 H = 305kPa×0.1m/kPa×1.1 = 30.5m×1.1 = 33.55m。

7.4.1.2　冷却水泵扬程和流量的确定

冷却水系统是开式系统，冷却水泵的扬程由下列公式确定

$$H_p = (H_f + H_d + H_m + H_s + H_o) \times 0.1m/Pa \tag{7-2}$$

式中　H_f，H_d——冷却水管路系统的总沿程阻力和局部阻力（kPa）；

　　　H_m——冷凝器阻力（kPa）;

　　　H_s——冷却塔中水提升高度（kPa），从冷却接水盘到喷嘴或淋水高差;

　　　H_o——冷却塔喷嘴喷雾（喷水）压力（kPa），约等于 5kPa。

0.1m/Pa 为将水的密度 ρ 和重力加速度值代入算得的 $1/\rho g$，即 $1/\rho g = \dfrac{1}{10^3 \times 9.8 \dfrac{kg}{m^3} \cdot \dfrac{m}{s^2}} \approx$

0.1m/Pa;

　　冷却水量可以按下列公式计算

$$L = \frac{Q}{c(t_{w1} - t_{w2})} \tag{7-3}$$

式中　Q——冷却塔排走热量（kW），对压缩式制冷机，取制冷机负荷的 1.3 倍左右；对吸收
　　　　　式制冷机，取制冷机负荷的 2.5 左右;

　　　c——冷却水的比热 [kJ/（kg·℃）]，常温时 $c = 4.1868$kJ/（kg·℃）;

　　$t_{w1} - t_{w2}$——冷却塔的进出水温差（℃），对压缩式制冷机，取 4~5℃；对吸收式制冷机，取
　　　　　6~9℃。

7.4.2　冷冻水泵与冷却水泵选型中的注意事项

　　1. "一机一泵"的配置问题　《工业建筑供暖通风与空气调节设计规范》（GB 50019—2015）中明确规定：一次泵系统的冷冻水泵以及二次泵系统中的一次冷冻水泵的台数，应与冷水机组的台数相对应，这就是所谓的"一机一泵"。"一机一泵"可避免运行一台或两台制冷机组时，未关掉相应阀门造成水流量旁通，使制冷机组的 COP 降低，也可以使水泵远离其额定的运行工况点而使其电耗增加。同时也使得水泵的电气控制设计较为方便，如可避免操作人员频繁启闭阀门，适应制冷机组部分负荷时的运行。反之，则要设置联动电动阀，则投资高，阀易坏，系统不可靠。如果一台水泵对应多台制冷机组，则一旦需要部分负荷时则要停掉某台制冷机组，由于冷冻水量锐减，则水泵的工作点会严重偏离其设计工况点。

　　另外，如果多台水泵并联，选择时则要按照泵的特性曲线作并联分析，使工况点满足不同台数运行时的需要。

　　2. 进行选型时要结合工程案例　例如一些蓄冷（蓄冰）空调系统，水泵需要运输盐溶液，则水泵需要作特殊考虑。再如一些机房面积比较小、安装时没有足够空间的情况，则要考虑采用立式水泵，或选用小体积水泵。

7.5　冷却塔的选型

　　冷却塔是水冷式制冷系统中将制冷机组中的热量转移到大气的设备。中央空调系统中的冷却塔，作为制冷系统中的组成部分起着非常重要的作用。冷却塔的选型将直接影响系统运行的可靠性，选用时应根据其热工性能和周围环境对噪声、漂水等方面的要求综合分析比较。

7.5.1　冷却塔的形式与结构

　　冷却塔按进出水的温差 Δt 分为普通型（$\Delta t = 5$℃）、中温型（$\Delta t = 8$℃）和高温型（$\Delta t = 28$℃），建筑使用的冷却塔通常为常温塔。按材料来分可以分为玻璃钢和钢性冷却塔，按噪声可以分为普通型 [大于 65dB（A）]、低噪声型 [60~65dB（A）]、超低噪声型 [小于 60dB（A）]，按进风方式分为逆流式和横流式，按结构外形分为圆形、方形和矩形。图 7-6 为某超低噪声逆流式圆形冷却塔的结构图。

7.5.2　冷却塔的技术参数

冷却塔的主要作用是将冷却水的热量通过显热与潜热交换的方式，把制冷机组的冷凝器中的热量散发到大气中，从而最终将建筑中的热量转移到大气环境中去。理论上讲，冷却塔中的冷却水可以降低到当地空气的湿球温度 ζ。但实际上，在冷却塔与环境的热交换中，潜热交换约占 80%，而由两流体温差引起的显热换热只占 20% 左右。因此，一般情况下冷却水不可能降低到湿球温度 ζ。但冷却塔的冷却效果却可以用出水温度与进风湿球温度之差的大小值来衡量。因此，当地的夏季湿球温度的变化直接影响冷却塔的冷却作用。

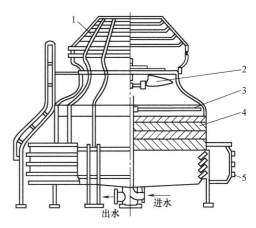

图 7-6　超低噪声逆流式圆形冷却塔
1—排风消声器　2—冷却塔风机　3—布水器
4—填料　5—进风消声器

此外，衡量冷却塔的效果还通常采用三个指标：

（1）冷却塔的进水温度 t_1 和出水温度 t_2 之差 Δt。Δt 被称为冷却水温差，一般来说，温差越大，则冷却效果越好，Δt 越大则冷却水的流量越少。

（2）冷却后水温 t_2 和空气湿球温度 ζ 的接近程度 $\Delta t'$，$\Delta t' = t_2 - \zeta\,(℃)$，$\Delta t'$ 称为冷却幅高。$\Delta t'$ 值越小，则冷却效果越好，事实上 $\Delta t'$ 不可能等于零。

（3）考虑冷却塔的淋水密度。淋水密度是指 $1m^2$ 有效面积上 $1h$ 所能冷却的水量。用符号 q 表示。$q = Q/F$，单位为 $m^3/(m^2 \cdot h)$，Q 为冷却塔流量，单位为 m^3/h；F 为冷却塔的有效淋水面积，单位为 m^2。

进行冷却塔的选型时，冷却水量、风机功率、冷却塔材料和噪声等参数都是重要依据。但应根据当地气候的湿球温度来选择冷却塔的散热能力却是最容易被忽视的。

7.5.3　冷却塔选型中的注意事项

冷却塔的选型看似简单，但实际上要考虑的因素很多，例如湿球温度、干球温度、建筑物的实际情况等。

在对冷却塔选型设计时，首先要选用国家定点或认定的合格厂家的产品。许多小厂不具备按标准要求生产每个冷却塔的能力。塔体外形的尺寸及弧形的变化、布水器开孔位置及开孔率的变化、填料的材质与组装有差异以及配风机与标准风量与风压的差异等，都会产生所标参数与实际产品性能参数明显不符的不合格产品。在设计选择冷却塔时，还应考虑安装地点的海拔高度和空气进入冷却塔的湿球温度。冷却塔的风机风量是在标准大气压力下标定的数值，随着安装地点海拔高度的变化，风机的风量也在改变，冷却塔的冷却效果也随之改变，空气进入冷却塔的湿球温度也取决于安装地点的气象条件。故选型时应注意以下几点：

（1）按照冷水机组的冷却水量选择冷却塔的冷却水量，原则上冷却塔的水量要略大于冷水机组的冷却水量。

（2）选用多台冷却塔时，应尽量选择同一型号的冷却塔。

（3）要优选换热效率高的即相同水量体积小的冷却塔。

（4）冷却塔选型需要注意：塔体结构材料要稳定、经久耐用、耐腐蚀、组装配合精确；配水均匀、壁流较少、喷溅装置选用合理、不易堵塞；淋水填料的型式符合水质、水温要求。

（5）一些特殊的建筑，例如放置在建筑裙楼或跟周围住户较近的冷却塔，要特别注意选取低噪声、不飘水或少飘水的冷却塔，以免引起其他用户投诉。

第8章 中央空调工程消防设计

8.1 概述

8.1.1 消防设计的意义

现代大型公共建筑特别是高层建筑，为了营造良好的室内环境，安装了中央空调系统。而中央空调系统为了节能的需要，往往又使建筑的围护结构非常密闭。另外，现代化的高层民用建筑，无论在装修上还是家具陈设方面都存在着较多的可燃物，这些可燃物在燃烧过程中，会产生大量的有毒气体和热量，同时要消耗大量的氧气。据测定分析，烟气中含有一氧化碳、二氧化碳、氟化氢、氯化氢等多种有毒成分。同时，高温缺氧又会对人体造成危害。

因此，由于建筑的密闭性和复杂性，一旦发生火灾，则外界消防人员的救火措施很难发挥作用。这时，中央空调工程中的消防（防排烟）设备就显得非常重要了。据资料介绍，一个优良的排烟系统在火灾时能排出80%的热量及绝大部分烟气，是消防救灾必不可少的设施。另外，烟气有遮光作用，使人的能见度下降，这对疏散和救援活动造成了很大的障碍。为了及时排除有害气体，保障高层建筑内人员的安全疏散和有利于消防补救，设置防烟、排烟设施是十分必要的。如果烟气不及时排除，就不能保证人员的安全撤离和消防人员扑救工作的进行，故需要设置机械排烟设施，将烟气和热量很快排除。

综上所述，在现代公共建筑中的中央空调工程中设置防排烟设备具有非常重要的意义。

8.1.2 防排烟系统及设施配置

发生火灾时，明火和烟气会顺着中央空调的风管蔓延，在各个房间、各个防烟（防火）分区、各个空调系统之间甚至整个建筑内蔓延。由此可见，通风、空调系统风道是高层建筑发生火灾时使火灾蔓延的主要途径之一。因此，中央空调系统中要有防排烟系统和设施。各种防火阀、防烟阀和防火门能够阻挡烟气的蔓延。

当建筑发生火灾时，为了防止烟气蔓延，还需要把烟气及时排放到室外。这样，排烟风机通过排烟管路，就能够将火灾区的有毒有害气体及时排放出去。当建筑尤其是高层建筑发生火灾时，防烟楼梯间是高层建筑内部人员唯一的垂直疏散通道，消防电梯是消防队员进行扑救的主要垂直运输工具。国外的一般要求是，当发生火灾后，普通客梯的轿厢全部迅速落到底层。电梯厅一般用防火卷帘或防火门隔离起来。

近几年来，随着国内外防排烟科学的进一步发展，有关人员对这种仅仅依靠排烟方式的消防作用提出异议，认为这种方式是在烟气或热空气已经侵入疏散通道的被动情况下再将其排除的，没有从根本上达到疏散通道内无烟的目的，给疏散人员造成不安全感，而且排烟设备的投资、系统形式也比较复杂。另一方面，当前室处在人员拥挤的情况下，理想的气流组织受到破坏，使排烟效果受到影响。因此，以机械加压送风为主的主动防烟技术应运而生了。此方式通过通风机所产生的气体流动和压力差来控制烟气的流动，即要求增加烟气未侵入地区的压力。我国近几年来高层建筑发展很快，对机械加压送风的防烟技术从研究到应用均取得了很大进展。这种方式已广泛被设计人员接受并掌握，利用机械加压防烟技术的高层建筑在我国已有2000余幢。机械加压送风防烟达到了疏散通道无烟的目的，从而保证了人员疏散和扑救的需要。从建筑设备投资方面来说，均低于机械排烟的投资。因此，这种方式是值得推广采用的。

由上述论述可知，排烟和防烟是两个不同的概念，系统设计也不一样。不过，一些设备如防火阀、防烟阀等有多种不同的复合功能，习惯上已将排烟、防火、防烟联立起来，如排烟防火阀。

8.2　消防设计的相关规范与标准

整个建筑工程的消防工程设计主要体现在三个方面：建筑设计（比如防火分区）的消防设计、建筑给水（比如喷淋系统）的消防设计和建筑设备的消防设计（比如中央空调系统或通风系统排烟防烟设计）。本书只论述跟中央空调设计有关的消防设计与消防设备，介绍的重点是机械排烟和机械防烟方面的知识。涉及中央空调消防设计的相关规范和标准很多，例如《民用建筑供暖通风与空气调节设计规范》（GB 50736—2012）和《工业建筑供暖通风与空气调节设计规范》（GB 50019—2015）规定：通风和空气调节的设计，应有防火排烟的措施，并应符合现行的国家标准《建筑设计防火规范》（GB 50016—2014）等的有关规定。因此，关于中央空调消防设计最重要的规范有一个，即《建筑设计防火规范》（GB 50016—2014），自2015 年 5 月 1 日起实施。实际上，《建筑设计防火规范》（GB 50016—2014）合并了以前的《高层民用建筑设计防火规范》（GB 50045—2005）和建筑设计防火规范（GB 50016—2006）。

《建筑设计防火规范》（GB 50016—2014）与旧版的建筑防火规范相比，有以下 11 个方面的变化：

1）合并了《建规》和《高规》，调整了两项标准间不协调的要求，将住宅建筑的分类统一按照建筑高度划分。

2）增加了灭火救援设施章节，完善了有关灭火救援的要求。

3）将消防设施的设置独立成章，并完善有关内容。

4）原有木结构民用建筑单成章，并可用于工业建筑中。

5）取消消防给水系统和防排烟系统设计两章，分别由相应的国家标准作出规定。

6）补充了建筑外保温系统的防火要求。

7）适当提高了高层住宅建筑和建筑高度大于 100M 的高层民用建筑的防火技术要求。

8）补充了利用有顶步行街进行安全疏散时的防火要求；调整、补充了建材、家具、灯饰商店和展览厅的设计人员密度。

9）补充了地下仓库、物流建筑、大型可燃气体储罐（区）、液氨储罐、液化天然气储罐的防火要求，调整了液氧储罐等的防火间距。

10）完善了防止建筑火灾竖向或水平蔓延的相关要求。

11）新增了相关的附录。如新增了《建筑高度和建筑层数的计算法》、《防火间距的计算方法》、《各类建筑构件的燃烧性能和耐火极限》、《民用建筑外保温系统及外墙装饰的防火设计要求》等附录。

此外，还有一些专门的设计规范也对中央空调工程的消防做出了具体的规定。如地铁设计规范、人防工程设计规范、汽车库、修车库、停车场设计防火规范、油库等建筑中的中央空调工程，对关于消防的要求分散在这些设计规范中。

为了使中央空调系统和防排烟协调动作，需要对送风系统与排烟系统采用联动控制的方式。在设有机械防排烟系统和自动报警系统的建筑中，自动报警系统和防排烟系统应是有机统一的整体。中央空调工程中因自动报警系统设计、施工、维护、使用不当等原因，使防排烟系统不能充分发挥作用的情况也是常见的。因此，关于建筑电气和弱电控制系统，也有关于关于中央空调消防系统设计的一些规定。

8.3 消防设计的内容

防排烟工程的作用是在火灾发生时及时而有效地排除火灾初起区域和蔓延到未着火区域的烟气，防止火灾烟气扩散到未着火区域和疏散通道，为受灾人员的疏散、物资财产的转移、火灾的扑救创造时间和空间上的条件。

中央空调工程中的消防设计应该包含以下内容：

1）排烟量计算。

2）防烟楼梯间及前室正压送风量计算。

3）防排烟风机、风口的选择计算。

4）中央空调系统的防火措施。

5）中央空调系统中防排烟系统防火措施的控制方式。

本章主要论述和介绍机械排烟和机械防烟的知识，对于自然排烟和自然防烟只作简单介绍。

8.3.1 机械排烟

8.3.1.1 相关规范对机械排烟设置的规定

《建筑设计防火规范》（GB 50016—2014）适用于下列新建、扩建和改建的建筑：

1）厂房。

2）仓库。

3）民用建筑。

4）甲、乙、丙类液体储罐（区）。

5）可燃、助燃气体储罐（区）。

6）可燃材料堆场。

7）城市交通隧道。

人民防空工程、石油和天然气工程、石油化工工程和火力发电厂与变电站等的建筑防火设计，当有专门的国家标准时，宜遵从其规定。

建筑高度大于250m的建筑，除应符合规范的要求外，尚应结合实际情况采取更加严格的防火措施，其防火设计应提交国家消防主管部门组织专题研究、论证。

民用建筑下列场所和部位应设置排烟设施：

1）设置在一、二、三层且房间建筑面积大于100m²的歌舞、娱乐、放映和游艺场所，设置在四层及以上楼层、地下或半地下的歌舞、娱乐、放映和游艺场所。

2）中庭。

3）公共建筑面积大于100m²且经常有人停留的地上房间。

4）公共建筑面积大于300m²且可燃物较多的地上房间。

5）建筑内长度大于20m的疏散走道。

地下或半地下建筑（室）、地上建筑内的无窗房间，当总建筑面积大于200m²或一个房间建筑面积大于50m²，且经常有人停留或可燃物较多时，应设备排烟设施。

8.3.1.2 排烟量的计算

根据中华人民共和国公安部公消［2015］98号文件-关于执行新版消防技术规范有关问题的通知的规定，鉴于新制订的《建筑防排烟系统技术规范》尚未批准发布，防排烟系统的设计与审核按照以下规定执行：防烟与排烟系统设置场所执行《建筑设计防火规范》（GB 50016—2014），其他具体系统设计仍执行《建筑设计防火规范》（GB 50016—2006）及《高层民用建筑设计防火规范》（GB 50045—2005）。因此，本章的诸处论述仍以还在生效的《建筑设计防火规范》（GB 50016—2006）及《高层民用建筑设计防火规范》（GB 50045—2005）来进行介绍。目前，相关措施已整合成了《建筑防烟排烟系统技术标准》（GB 51251—2017），机械排烟量的计算相对比较简单，建筑设计防火规范（GB 50016—2006）规定了最小的排烟量的计算（见表 8-1）。

表 8-1　机械排烟的最小排烟量

条件和部位		单位排烟量 /[m³/(h·m²)]	换气次数 /(次/h)	备　　注
担负 1 个防烟分区 室内净高大于 6.0m 且不划分防烟分区的空间		60	—	单台风机排烟量不应小于 7200m³/h（2008 版征求意见稿已删除单台字样）
担负 2 个及 2 个以上防烟分区		120	—	应按最大的防烟分区面积确定
中庭	体积小于或等于 17000m³	—	6	体积大于 17000m³/h 时，排烟量不应小于 102000m³/h。
	体积大于 17000m³			

《建筑防烟排烟系统技术标准》（GB 51251—2017）规定：担负一个防烟分区排烟或净空高度大于 6.0m 且不划防烟分区的房间时，应按每平方米面积不小于 60m³/h 计算，即单台风机的最小排烟量不应小于 7200m³/h。担负两个或两个以上防烟分区排烟时，应按每平方米不小于 120m³/h 计算。中庭体积小于或等于 17000m³ 时，其排烟量按其体积的 6 次/h 换气计算；中庭体积大于 17000m³ 时，其排烟量按其体积的 4 次/h 换气计算，但最小排烟量不应小于 102000m³/h。可见，两个规范对排烟量的计算是一致的，这样一来，排烟量的计算就非常简单。

排烟量计算的核心是保证发生火灾的分区其每平方米的排风量不小于 60m³/h。对于担负 2 个或 2 个以上防烟分区的排烟系统，应按每平方米不小于 120m³/h 计算。这是因为排烟系统连接的防烟分区多，系统大、管线长、漏风点多，为确保着火防烟分区的排烟量（仍为每平方米 60m³/h）而特意在选择风机和风管时加大计算风量的一种保险措施。

当两个防烟分区面积大小相等时，排风量与原计算方法相等即直接取值。但是，当两个防烟分区面积大小不等时，可以按两个单独的排烟分区来计算，此时排烟风量较小，更为经济合理。例如两个面积分别为 400m² 和 200m² 的防烟分区，排烟风机的排风量按原方法计算应为 400×120m³/h＝48000m³/h，而按调整后的新方法计算，仅为（400+200）×60m³/h＝36000m³/h 即可。

至于风管管径、阻力等的计算，与前述章节所论述的通风完全相似，本章不再叙述。值得注意的是，机械排烟系统与通风、空气调节系统一般应分开设置。若合用时，必须采取可靠的防火安全措施，并应符合排烟系统要求。

8.3.2　机械防烟

机械防烟主要是正压送风防烟，一些建筑部位仅靠机械排烟已无法保证人员的安全，这时就需要使用机械防烟来保证空气清洁了。机械防烟的部位很少，一般就是楼梯间、前室等。

8.3.2.1　相关规范对机械防烟设置的规定

《建筑设计防火规范》（GB 50016—2014）规定，下列场所应设置机械加压送风防烟设施：

1）防烟楼梯间及其前室；

2）消防电梯间前室或使用前室；

3）避难走道的前室、避难层（间）；

建筑高度不大于 50m 的公共建筑、厂房、仓库和建筑高度不大于 100m 的住宅建筑，当其防烟楼梯间的前室或合用前室符合下列条件之一时，楼梯间可不设置防烟系统：

1）前室或合用前室采用敞开的阳台、凹廊；

2）前室或合用前室具有不同朝向的可开启外窗，且可开启外窗，且可开启外窗的面积满足自然排烟口的面积要求。

厂房或仓库的下列场所或部位应设置排烟设施：

1）内类厂房内建筑面积大于 300m² 且经常有人停留或可燃物较多的地上房间，人员或可燃物较多的丙类生产场所；

2）建筑面积大于 5000m² 的丁类生产车间；

3）占地面积的 1000m² 丙类仓库；

4）高度大于 32m 的高层厂房（仓库）内长度大于 20m 的疏散走道，其他厂房（仓库）内长度大于 40m 的疏散走道。

8.3.2.2 正压送风量计算

1. 送风量的规定 《高层民用建筑设计防火规范》（GB 50045—1995）[2005 版] 规定的防烟楼梯间及电梯前室的正压送风量见表 8-2。而消防电梯间的送风量为：低于 20 层的为 15000~20000m³/h，20~32 层的为 22000~27000m³/h。封闭避难层（间）的机械加压送风量应按避难层净面积每平方米不小于 30m³/h 计算。如果层数超过 32 层的高层建筑，则其送风系统及送风量应分段设计。而间道楼梯间可合用一个风道，其风量应按两个楼梯间的风量计算，送风口应分别设置。可以按照规定实际选取即可，此时送风量不需要计算。

表 8-2 防烟楼梯间及其合用前室的加压送风量

系统负担层数	送风部位	加压送风量/(m³/h)	系统负担层数	送风部位	加压送风量/(m³/h)
小于 20 层	防烟楼梯间	16000~20000	20~32 层	防烟楼梯间	20000~25000
	合用前室	12000~16000		合用前室	18000~22000

《建筑设计防火规范》（GB 50016—2014）对加压送风量的规定见表 8-3。

表 8-3 《建筑设计防火规范》对加压送风量的规定

条件和部位		加压送风量/(m³/h)
前室不送风的防烟楼梯间		25000
防烟楼梯间及其合用前室分别加压送风	防烟楼梯间	16000
	合用前室	13000
消防电梯间前室		15000
防烟楼梯间采用自然排烟，前室或合用前室加压送风		22000

注：表内风量数值按开启时宽×高＝1.5m×2.1m 的双扇门为基础进行计算。当采用单扇门时，其风量宜按表列数值乘以 0.75 确定；当前室有 2 个或 2 个以上的门时，其风量应按表列数值乘以 1.50~1.75 确定。开启门时，通过门的风速不应小于 0.70m/s。

机械加压送风的防烟楼梯间和合用前室，宜分别独立设置送风系统，当必须共用一个系统时，应在通向合用前室的支风管上设置压差自动调节装置。比较表 8-2 和表 8-3 发现，两个规范对加压送风量的规定相近。但是，由于《建筑设计防火规范》（GB 50016—2006）规定的是 9 层以下的住宅或 24m 以下的公共建筑，也就是负担的层数要少，实际《建筑设计防火规范》（GB 50016—2006）规定的每层的送风量还要大一些。

2. 送风量的理论计算 除了按照相关规范选取送风量外，也可以直接按相关公式进行理论计算。

对于防烟楼梯间及其前室或合用前室的机械加压送风防烟设计，其要领是同时保证送风风量和维持正压值。很显然，正压值维持过低不利于防烟，但正压值过高又可能妨碍门的开启而影响使用。送风风量的确定通常用"压差法"或"风速法"进行计算，并取其中较大者为准进行确定。楼梯间宜每隔二至三层设一个加压送风口，前室的加压送风口应每层设一个。机械加压送风的防烟楼梯间和合用前室，宜分别独立设置送风系统，当必须共用一个系统时，应在通向合用前室的支风管上设置压差自动调节装置。

采用压差法计算每个疏散通道的送风量 L_y 时，计算公式如下：

$$L_y = 0.827 \times 3600 \times 1.25 f \Delta P^{1/b} \tag{8-1}$$

式中　ΔP——门、窗两侧的压差值（Pa），根据加压方式及部位取 25~50Pa；

　　　b——指数，对于门缝取 2，对窗缝取 1.6；

　　1.25——不严密附加系数；

　　　f——门、窗缝隙的计算漏风总面积（m^2），单扇门 $f=0.02m^2$，双扇门 $f=0.03m^2$，电梯门，$f=0.06m^2$。

对人防工程，由于层数不多，门、窗缝隙的计算漏风总面积不大，按风压法计算的送风量较小，故在实际工程设计中，应按风速法进行计算。采用风速法计算送风量 L_f 时，可以使用下列公式计算

$$L_f = 3600 \frac{nFv(1+b)}{a} \tag{8-2}$$

式中　F——每个门的开启面积（m^2）；

　　　v——开启门洞处的平均风速（m/s），在 0.6~1.0m/s 间选择，通常取 0.7~0.8m/s；

　　　a——背压系数，按密封程度在 0.6~1.0 间选择，人防工程取 0.9~1.0；

　　　b——漏风附加率，取 0.1；

　　　n——同时开启的门数，人防工程门数，即一进一出按最少的 $n=2$ 计算。

上述送风量即为按风速法计算结果并参考相关规范的取值。当门的尺寸非 1.5m×2.1m 时，应按比例进行修正。

表 8-4 列出了国外部分建筑的正压送风风量，表 8-5 列出了国内部分建筑的正压送风风量，可供相关人员在实际设计中参考。

表 8-4　国外部分建筑正压送风风量

建筑物名称	层数	总送风量 /(m³/h)	平均每层送风量 /(m³/h)	送风部位
美国波士顿附属医院大楼	16	16128	1008	楼梯间
美国旧金山某办公大楼	31	31608	1008	楼梯间
美国波士顿 UCAC 大楼	36	121320	3370	楼梯间、前室
美国明尼阿波利斯 IDS 中心	50	54720	1094	楼梯间
美国佛罗里达州办公大楼	55	68000	1236	楼梯间
美国麦克格罗希办公大楼	52	85000	1634	楼梯间
美国波士顿商业联合保险大楼	36	51000	1614	楼梯间
日本新宿野村大楼	50	21200	424	前室

表 8-5　国内部分建筑正压送风风量

建筑物名称	层数	总送风量 /(m³/h)	平均每层送风量 /(m³/h)	送风部位
上海联谊大厦	29	32500	1120	楼梯间
北京图书馆书库	19	19500	1026	楼梯间
深圳晶都大酒店	30	31000	1033	楼梯间、前室
大连万达国际饭店	26	36000	1384	楼梯间、前室
福州大酒店	20	15850	792	楼梯间
山东齐鲁大厦	22	25000	1136	楼梯间
南京金陵饭店	35	34500	985	楼梯间
上海华亭宾馆	29	34000	1172	消防电梯前室

同样，关于防烟风管的管径、阻力等计算与通风类似，本章不再论述。

8.4　防排烟设备的性能与设计

防、排烟设备的选型与性能是进行中央空调工程设计必须考虑的问题。尤其是在设备表和施工、设计说明中要仔细说明。

8.4.1 防火排烟阀

防火排烟阀实际上是一个统称，包括防火类、防烟类和排烟类等几类（见表8-6）。其中防火类包括防火阀、防烟防火阀、防火调节阀等；排烟类又包括排烟阀和排烟防火阀等。一般没有特别说明，在实践中对名称也没有严格的规定。不过，不同用途和部位的防火阀动作温度不同，常开、常闭状态不同，这是需要特别注意的。《建筑设计防火规范》（GB 50016—2006）明确规定，有下列情况之一的通风、净化空调系统的风管应设防火阀：

1）风管穿越防火分区的隔墙处，穿越变形缝的防火隔墙的两侧。
2）风管穿越通风、空气调节机房的隔墙和楼板处。
3）垂直风管与每层水平风管交接的水平管段上。

表8-6 防火阀和排烟阀的分类与性能

类别	名称	性能及用途
防火类	防火阀	采用70℃温度熔断器自动关闭（防火），可输出联动信号。用于通风空调系统风管内，防止火势沿风管蔓延
	防烟防火阀	靠感烟探测器控制动作，用电信号通过电磁铁关闭（防烟）；还可采用70℃温度熔断器自动关闭（防火）；用于通风空调系统风管内，防止烟火蔓延
	防火调节阀	70℃时自动关闭，手动复位，0~90°无级调节，可以输出关闭电信号
防烟类	加压送风口	靠感烟探测器控制，电信号开启，也可手动（或远距离缆绳）开启，可设280℃温度熔断器重新关闭装置，输出动作电信号，联动送风机开启。用于加压送风系统的风口，起赶烟、防烟的作用
排烟类	排烟阀	电信号开启或手动开启，输出开启电信号联动排烟机开启，用于排烟系统风管上
	排烟防火阀	电信号开启，手动开启，采用280℃温度熔断器重新关闭，输出动作电信号，用于排烟风机吸入口管道或排烟支管上
	排烟口	电信号开启，手动（或远距离缆绳）开启，输出电讯号联动排烟机，用于排烟房间的顶棚或墙壁上，可设280℃重新关闭装置
	排烟窗	靠感烟探测器控制动作，电信号开启，还可手动开启，安装于自然排烟处的外墙上

8.4.2 排烟风道与排烟口

8.4.2.1 排烟风道

《建筑设计防火规范》（GB 50016—2006）规定，采用机械加压送风管路、排烟管路和补风管路内的风速应符合下列规定：对于机械加压送风防烟排烟管路内的风速，当采用金属风道或内表面光滑的其他材料时，不宜大于20m/s，当采用内表面抹光的混凝土或砖砌风道时，不宜大于15m/s。

机械加压送风防烟管路、排烟管路、排烟口和排烟阀等必须采用不燃材料制作。排烟管路与可燃物的距离不应小于0.15m。机械加压送风防烟、排烟管路不宜穿过防火墙。当需要穿过时，过墙处应设置烟气温度大于280℃时能自动关闭的防火阀。排烟支管上应设置当烟气温度超过280℃时能自行关闭的排烟防火阀。

根据规定，排烟风道的构造应该是金属材料或石棉类材料的烟囱。并且排烟风道敷设在屋架、顶棚、楼板内的部分要用非金属的非燃烧材料包覆。对风道钢板厚度的规定见表8-7。由于排烟风道的静压一般都较高，因此风道的构造要求牢固。当金属风道为钢制风道时，钢板厚度一般不应小于1.0mm。

表8-7 排烟风道的厚度（镀锌钢板制）　　　　　　　　　　（单位：mm）

钢板标准厚度	风道长边	钢板标准厚度	风道长边
0.8	≤450	1.2	>1200
1.0	<450且≤1200		

钢板风道的连接可以采用以下几种形式：

1）矩形风道的角接缝采用联合角咬口。

2）风道的连接采用法兰连接。

3）垂直于气流方向的金属板接缝，要在气流方向一侧作单咬口接缝。平行于气流方向的金属板接缝，如果不能以标准板材下料时，内部可用单咬口接缝。

4）与排烟风机的连接，不采用有挠度的接管，要用法兰连接。

管路和设备的保温材料、消声材料和黏结剂应为不燃烧材料或难燃烧材料。穿过防火墙和变形缝的风管两侧各 2.00m 范围内应采用不燃烧材料及其黏结剂。保温材料根据日本工业标准 JISA9504，当采用石棉材料时，保温层厚度应在 25mm 以上，或者根据 JISA9505 采用玻璃纤维材料时，保温层厚度应在 25mm 以下（两者密度均为 0.003g/cm³ 以上）。风管内设有电加热器时，风机应与电加热器联锁。电加热器前后各 800mm 范围内的风管和穿过设有火源等容易起火部位的管路，均必须采用不燃保温材料。

8.4.2.2　排烟口

由于烟气受热而膨胀，密度较小，故向上运动并贴附于顶棚下再向水平方向流动。因此要求排烟口的位置尽量设于顶棚或靠近顶棚墙面上部的排烟有效部位，以利于烟气的收集和排出。排烟口应避开出入口，其目的是避免出现人流疏散方向与烟气流方向相同的不利局面。

另外，一般要求把排烟口设置于防烟分区的居中位置。这是因为居中位置可以尽快截获火灾时的烟气和热量，同时，可以较好地布置排烟口和利用排风口兼作排烟口。排烟口应设置在顶棚或靠近顶棚的墙面上，且与附近沿走道方向安全出口的相邻边缘之间的最小水平距离不应小于 1.50m。设在顶棚上的排烟口，距可燃构件或可燃物的距离不应小于 1.00m；排烟口或排烟阀应按防烟分区设置。机械加压送风防烟系统和排烟补风系统的室外进风口宜布置在室外排烟口的下方，且高度差不宜小于 3.0m；当水平布置时，水平距离不宜小于 10.0m。排烟口宜设置于该防烟分区的居中位置，并应与疏散出口的水平距离在 2m 以上，且与该分区内最远点的水平距离不应大于 30m，排烟口的风速不宜大于 10.0m/s。机械加压送风防烟系统中送风口的风速不宜大于 7m/s。

排烟口的开闭状态和控制应符合下列要求：

1）单独设置的排烟口，平时应处于关闭状态，其控制方式可采用自动或手动开启方式，手动开启装置的位置应便于操作。

2）当排风口和排烟口合并设置时，应对排风口或排烟口所在支管设置自动阀门，该阀门必须具有防火功能，并应与火灾自动报警系统联锁；发生火灾时，着火防烟分区内的阀门仍应处于开启状态，其他防烟分区内的阀门应全部关闭。

8.4.3　消防风机

排烟风机的设置应符合下列规定：

1）排烟风机的全压应满足排烟系统最不利环路的要求。其排烟量应考虑 10%~20% 的漏风量。

2）排烟风机可采用离心风机或排烟专用的轴流风机；机械加压送风机可采用轴流风机或中、低压离心风机，风机位置应根据供电条件、风量分配均衡、新风入口不受火、烟威胁等因素确定。

3）排烟风机应能在 280℃ 的环境条件下连续工作不少于 30min。

4）在排烟风机入口处的总管上应设置当烟气温度超过 80℃ 时能自行关闭的排烟防火阀，该阀应与排烟风机联锁，当该阀关闭时，排烟风机应能停止运转。

5）当排烟风机及系统中设置有柔性接头时，该软接头应能在 280℃ 的环境条件下连续工作不少于 30min。排烟风机和用于排烟补风的送风风机宜设置在通风机房内。

6）在机械排烟系统中，当任一排烟口或排烟阀开启时，排烟风机应能自行起动。

第9章 中央空调工程设计软件

中央空调工程设计要通过设计制图来实现，而设计制图又主要借助于设计软件来完成。计算机的广泛使用和设计软件的完美结合，为中央空调设计提供了极大的便利，也显著提高了中央空调工程设计人员的工作效率。作为一名合格的中央空调设计人员，应该熟练掌握设计软件。这些软件既包括通用的计算机设计软件，也包括中央空调工程设计的专用软件。本章重点介绍几种常用的中央空调工程设计软件。中央空调工程设计质量的好坏，既取决于设计人员对专业知识和设计规范的掌握情况，也取决于对设计软件的熟练程度。

9.1 AutoCAD

AutoCAD（Autodesk Computer Aided Design）是由美国 Autodesk 公司开发的通用计算机辅助设计软件。它广泛应用于建筑、机械、电子、航天、造船和土木工程等诸多领域。自 1982 年 AutoCAD 推出第一个版本以来，经过多次的版本修改和功能完善，已形成了一系列的设计软件，并且还在不断的更新和升级中。AutoCAD 具有完善的图形绘制功能、强大的图形编辑功能。AutoCAD 可以采用多种方式进行二次开发或用户定制，可以进行多种图形格式的转换，具有较强的数据交换能力。AutoCAD 支持多种硬件设备，支持多种操作平台，具有通用性、易用性，适用于各类用户。此外，从 AutoCAD2000 开始，该系统又增添了许多强大的功能，如 AutoCAD 设计中心（ADC）、多文档设计环境（MDE）、Internet 驱动、新的对象捕捉功能、增强的标注功能以及局部打开和局部加载的功能。为方便介绍和论述，本章以 AutoCAD2016 中文版为例来介绍。AutoCAD2016 是一个可以完成二维绘图、三维造型以及三维造型的上色渲染的计算机绘图软件。它的主要功能有：绘图功能、编辑功能、符号库、三维功能、图形显示、输出功能、高级扩展功能以及 Internet 功能。

9.1.1 AutoCAD2016 的工作界面

AutoCAD2016 中文版的工作界面由标题栏、菜单栏、工具栏、绘图窗口、命令提示窗口、状态栏等六个部分组成，工作界面如图 9-1 所示。

9.1.1.1 标题栏与菜单栏

标题栏位于窗口界面的最上部，其作用是显示 AutoCAD2016 图标以及实时显示正在绘图窗口工作的图形文件的名称，并且在它的最右边有启动软件常用的最小化、最大化和关闭按钮。

菜单栏位于窗口界面的第二行，它基本上包含了整个 AutoCAD2016 中文版的全部功能，也就是说使用者对图形文件作任何操作或加工，都可以通过菜单栏来完成。整个菜单栏包括了"文件"、"编辑"、"视图"、"插入"、"格式"、"工具"、"绘图"、"标注"、"修改"、"窗口"和"帮助"十一个菜单项。通过单击某一个菜单项，便会弹出相应的下拉菜单，然后在下拉菜单中点击便可进行相应的操作。值得注意的是，某些菜单命令后面带有"▶"、"..."、(N)、"Ctrl+O"等符号或组合键，含义如下：

1) 下拉菜单命令带有"▶"的符号，表示该命令下带有子命令。
2) 下拉菜单命令带有"..."的符号，表示执行该命令时会打开一个对话框。
3) 下拉菜单命令带有诸如（N）等字母符号，表示打开菜单时，在键盘上按下括号中的

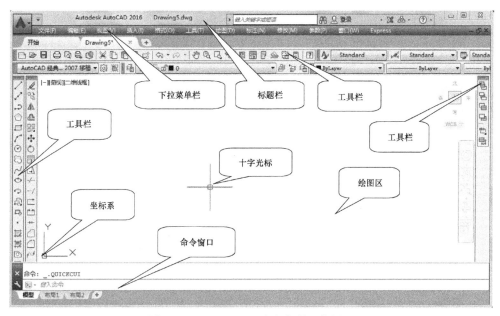

图 9-1　AutoCAD2016 中文版的工作界面

字母可马上执行操作。

4）下拉菜单命令带有诸如"Ctrl+O"等组合键，表示直接按组合键就可以执行操作。

5）下拉菜单命令呈灰色，表示该命令在当前状态下不可使用。

9.1.1.2　工具栏

工具栏是操作人员在绘图时比较常用的操作执行手段。在 AutoCAD2016 中文版里，提供给用户的工具栏中，位于菜单栏下方的为标准工具栏，分别提供了"新建"、"打开"、"保存"等常用操作，而在默认状态下 AutoCAD2016 则显示"绘图"、"修改"两个工具栏（见图9-2），它们位于窗口界面的左侧。

任何工具栏均可按住左键拖动成浮动状态，并且在任意一个工具栏上单击右键，则会出现如图 9-3 所示的快捷菜单，处于钩选状态的命令，表示工具栏已打开。

值得一提的是，AutoCAD2016 并不是一个简单的应用程序，设计人员在使用时往往要调用不同的工具栏中的不同命令按钮，如此将大大降低工作效率。对此，AutoCAD2016 提供了一个自定义工具栏命令，设计人员可以针对绘图需要或者个人习惯，从不同工具栏中抽调不同的命令按钮，从而新建出自定义的工具栏。下面举例说明。

选择菜单栏里的"视图"→"工具栏"，会弹出"自定义用户界面"对话框，如图 9-4所示。

在"自定义"选项卡里面的"所有 CUI 文件中的自定义"的选项区域中，在树状图中的"工具栏"选项中右击，再选择弹出菜单中的"新建"→"工具栏"。

然后可以直接输入新建工具栏的名称，或者在右上角"特性"的选项区域中的"名称"文本框中输入亦可。然后可以在下面调整有关外观的一些选项，还可以在"说明"的文本框中填入自定义工具栏的说明文字。

9.1.1.3　命令提示窗口与状态栏

命令提示窗口和状态栏均位于界面下部，其中状态栏位于界面的最底部，命令提示窗口位于状态栏之上。命令提示窗口的作用是输入命令以及相应的参数，并且显示命令的操作提示和命令历史即显示刚执行完的两条命令。而对于一些诸如 TIME、LIST 输出命令，需要在放

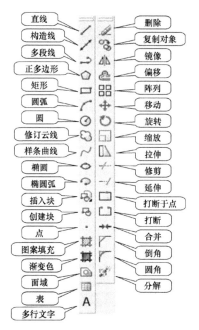

图 9-2　"绘图"（左）、"修改"（右）工具栏

图 9-3　工具栏快捷菜单

大命令提示窗口或者在 AutoCAD 文本窗口
中显示。

　　在命令提示窗口中右击，即弹出一个
快捷菜单，如图 9-5 所示。通过它可以选中
近期使用的命令、复制历史记录、粘贴以
及打开"透明"和"选项"对话框。

　　值得留意的是，当光标在命令输入栏
中时，通过按键盘的"↑"和"↓"键，
即可选择调用之前曾使用过的命令，这个
操作对使用 AutoCAD 绘图效率的提高有相
当大的帮助。

　　命令提示窗口在默认状态下处于界面
的下部，实际上，将命令提示窗口按住左
键拖动后，可令其处于浮动状态。

图 9-4　"自定义用户界面"对话框

　　在默认状态下，按键盘的"F2"键即
可弹出 AutoCAD 文本窗口（见图 9-6），当
然也可以通过单击菜单栏的"视图"→"显示"→"文
本窗口"来显示。在此窗口之下，可以通过窗口的
滚动条或键盘上的"Home"、"Page Up"、"Page
Down"等键来浏览所有的命令历史。当然也可以通
过复制来获得文本中的命令内容。

　　状态栏位于整个界面的最下方，左边实时显示
在绘图窗口中十字光标的绝对坐标，从左到右分别
为 X 轴方向坐标、Y 轴方向坐标、Z 轴方向坐标的坐

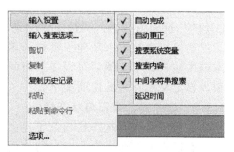

图 9-5　命令提示窗口快捷菜单

标值。用户可以通过按键盘的
"F6"键，或"Ctrl+D"组合键，
或单击状态栏的坐标来开启关闭
坐标值的显示，坐标值在关闭状
态下呈灰色。

在状态栏右侧有 9 个控制按
钮，按钮凹下则表示已启用该按
钮所对应功能，凸起则表示未启
用该按钮的功能。

9.1.1.4　绘图窗口

AutoCAD2016 的绘图窗口
（见图 9-1）位于界面的中心处，
所占面积最大，它主要用于显示
图形和绘图。AutoCAD2016 并没

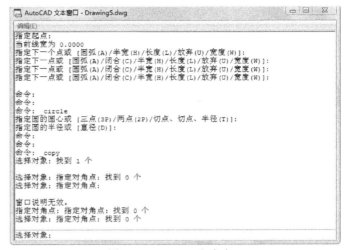

图 9-6　AutoCAD 文本窗口

有限定绘图窗口的大小，用户可以根据需要来设定显示在屏幕中的绘图区域的大小，同时可以通过滚动条来调整屏幕所显示的绘图区域。

模型空间和作图空间是绘图窗口的两种作图环境，模型、布局1、布局2 是绘图窗口在默认状态下的 3 个选项卡，通过选择这 3 个选项卡可以让用户进入模型空间和作图空间。若选择"模型"环境，则表示用户在模型空间绘制二维或三维图形。而单击"布局 1"或"布局 2"环境时，则表示在作图空间。

9.1.2　AutoCAD2016 初级使用

9.1.2.1　图样的建立

在新建图形时，输入命令"NEW"或单击标准工具栏的新建按钮即可弹出"选择样板"对话框，如图 9-7 所示。此时，创建图形可通过使用从使用样板开始。

在此方法之下，可以为样板打开，并可以为新图形指定"英制"单位或"公制"单位，

图 9-7　"选择样板"对话框

选定的指定单位决定系统变量所要使用的默认值，而这些系统变量可以控制标注、文字、捕捉、栅格和默认的线型和填充图案文件。

使用"英制"单位时图形文件是基于英制测量系统来创建新图形，图形使用内部默认值，默认图形边界（即为图形界限）是 304.8mm×228.6mm（12in×9in）英寸。

使用"公制"单位时图形文件是基于公制测量系统来创建新图形，图形使用内部默认值，默认图形边界是 421mm×297mm。

9.1.2.2 图样的保存

CAD 图样的保存可以通过在命令提示窗口输入"QSAVE"和按下标准工具栏中的"保存"按钮 来实现，首次对文件保存时会弹出"保存"对话框。"另存为"则可以通过在命令提示窗口中输入"SAVEAS"或按下菜单栏中的"文件"→"另存为"来实现。

9.1.2.3 图样的打开

对于已存在的图形文件，只要用户计算机中所安装的 AutoCAD 版本和图形文件的保存格式相同或高于其格式，即可通过双击打开。而对于已经启动的 AutoCAD2016，打开文件要通过在命令提示窗口中输入"OPEN"或按下标准工具栏中的"打开"按钮 来实现。

9.1.2.4 常用绘图命令简介

AutoCAD2016 拥有的命令可以分为对象特性命令、绘图命令、修改命令、尺寸标注命令、功能键等五类。各命令的调用可以通过在命令窗口中输入命令缩写、选择绘图菜单或者单击工具栏中对应图标来实现。

现重点介绍有关图案填充、图块和尺寸标注命令的使用。

1. 图案填充（BHATCH） 图案填充功能是用于把各种类型的图案填充到指定区域中，用于填充的图案可以是软件提供的，也可以是自定义的。进行图案填充时，首先要确定填充的封闭边界。填充的封闭边界可以是直线、圆、圆弧、二维多段线、样条曲线、椭圆和块等。

执行命令以后，系统会打开"图案填充和渐变色"对话框如图 9-8 所示，包括"图案填充"和"渐变色"两个选项卡，可用来确定图案填充时的填充图案、填充边界和填充方式等。

图 9-8 "图案填充和渐变色"对话框

一般的填充操作是，在选好样例和填充方式后使用"拾取点"和"选择对象"来填充。其中"拾取点"是通过拾取点的方式来自动产生一个围绕该拾取点的边界，而"选择对象"则是通过选择对象来产生一个封闭的填充边界。

2. 图块　在 CAD 中有关图块的操作包括块的创建、保存及插入等一系列的命令。

（1）块的创建（BLOCK）　执行命令后弹出如图 9-9 所示的对话框，需确定块的名称、基点（即可手动输入坐标，也可在图中点取）和在图中点击选取具体对象，然后在"设置"区域设置块参照插入单位，以及勾选指定是否阻止块参照不按统一比例缩放和块参照是否可以被分解。

值得注意的是，新创建块的名称不能与当前图形文件中已经存在的块名相同，否则 Auto-CAD 将弹出警告信息框；由于 0 图层具有插入层的特性，非 0 图层的块具有自身层的特性，故最好在 0 图层上创建块。

（2）块的保存（WBLOCK）。由于创建块后该块或符号只能在它们所生成的图形中使用，则其他文件无法使用当前文件中创建的图块。故需调用"写块"命令，将图块以单独的图形文件的形式存入硬盘中。

（3）块的插入（INSERT）。用户可以把已保存的图块插入到当前的文件中。首先应该通过"浏览"按钮选取已保存的块文件，然后指定插入点即可手动输入坐标，也可在图中点取，再设定缩放比例（若手动输入负值，即为原块的镜像）、指定插入块的旋转角度（以块的基点为中心）和是否分解。

3. 尺寸标注　AutoCAD 的尺寸标注是由尺寸线、尺寸界线、尺寸箭头（起止符号）和尺寸文本构成的，它的样式放在图形文件中，一个尺寸是一个对象。

（1）尺寸样式（DIMSTYLE）。尺寸样式决定着图形中尺寸标注的各个组成部分的格式和外观，故在定义尺寸标注样式后才可进行标注。执行命令以后，弹出如图 9-10 所示的对话框。首先从该对话框的左上角所显示的"当前标注样式：ISO-25"可见，AutoCAD2016 的默认样式为 ISO-25，即国际标准组织的标注标准。在"样式"列表框中加亮显示的标注样式效果显示在"预览"框中，并在"说明"框中给出相应的说明。

图 9-9　"块定义"对话框

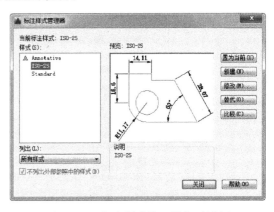

图 9-10　"标注样式管理器"对话框

（2）尺寸标注。AutoCAD2016 基本的标注类型包括：长度标注，用来标注对象的长度，包括线性标注、对齐标注和弧长标注；径向标注，用来标注圆或圆弧的直径、半径尺寸，包括直径标注、半径标注和折弯标注；角度标注，标注角度尺寸；坐标标注，标注指定点的坐标值；引线标注，带引线的标注文本以及其他类型标注，主要有连续标注、基线标注、快速标注、圆心标记和公差标注。尺寸标注示例如图 9-11 所示。

"标注"命令可通过标注工具栏和菜单栏调用，并按照命令提示窗口操作即可。

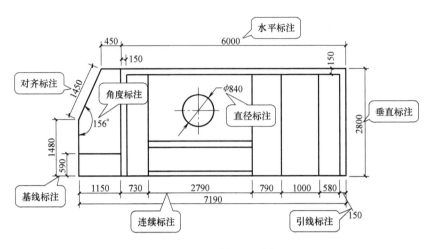

图 9-11　尺寸标注示例

9.1.3　AutoCAD2016 高级使用技巧与提高

对于广大工程设计人员来说，绘图速度是绘图水平达到专业级别所必不可少的一项指标，这就要求工程设计人员不仅对 CAD 命令能有足够的熟悉和了解，也要求在绘图时养成良好的习惯，总结出一套属于自己的绘图方法，从而才能尽可能地提高绘图速度。本章介绍一些绘图技巧以供设计人员参考。

9.1.3.1　修改系统配置

用户可以通过单击菜单栏的"工具"→"选项"，或在命令输入栏中输入"OP"，然后回车，进入"选项"对话框（见图 9-12），可以在各选项卡中修改配置。

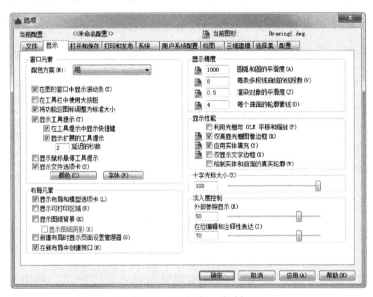

图 9-12　"选项"对话框

1. "显示"选项卡　绘图底色：在默认状态之下，绘图窗口的底色为黑色，但一般设计人员在截图时有必要把底色改为白色。在"窗口元素"区域单击"颜色"按钮，进入"颜色选项"对话框，在颜色下拉菜单中即可对底色进行选择。

十字光标大小：在对话框的左下角的"十字光标"区域中，有一个拖动条可以调整十字光标的大小，为便于绘图，十字光标的大小应设为最大值100。

2. "打开和保存"选项卡 在"文件保存"区域的下拉菜单中可选择文件另存为的保存格式，而默认格式为AutoCAD2007/LT2007的".dwg"图形格式。AutoCAD2016可以设定每隔一定时间自动保存文件，默认时间是10min，但要注意在"文件安全措施"区域中自动保存的时间间隔不宜太长。

由于AutoCAD存在不同的版本，而高版本可打开低版本所绘制的图形文件；反之，低版本不能打开高版本所绘制的图形文件。而一个图形文件有可能会在不同的计算机上使用，故用户需考虑另存为的格式是否能在以后的使用中顺利打开。

3. "用户系统配置"选项卡 点击下方的"线宽设置"按钮，弹出"线宽设置"对话框。在"线宽设置"对话框中，先钩选"显示线宽"的复选框，然后在"线宽"列表中选择"随层"，再拖动"调整显示比例"区域中的滑块至距最左边一格处，使显示的线宽与实际相符。

4. "绘图"选项卡 十字光标靶框：在"靶框大小"区域即可调整十字光标的靶框大小，宜适当调大，以方便选择对象。单击"Windows 标准"区域的"自定义右键单击"按钮，进入该对话框，如图9-13所示。在三种模式下可选择右键的不同作用，用户可根据需要来选择。

图 9-13 "绘图"对话框

9.1.3.2 绘图技巧

1. 快捷命令的使用 AutoCAD命令的调用方法一般有三种：单击菜单栏调用、单击工具栏调用、在命令提示窗口中直接输入命令。一般情况下，通过工具栏调用命令要比使用菜单栏更快捷。但是倘若用户能够熟记自己常用命令的简写或快捷键，则使用键盘来输入命令会比使用鼠标在工具栏上单击命令按钮要快得多。而且，按照一般的右手使用鼠标的习惯，左手所负责的就是键盘上输入快捷命令。如此一来，只要用户能够时常练习正确的方法，则必定能够把自己的绘图速度提高到较高水平。

如果用户有自己习惯使用的命令简写，可以通过在硬盘中搜索到的"acad.pgp"文件，打开它后下拉滚动条即可见到各种命令的简写和全拼。而用户要修改时，可以根据自己的作图习惯来修改命令的简写。建议用户把最常用的命令简写改成较为简单的字母，若出现简写相同，则可以把较少用到的命令简写改为重复字母。例如把较常用的"复制"（COPY）命令简写改为"C"，而较少用的"圆"（CIRCLE）命令简写改为"CC"。

修改保存后，重启计算机后修改设置生效。

2. 命令行高度适中 一些用户为了让绘图窗口能够显示得尽量大，从而把命令提示窗口压缩得很小，甚至有的只保留输入行，而把命令提示行给遮盖，这是不利于初学者对命令提示识记的。所以最好把命令提示区域保留两行，从而可以随时注意命令行的提示，根据提示决定下一步的操作，达到减少误操作和掌握复杂命令的目的。

3. 阵列（Array）的使用 很多用户只注意到用阵列命令来完成矩形和环形的对象排列，

却没有注意到用阵列命令来等距地复制对象，这比采用多重复制命令（"Copy"→"M"）逐个复制要快。

4. 图层（Layer）的使用　对于 CAD 工程制图来说，使用图层来区分不同管线、构筑物和文字等是非常必要的，这非常有利于修改和查找。

如图 9-14 所示，用户可以对新建图层的名称、颜色、线型和线宽等进行设置，而且可以对某一个图层的显示、打印、重生成及锁定进行设置。

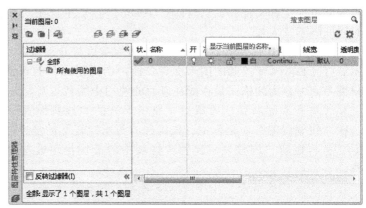

图 9-14　"图层特性管理器"对话框

5. 夹点的使用　在绘图时使用夹点有助于提高绘图速度。如图 9-15 所示，在选中一条直线时会出现三个蓝色的夹点，单击夹点时命令提示窗口将会出现"拉伸"（Stretch）提示，按回车键或空格键可以在"拉伸"（Stretch）、"旋转"（Rotate）、"移动"（Move）、"比例缩放"（Scale）和"镜像"（Mirror）之间切换。

6. 图块的调用　不同专业的用户在各自专业的绘图设计当中会多次地用到很多专业的图样，所以 AutoCAD 为各种专业的用户提供了图块插入功能，用户可以对经常要调用到的图样进行保存入库，在需要时即可随时调用。

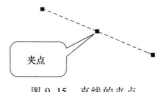

图 9-15　直线的夹点

7. 图形的绘制与修改　对于经常使用 AutoCAD 的工程设计人员来说，改图比画图可能更费时。所以，如果在画图的时候一笔一画的修改，则绘图的整体性和连续性会被破坏以致降低绘图速度。在绘图的时候应该先不要考虑图的细节部分，在完成整幅图之后再进行修改。

9.2　天正暖通软件

天正建筑计算机辅助设计软件 TArch 是国内一款在 AutoCAD 平台上开发的建筑 CAD 软件。目前，天正软件已发展成为包括建筑设计、装修设计、暖通空调、给水排水、建筑电气与建筑结构等多项专业的系列软件，并针对日新月异的房产发展商提供房产面积计算软件和日照计算软件等。

由于天正采用了由较小的专业绘图工具命令所组成的工具集，故使用起来非常灵活方便，而且在软件运行时不会对 AutoCAD 命令的使用给予任何限制。相反，天正建筑软件弥补了 AutoCAD 软件对于专业绘图不足的部分，使 AutoCAD 由通用绘图软件变成了专业化的建筑 CAD 软件。

而在暖通设计方面，最为广大设计人员所熟悉的天正 CAD 软件是天正暖通（THvac），它结合当前国内同类软件的特点，搜集大量设计单位对暖通软件的功能需求，从而使它成为一款集建筑图绘制、智能化管线系统、供暖绘图、地暖设计、空调管线、材料统计、专业计算、通用图库图层、文字表格和在线帮助等功能于一身的全新智能化软件。目前它已具有多个版本，而随着用户需求的提高和版本的升级，其技术和功能也在不断地完善和提高。

现对在 AutoCAD2016 全汉化版基础上所安装的天正暖通 T20 作介绍。

9.2.1　天正暖通 T20 软件介绍

天正暖通 T20 支持的 CAD 平台有 32 位 win7 支持 AutoCAD2007～2016、XP 系统支持 2007～2014 和 64 位 AutoCAD2010～2016 图形平台，并在以前版本的基础上对软件进行了如下改进：

（1）对设置菜单进行完善，将线型管理、线型库及初始设置整合到管线设置中；自定义命令改为右键调取。

（2）新增管线设置命令，包含水系统、供暖、标注和其他设置。水系统设置中支持管线系统的增删、管道代号、绘制样式和图层的相关设置，支持管线系统增加分区，并对分区进行管线代号、绘制样式、图层设置。同时支持图层标准的导入，以及针对管线设置中整体内容的导入、导出。

（3）管线及立管绘制命令支持选择分区。

（4）散热器增加立管标高设置项。

（5）改散热器命令支持更改米数，支持选择标注是否带单位。

（6）命令行增加生成管径随干管或立管选项，支持同一个系统分区的管线进行连接。

（7）更新水管阀门界面，区分电动阀门与非电动阀门。图库增加电动阀门库，阀门阀件命令布置时可选电动阀门，布置后图层对应各管道分区中增加的电动阀图层。

（8）材料统计界面更新，以树状结构形式展现统计内容，可分类选择统计内容，方便直观；增加水系统管线分区统计，支持统计水系统设置中用户自定义水系统及分区；支持区别统计水阀和风阀的电动与非电动。

（9）地热盘管复制支持带分集水器一并复制。

（10）多联机系统计算的时候框选楼层，程序自动设置关闭正交，便于进行楼层框选。

（11）多管绘制支持绘制管线及其分区、自定义管线等。

（12）修改管线增加文字线型制作功能按钮，更改图层下拉菜单支持选择管线设置中供暖和空调系统下的所有管线类型。

（13）编辑风管界面增加按风量推荐界面尺寸功能。

（14）增加新版输出计算书设置功能。习惯设置中的输出计算书设置版本选择天正新版。支持用户在树状结构中选择需要的被输出项，支持选择输出计算书的格式。同时支持新建计算书样式表，以及对计算书设置内容进行导入和导出。

（15）增加负荷计算文件自动保存功能，用于文件损坏后修复。习惯设置中设置自动保存的文件位置及保存间隔分钟数等。

（16）新风热回收区分全热回收和显热回收。

（17）房间高度及墙体高度增加随层高和随房高功能。

（18）房高修正自动读取房间高度，并增加散热器供暖和地面辐射供暖，自动调整房高修正系数。

（19）外窗热负荷增加窗墙比大于 1 修正系数。

（20）增加房间拖动功能，便于房间挪动到户型下或者从户型中挪出来。

（21）增加冬季计算人体湿负荷功能。

（22）凸窗增加相同门窗个数行，支持多个一并计算。

（23）优化焓湿图绘制界面，选择城市后大气压自动显示当前城市夏季大气压，并在下拉框中提供冬季大气压。

（24）风管水力计算增加局阻查看放大功能，便于查看局阻参数（双击局阻图片即可）。

（25）删除标注支持布置设备时自动带有的标注，多联机室内外机标注和布置设备的自动标注。

(26) 布置设备界面支持批量替换设备。

(27) 布置阀门支持批量替换阀门。

(28) 带字线型管理器增加带字线型预览功能。

(29) 负荷计算工程里面的采暖都改为供暖。

(30) 温控阀、阻火器更新图块。

(31) 材料统计字高扩大精度。

(32) 负荷计算气象参数库默认 GB 50736—2012 参数库。

(33) 修正不同自定义管线系统交叉打断的问题。

(34) 修正生系统图标楼板线楼层识别错误问题。

(35) 修正布局中十字夹点变大问题。

(36) 修正建筑自身旋转未对凸窗生效问题。

(37) 修正修改管线线型未立即生效问题。

9.2.1.1 建筑图绘制功能

T20 天正暖通包括了 T20 天正建筑软件的所有基本功能，即有建筑网格绘制，墙体、门、窗、楼梯等标准图块的插入和标注，所以用户可以绘制具有由天正自定义对象的建筑平面图。另外，T20 天正暖通在暖通平面图设计中可支持天正建筑各个版本绘制的建筑条件图。

9.2.1.2 智能化管线系统绘制功能

天正暖通 T20 采用三维管路设计，并且可以自动生成管段节点，实现管线与设备、阀门的精确连接。在绘制管线时可自动完成交叉管线、设备的遮挡处理，并能够保持单个管线的整体性。当交叉管线之间、管线与设备、管线与文字的位置发生变化时，软件系统则会自动更新遮挡处理。如图 9-16 所示为 "修改管线" 对话框。

9.2.1.3 供暖绘图功能

在使用天正暖通 T20 绘制采暖管线时，会实时显示管径和标高等信息，双击管线可编辑修改，并且在采暖平面图的绘制中，软件提供了方便快捷的连接方式，例如 "立干连接"、"散立连接" 和 "散干连接" 等。

图 9-16 "修改管线" 对话框

供暖系统图既可通过平面的转换自动生成，也可以在没有平面图的情况下利用各工具模块快速生成。系统图的设计考虑了目前的各种供暖系统形式，也考虑了各个设计院所的设计习惯。故生成后的系统图既可做轴测图，也可做原理图。如图 9-17 所示，是生成采暖原理图所用到的 "采暖原理" 对话框。

同时软件采用先进的标注功能，使标注管径、坡度、散热器、标高等大量工作更灵活方便。

9.2.1.4 地暖设计绘图功能

用户通过天正暖通 T20 可以绘制不同样式的地热盘管，并可以调整盘管间距及出口方向，绘制完成后，双击管线可编辑修改，并且用户可以通过 "盘管统计" 功能统计盘管长度及间距。如图 9-18 所示，即为绘制地暖图所用到的 "地热盘管" 对话框。

9.2.1.5 空调管线绘图功能

天正暖通 T20 包括了空调的风管设计、水系统设计、空调设备布置等功能，并且在软件中提供了实用的精确定位，使管线设计一步到位。用户利用 "设备连管" 命令，可以实现风管与风口、风机等设备的自动连接。软件还提供了专业的标注功能，用户可灵活方便地标注管径、设备。如图 9-19 所示为"风管绘制"对话框。

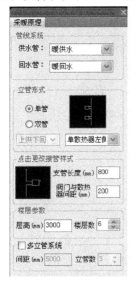

图 9-17 "采暖原理"对话框   图 9-18 "地热盘管"对话框   图 9-19 "风管绘制"对话框

9.2.1.6 材料统计功能

用户想要做材料统计时可从当前图中直接框选提取，也可添加已有的图形文件进行统计，从而快速地统计水管、风管、阀门、阀件和设备等信息，最后还能生成表格。表格内的统计内容可随意修改编辑。如图 9-20 所示为"材料统计"对话框。

9.2.1.7 专业计算功能

天正暖通 T20 进一步改进和完善了原有的计算模块，对冷、热负荷计算部分进行了修改，使计算结果更加准确、纠错性更强。例如：软件改善了房间列表的显示，增加了排序功能；可自动提取建筑数据；自动生成房间名称功能；计算结果输出更加详尽准确；更新了负荷中围护结构的材料库及构造库，增加了一些缺省设置，改进了焓湿图的计算功能。

9.2.1.8 图库图层功能

天正暖通 T20 更新了整个图库，并且为用户加入了 3D 图块。图库包括图块入库、图库编辑、定义设备等功能，并且收集了大量的专业图块信息，例如暖通阀门图块、暖通设备图块、空调风口图块和通风设备图块等。设计人员可以根据需要任意调用图库中的图块，同时可以对图块进行修改并存入用户图库中，以备日后使用。如图 9-21 所示，即为"图库管理系统"对话框。

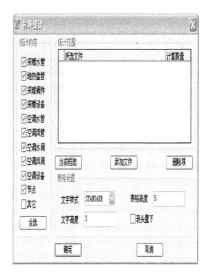

图 9-20 "材料统计"对话框

当然，强大的图库管理功能还包括快速地创建、修改、删除不同类别的图块，实现批量入库以及方便的图层操作。

9.2.1.9 文字表格插入功能

使用天正暖通 T20 可方便地输入和修改中西文混合文字，换言之，可令组成天正文字样式的中西文字体有各自的宽高比例，而且可以方便地输入和变换文字的上下标及特殊字符。

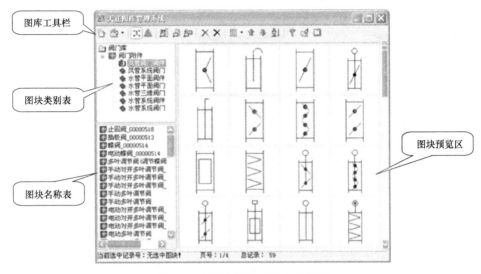

图 9-21　"图库管理系统"对话框

用户在进行表格命令操作时可参考 Excel 的操作。

9.2.1.10　在线帮助功能

天正暖通 T20 的"在线帮助"及"在线演示"功能令广大初学者更容易上手。用户在操作中可随时查看帮助内容，并观看教学演示。

软件同时提供常用的暖通工程设计规范，以及 CHM 格式的文件实现在线查询。

9.2.2　天正暖通 T20 使用入门

9.2.2.1　界面介绍

天正暖通 T20 均保留了 AutoCAD2016 的所有菜单栏和工具栏，没有对其加以修改和补充，从而保持了 AutoCAD2016 为广大用户所熟悉的原有界面，如图 9-22 所示。

天正暖通 T20 的界面则由屏幕菜单和工具条组成，它们均是浮动状态。屏幕菜单有图标与文字菜单项，这种推拉式屏幕菜单可通过单击左键来打开。菜单支持鼠标滚轮滚动操作，层次清晰，最大级数不超过三级，菜单编制格式向用户完全开放。

软件同时也拥有智能化右键菜单和特有的自定义的工具条，用户可以随意生成个性化配置，并可定义各操作的简化命令。

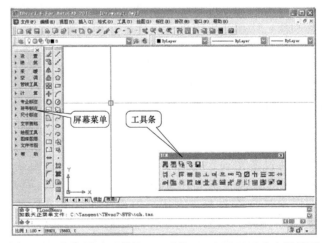

图 9-22　安装了天正暖通 T20 后的 AutoCAD2016 中文版界面

9.2.2.2　快捷键

天正暖通的命令有其默认的快捷键，但是由于快捷键较长所以使用起来比较麻烦，故建议用户结合自己的习惯修改经常要用到的快捷键。在天正暖通 T20 的安装目录之下找到"sys"的文件夹，打开后找到"acad.pgp"文件，打开即可修改快捷键（可参考 AutoCAD 快捷键的修改方法）。

9.2.3　天正暖通 T20 的绘图操作

由于天正暖通在软件中拥有许多管路绘制工具和图块图库，所以利用天正暖通来绘制暖通空调专业的工程施工图与只使用 AutoCAD 比较起来方便得多。具体的绘图操作请见第 10 章的施工图绘制。

9.3　鸿业暖通软件

鸿业 ACS 暖通空调软件与天正暖通都是以 AutoCAD 为平台研发出来的暖通空调计算机辅助设计软件，也是一款在国内较早研发的暖通空调设计软件，其功能包括有建筑负荷计算、空调风系统设计、空调水系统设计、空调风系统水力计算、空调水系统水力计算、水管阀件图库、采暖系统设计、冷冻机房设计和动力专业设计等。

鸿业暖通与天正暖通相比，鸿业的优势体现在它成熟的建筑负荷计算功能。本章将重点介绍此设计软件的计算功能。

9.3.1　鸿业暖通 12.0 的工作界面

启动软件后，鸿业暖通功能模块包括如图 9-23 所示的菜单条（二级）和图 9-24 所示的工具栏组合。

图 9-23　鸿业暖通菜单条

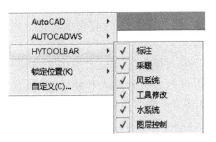

图 9-24　鸿业暖通工具栏组合

菜单条可通过 Alt+X 来进行显示和隐藏。工具栏组合在默认状态下均全部打开，用户可以通过在工具栏区域单击右键弹出的选择栏（见图 9-25）来勾选或者取消工具条。

9.3.2　鸿业暖通 12.0 空调冷负荷计算

鸿业暖通的负荷计算功能包括空调冷、热负荷以及采暖热负荷的计算。在软件中的负荷计算符合最新的国家规范，并且软件拥有全国的气象参数库，用户在输入数据后可快速生成 Excel 格式的计算书。

9.3.2.1　鸿业负荷计算软件的计算依据

鸿业暖通严格按照《采暖通风与空气调节设计规范》（GB 50736—2012）来进行空调冷负荷计算，具体是对下列各项的热量进行计算。

图 9-25　右键弹出的菜单栏

1）透过门、外窗、天窗进入的太阳辐射热量。

2）人体的散热量。

3）通过围护结构传入的热量。

4）新风带入的热量。

5）照明、设备等内部热源的散热量。

对于室内各种冷负荷，软件采用非稳态传热方法和谐波反应法进行计算确定。故根据《采暖通风与空气调节设计规范》（GB 50736—2012）、《谐波反应法设计用空调冷负荷计算的基本原理》（贵州省建筑设计院，孙延勋）提供的计算公式和程序，软件对空调冷负荷进行计算。

图 9-26　菜单栏"负荷"下级菜单

9.3.2.2　鸿业负荷计算软件界面说明

在单击鸿业软件菜单栏上的"负荷"按钮后即可弹出如图 9-26 所示的下级菜单。再单击"负荷计算"可弹出如图 9-27 所示的主程序界面。

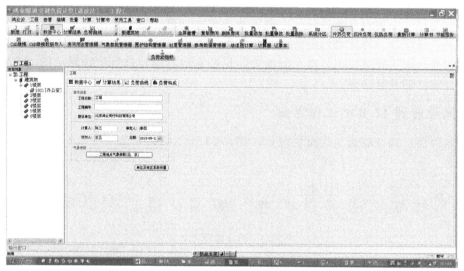

图 9-27　鸿业负荷计算主程序界面

主程序界面中包含有菜单栏、工具栏、工程分组标签、负荷对象树状窗口以及输入操作窗口和操作提示窗口等。

其中菜单栏与工具栏所包含的命令操作基本相同，所以用户既可从菜单栏调用命令又可以直接单击工具栏上的命令按钮来实现。

负荷对象区域中是一个树状窗口，用于显示当前工程中所有建筑楼层空间的层次关系，一般是一个工程中包含有多个建筑，每个建筑中包含有多个楼层，每个楼层中包含多个不同用途的房间。

输入操作窗口显示了在选定某一空间后所显示出的参数输入和命令按钮，用户常在此窗口下进行参数的输入和环境的设定。

9.3.2.3　鸿业负荷计算软件的使用举例

以位于广州的某学校六层学生公寓楼（只取其中的两层）为例，现使用鸿业负荷计算软件对其进行冷负荷计算。此建筑为学生公寓，位于广州，首层为学生公共活动楼层，二至六层均为学生公寓房间，其中首层平面图如图 9-28 所示。

步骤一：

首先需要明确一下建筑的各方面参数。

1）建筑的地理位置。

2）所有需要进行空调制冷场所的面积。

3）各场所要求实现的室内空气设计参数，包括室内温度和相对湿度。

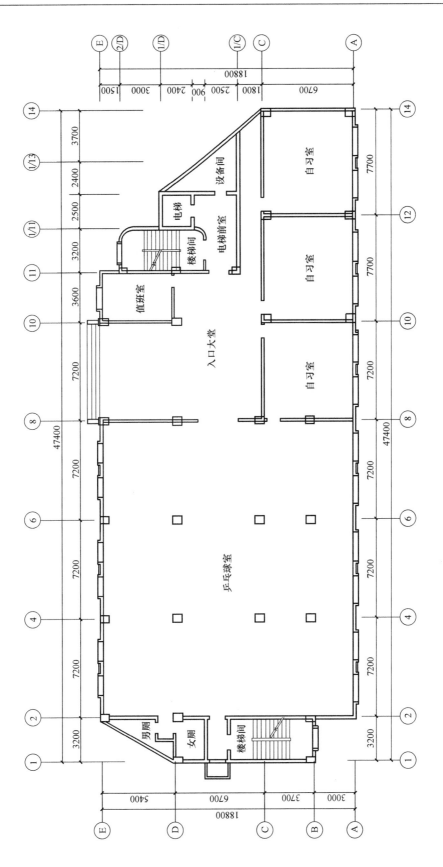

图 9-28　某教室首层平面图

4）个别特殊场所的额外冷负荷。

步骤二：

单击工具栏中"新建工程"按钮，新建一工程分组。再单击树状窗口中最上端的"默认"，则可输入关于该工程的基本信息。根据具体情况设定后，如图 9-29 所示。

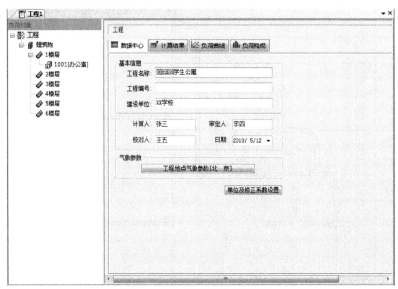

图 9-29　工程基本信息的设定

在"气象参数"区域可设定工程地点的气象参数。单击该按钮，用户在对话框中可以选择工程所在的城市，选定"广东省"→"广州"后，即可见到软件已收集了有关广州的气象参数，如图 9-30 所示。如果用户发现软件所提供的气象参数有误，可通过"修改"按钮来进行

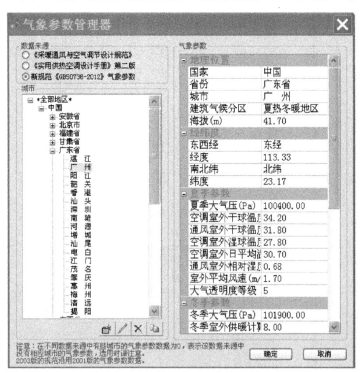

图 9-30　"气象参数管理器"对话框

修改；如果所选地区中没有用户所需要地区或城市，则用户可通过"修改"按钮来进行添加，并输入它所对应的气象参数。

用户还可以结合需要对默认的各种单位进行修改。单击"计算结果修正系数设置"按钮后，在弹出的如图 9-31 所示的对话框中修改。

步骤三：

在单击树状窗口中"×××校区×栋"的建筑分支后，则出现该建筑的设置对话框。按图 9-32 所示设置。要注意，完成后必须按下"刷新数据"按钮。

在单击"高级设置"按钮后，在如图9-33所示的对话框中用户可以根据该建筑的具体土建情况，对外墙等默认围护结构技术和辐射吸收系数等传热参数进行设置。用户可在单击 ⋯ 后进入如图 9-34 和图9-35所示的对话框中进行选择设置。在没有相符的技术时用户还可以进行添加修改。

图 9-31 "计算结果修正系数设置"对话框

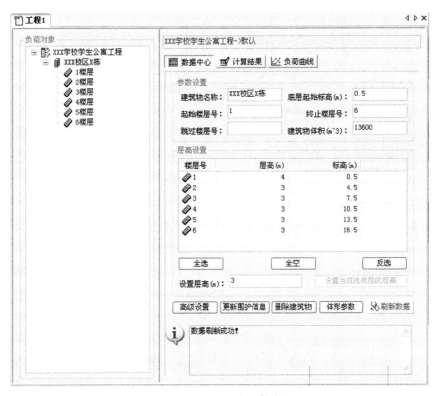

图 9-32 工程某一楼层参数设置

确定完成后，返回输入操作窗口并单击"更新围护信息"按钮。

步骤四：

单击"1 楼层"分支，在分支下添加需要进行空调制冷的房间，首先添加"乒乓球室"，

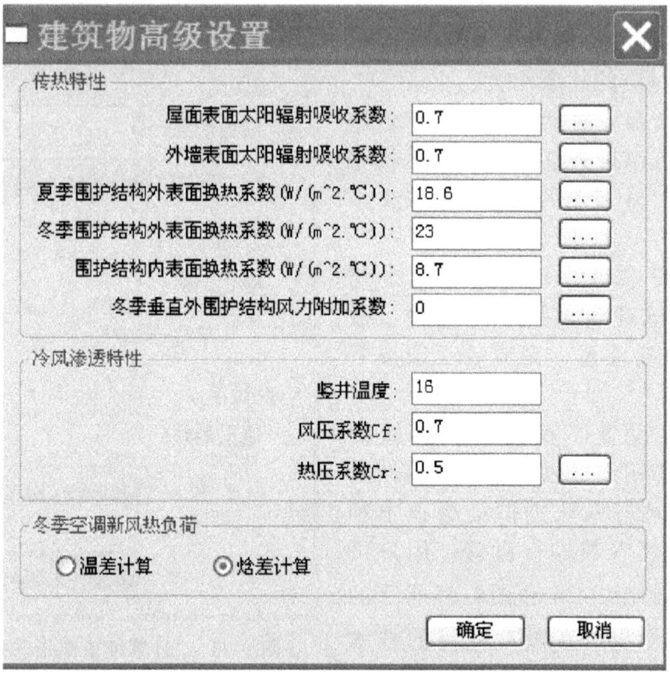

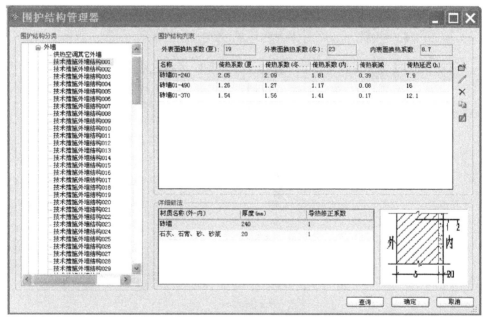

图 9-33 "建筑物高级设置"对话框

图 9-34 "围护结构管理器"对话框

在编辑菜单中单击房间设计参数管理器，弹出如图 9-36 房间设计参数管理器，单击添加弹出如图 9-37 所示的房间设计参数，再单击从房间用途管理中导入，弹出如图 9-38 所示的房间用途管理器，导入壁球、保龄球和乒乓球的房间用途。添加"乒乓球室"通过添加该用途房间的设计参数模板，弹出如图 9-39 所示基本信息设置界面，先在房间面积的输入框中输入"400"，然后确定返回，完成基本信息的修改。

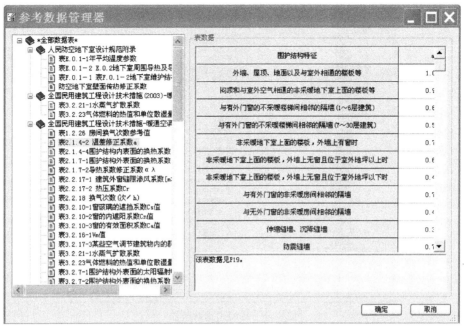

图 9-35 "参考数据管理器"对话框

图 9-36 房间设计参数管理器

图 9-37 房间设计参数

步骤五:

单击"详细负荷"分组,用户可对乒乓球室内的各种冷负荷进行设置,设置界面如图 9-40 所示。

首先是"人体"等的基本项,单击按钮即可进入设置对话框。如上述的设置相类似,在下拉菜单中或者进入"参考数据管理器"中选择系数。如图 9-41 所示,为"人体"项的冷负荷设置对话框。

然后是围护结构的冷负荷的设置,在平面图中结合乒乓球室围护结构的情况,逐项单击界面上的按钮进行设置。如图 9-42 所示,为"外墙"项的冷负荷设置对话框。值得注意的是,

图 9-38　房间用途管理器

虽然此前在工程信息中已设置了各围护结构的默认技术，但如果有需要，也可以在对话框内作个别的修改。

最后是诸如"食物"等较为特殊的冷负荷设置，用户可根据需要添加设置。

步骤六：

完成后单击"计算结果"按钮，在操作提示窗口中会显示各项的计算结果，如图 9-43 所示。

通过单击 **计算结果** 和 **负荷曲线** 分别查看详细的计算结果和用各种负荷曲线。软件提供了折线图、柱状图、饼图、3D 折线图，用户可根据需要选择不同的统计图形。如图 9-44 所示，即为冷负荷的折线图。

图 9-39　基本信息设定

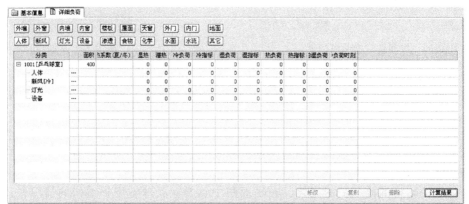

图 9-40　详细负荷设置界面

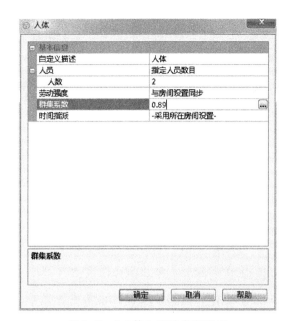

图 9-41 “人体”项冷负荷设置

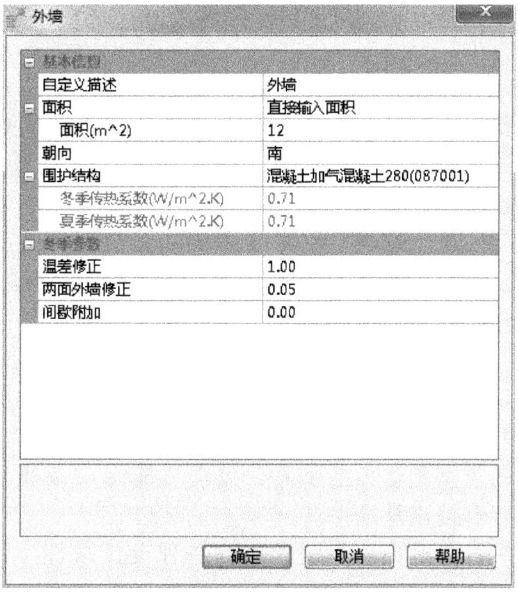

图 9-42 “外墙”项冷负荷设置

分类	夏季总冷负荷(含新风/全热)	夏季室内冷负荷(全热)	夏季总冷负荷(含新风/潜热)	夏季总湿负荷(含新风)	夏季室内湿负荷	夏季新风冷负荷	夏季室内冷负荷(潜热)
1001[办公室]	192917	98358.87	133515.31	192.57	94.7	94558.12	63209.58
人体	91517.2		63209.58	94.7			
新风[冷]	94558.12		70305.73	97.87			
新风[热]	0		0	0			
设备	0		0	0			
灯光	6841.67		0	0			

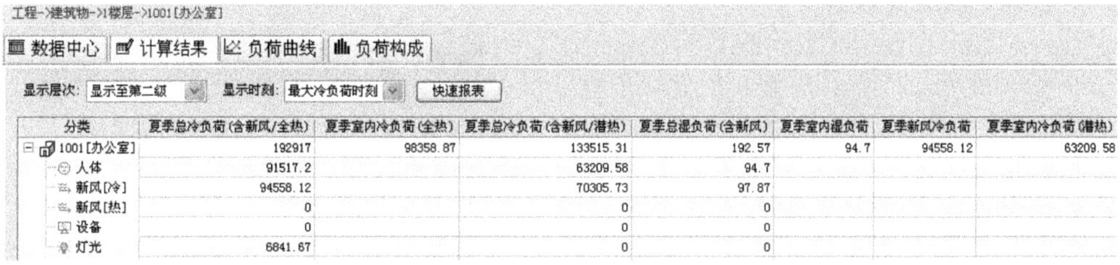

图 9-43 冷负荷计算结果

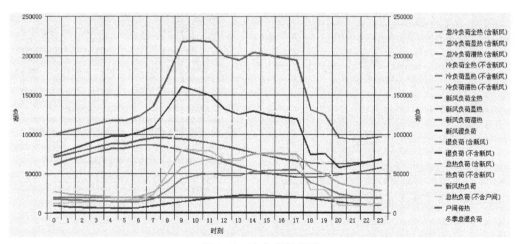

图 9-44 冷负荷折线图

至此，乒乓球室的冷负荷计算完毕。按照上述步骤，完成整栋建筑的冷负荷设置和计算，并把首层系统设置为“公共制冷”系统，把二至六层系统设置为“公寓制冷”系统。

由于二至六层有众多维护结构相似的学生公寓，所以进行学生公寓房间的冷负荷设置和计算时，可在“基本信息”中输入“同层相似房间数”，或者把其他层的房间使用“复制房

间"操作复制到所需的楼层中，如图 9-45
所示。

完成后，如果需要修改可使用"批量修
改"，该对话框如图 9-46 所示。勾选要修改
的房间，然后在右侧"基本参数"和"详细
负荷"区域中修改。

注意修改时双击文本框或组合框可查看
该项能否被批量修改，白色可被批量修改，
灰色则不能修改。

在所有计算均正确无误后可输出计算书。
单击工具栏上的"计算书"按钮，弹出如图
9-47 所示的对话框。用户可选择输出计算书
的类型和输出的信息。点击"输出"按钮后
即可输出计算书。

总之，鸿业暖通作为一种设计软件，使
用非常方便，功能强大，读者可以仔细挖掘
其他的一些设计功能，结合其他设计软件来
完成中央空调工程的设计。

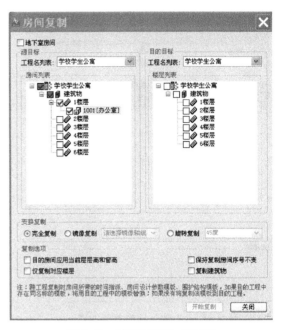

图 9-45 "房间复制"对话框

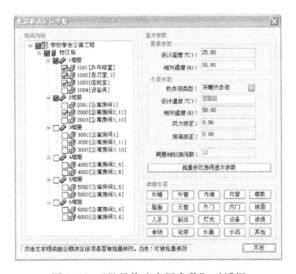

图 9-46 "批量修改房间参数"对话框

图 9-47 "计算报表"对话框

第10章　中央空调工程设计施工图的绘制

10.1　建筑施工图的基本知识

中央空调工程设计施工图是建筑施工图的一种，为了能够正确绘制和识读中央空调工程设计施工图，必须要对建筑的平面和结构有基本的认识和了解。

10.1.1　建筑的基本构造和部件

以房屋建筑为例，建筑的基础是房屋最下部埋在土中的扩大构件，它承受着房屋的全部载荷，并把它传给地基即基础下面的土层。墙与柱是房屋的垂直承重构件，它承受地面和屋顶传来的载荷，并把这些载荷传给地基。同时，墙体还是房间分隔、空间围护的主要构件。所谓外墙就是建筑外面阻隔雨水、风雪、寒暑对室内的影响的墙体，而内墙在建筑内区中起着分隔房间的作用。

楼面与地面是建筑的水平承重和分隔构件，楼面是指二层或二层以上的楼板或楼盖。地面又称为底层地坪，是指第一层使用的水平部分，它们承受着房间的家具、设备和人员的重量。

楼梯是楼房建筑中的垂直交通设施，供人们上下楼层和紧急疏散之用。屋顶也称屋盖、屋面或屋顶，是房屋顶部的围护和承重构件。屋顶一般由承重层、防水层和保温（隔热）层三大部分组成，主要承受着风、霜、雨、雪的侵蚀以及外部荷载和自身重量。

门和窗是建筑的围护构件。门主要供人们出入通行。窗主要供室内采光、通风、眺望之用。同时，门窗还具有分隔和围护作用。

10.1.2　建筑施工图的主要内容与编排原则

一套完整的建筑施工图，包括建筑施工图、结构施工图和设备施工图。设备施工图主要表达建筑各专用管线和设备布置及构造等情况。设备施工图又包括给水排水、采暖通风、电气照明等设备的平面布置图、系统图和施工详图等。

整套建筑施工图的编排顺序是：首页图（包括图样目录、设计总说明、汇总表等），建筑施工图，结构施工图，设备施工图。各专业施工图的编排顺序是基本图在前、详图在后；总体图在前、局部图在后；主要部分在前、次要部分在后；先施工的图在前、后施工的图在后等。

10.1.3　建筑施工图的一般规定

10.1.3.1　定位轴线

绘制中央空调工程施工图时，是在建筑平面图的基础上进行设备施工图的绘制，一般并不需要绘制定位轴线，也不能改变原有建筑平面图上的定位轴线。作为一名中央空调工程设计人员，对建筑中的定位与轴线应该有基本的了解。

建筑施工图中的定位轴线是设计和施工中定位、放线的重要依据。凡承重的墙、柱子、大梁、屋架等构件，都要画出定位轴线并对轴线进行编号，以确定其位置。对于非承重的分隔墙、次要构件等，有时用附加轴线即分轴线表示其位置，也可注明它们与附近轴线的相关尺寸以确定其位置。

定位轴线应用细单点画线绘制，轴线末端画细实线圆圈，直径为 8~10mm。定位轴线圆的圆心应在定位轴线的延长线或延长线的折线上，且圆内应注写轴线编号，如图 10-1 所示。

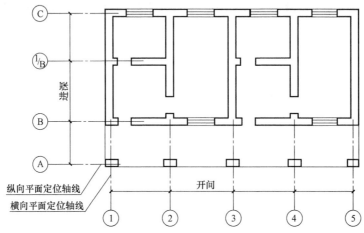

图 10-1　建筑平面图中的定位轴线

建筑平面图上定位轴线的编号，宜标注在图样的下方与左侧。在两轴线之间，有的需要用附加轴线表示，附加轴线用分数编号。对于详图上的轴线编号，若该详图同时适用多根定位轴线，则应同时注明各有关轴线的编号。

10.1.3.2　标高

建筑标高有绝对标高和相对标高之分。我国的规定，凡是以黄海的平均海平面作为标高的基准面而引出的标高，称为绝对标高。凡标高的基准面是根据工程需要，自行选定而引出的，称为相对标高。

总平面图上的标高符号，宜用涂黑的三角形表示，具体画法见图 10-2a。标高符号按图10-2b、c 所示形式画出时则用细实线。短横线是需标注高度的界线，长横线之上或之下注出标高数字。标高数字应以 m 为单位，注写到小数点后第三位。在数字后面不注写单位。零点标高应注写成±0.000，低于零点的负数标高前应加注 "–" 号，高于零点的正数标高前不注"+"，当图样的同一位置需表示几个不同的标高时，标高数字可按图 10-2c 的形式注写。

10.1.3.3　引出线

引出线用细实线绘制，并宜用与水平方向成 30°、45°、60°、90° 的直线或经过上述角度再折为水平的折线，如图 10-3所示。

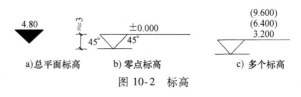

a)总平面标高　　b)零点标高　　　c)多个标高

图 10-2　标高

10.1.3.4　连接符号

对于较长的构件，当其长度方向的形状相同或按一定规律变化时，可断开绘制，断开处应用连接符号表示。连接符号为折断线（细实线），并用大写拉丁字母表示连接编号，如图10-4 所示。

图 10-3　引出线的标法

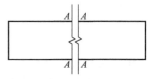

图 10-4　连接符号

10.2　中央空调工程设计制图的标准与规范

10.2.1　图样内容

中央空调工程设计施工图包括图文与图样两部分。图文部分包括图样目录、设计施工说明和设备材料表；图样部分由通风空调系统平面图、空调机房平面图、系统图、剖面图、原理图和详图等组成。国家规范对图样目录、材料设备表、详图和标准图的相关要求和内容有详细的规定。通风空调系统施工图应符合《建筑给水排水制图标准》（GB/T 50106—2010）和《暖通空调制图标准》（GB/T 50114—2010）的有关规定。

中央空调工程设计的系统一般多采用统一的图例符号表示，而这些图例符号一般并不反映实物的原形。所以，在制图前，应首先了解各种符号及其所表示的实物。流体（包括气体和液体）在管路中都有自己的流向，制图时按流向绘制更适宜掌握。各系统管路都是立体交叉安装的，不能只在平面图上绘制，一般都有系统图来表达各管路系统和设备的空间关系，两图要互相对照、印证。中央空调各设备系统的安装与土建施工是配套的，应注意其对土建的要求及各工种间的相互关系。事实上，中央空调施工图绘制包括各学科专业知识、理论知识、工程制图知识和施工经验，是一种综合能力的体现。

10.2.2　制图标准与规范

为了统一暖通空调专业制图规则，保证制图质量，提高制图效率，做到图面清晰、简明，符合设计、施工、存档的要求，住房和城乡建设部统一制定了《暖通空调制图标准》（GB/T 50114—2010）。中央空调工程设计制图标准主要要遵守此标准。此外，中央空调工程设计制图还应遵守《总图制图标准》（GB/T 50103—2010）和《建筑制图标准》（GB/T 50104—2010）。《暖通空调制图标准》（GB/T 50114—2010）自 2011 年 3 月 1 日施行后，原相应的旧标准《暖通空调制图标准》（GBJ 114—88）、《房屋建筑制图统一标准》（GBJ 1—86）、《总图制图标准》（GBJ 103—87）、《建筑制图标准》（GBJ 104—87）同时废止了。

《暖通空调制图标准》（GB/T 50114—2010）适用于下列制图方式绘制的图样：手工制图和计算机制图。对于暖通空调专业来说，适用于新建、改建、扩建工程的各阶段设计图、竣工图，以及原有建筑物、构筑物等的实测图与通用设计图、标准设计图等。

10.3　中央空调工程设计施工图的绘制

主要包括设计说明、主要材料统计表、管路平面布置图、管路系统轴测图以及详图或大样图。

10.3.1　施工图的作用与特点

10.3.1.1　施工图的作用

建筑施工图是工程师进行交流的语言。一套完整的建筑施工图，应该包括建筑学、建筑结构和建筑设备三方面的施工图。中央空调工程设计施工图是房屋建筑设备施工图的重要图样之一。中央空调工程设计施工图反映了一栋建筑室内中央空调系统的方式、风管（水管）管路的走向和空调、通风、消防设备的布置和安装情况；也反映了中央空调工程设计所用材料及设备的规格型号、建筑设备在建筑中的位置以及与建筑结构的关系等。因此，中央空调工程设计施工图是建筑设计中重要的技术文件。

10.3.1.2 施工图的特点

中央空调工程设计施工图与建筑、结构施工图有着密切的关系，尤其是建筑设备在建筑中的留洞、打孔、预埋件、管沟等对建筑、结构的要求必须在图样上明确表示和加以注明。

中央空调工程施工图中的平面图、剖面图、详图等图都是用正投影绘制的。中央空调施工图中的系统图是用斜等轴测投影的方法画出的，用来表示各管路的空间位置情况。当然，在不致引起误解时，管路系统图可不按轴测投影法绘制。

中央空调工程施工图常常采用统一的图例和符号表示，这些图例、符号是由国家相关规范规定的，图例、符号并不能完全表示管路设备的实样。例如各种阀门、附件等的图例是按实物简化的一种象形符号，一般按比例画出即可。

10.3.2 施工图的组成

一套齐全的中央空调工程设计施工图一般包括平面图、系统图、详图，以及设计说明和设备材料表等，必要时还需绘制剖面图。中央空调工程设计的各工程、各阶段的设计图样应满足相应的设计深度要求。在同一套工程设计图样中，图样线宽组、图例、符号等应一致。

中央空调工程设计图纸的编排顺序是：图样目录、选用图集（样）目录、设计施工说明、图例、设备及主要材料表、总图、工艺图、系统图、平面图、剖面图、详图等。例如单独成图时，其图样编号应按所述顺序排列。如果在一张图幅内绘制平、剖面等多种图样时，宜按平面图、剖面图、安装详图，从上至下、从左至右的顺序排列；当一张图幅绘有多层平面图时，宜按建筑层次由低至高，由下至上顺序排列。

图样中的设备或部件不便用文字标注时，可进行编号。图样中只注明编号，其名称宜以"注："、"附注："或"说明："表示。如还需表明其型号（规格）、性能等内容时，宜用"明细栏"表示。装配图的明细栏按现行国家标准《技术制图——明细栏》（GB 10609.2—2009）执行。

10.3.2.1 图样目录

说明该套图样的数量、规格、顺序等，可以用 A4 纸打印，置于整套图样的最前面。

10.3.2.2 中央空调工程施工设计总说明

用文字、表格等形式表达有关的中央空调工程设计、施工的技术内容，是整个建筑室内中央空调工程施工、设计的指导性文件，它说明了该工程的基本情况。例如中央空调工程系统的设计依据、设计规范、设计内容，中央空调工程系统采用何种管材和管路的连接方式，施工、试压的要求与注意事项，管路的防腐、防结露、保温措施等，空调、通风设备的种类、安装要求等。

10.3.2.3 设备、材料表

设计时应以表格的形式列出整个中央空调工程设计所用的主要设备、配件、附件以及材料的数量、型号、规格等要求。初步设计和施工图设计的设备表至少应包括序号（或编号）、设备名称、技术要求、数量和备注栏，材料表至少应包括序号（或编号）、材料名称、规格或物理性能、数量、单位和备注栏。

10.3.2.4 设计平面图

中央空调工程设计平面图是在建筑平面图的基础上绘制的，包括风管平面图和水管平面图。对于比较小的中央空调工程设计，也可以把风管平面图和水管平面图画在同一张图上。

中央空调工程设计管路和设备布置平面图、剖面图应以直接正投影法绘制。用于中央空调系统设计的建筑平面图、剖面图，应用细实线绘出建筑轮廓线和与暖通空调系统有关的门、窗、梁、柱、平台等建筑构配件，并标明相应定位轴线编号、房间名称和平面标高。

　　中央空调工程设计管路和设备布置平面图应按假想除去上层板后俯视规则绘制，否则应在相应垂直剖面图中表示平剖面的剖切符号。

　　建筑平面图采用分区绘制时，暖通空调专业平面图也可分区绘制。但分区部位应与建筑平面图一致，并应绘制分区组合示意图。

　　在平面图上应注出设备、管路定位（中心、外轮廓、地脚螺栓孔中心）线与建筑定位（墙边、柱边、柱中）线间的关系；平面图、剖面图中的水、汽管路可用单线绘制，风管不宜用单线绘制（方案设计和初步设计除外）。平面图（剖面图）中的局部需另绘详图时，应在平（剖）面图上标注索引符号。索引符号的画法如图 10-5a 和图 10-5b 所示为引用标准图或通用图时的画法。

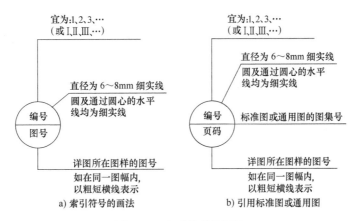

图 10-5　索引符号的画法

10.3.2.5　系统图和原理图

　　中央空调工程系统图主要表明管路系统的立体走向，管路系统图如采用轴测投影法绘制，可采用与平面图相同的比例，按正等轴测或正面斜二轴测的投影规则绘制。前面说过，在不致引起误解时，管路系统图可不按轴测投影法绘制。管路系统图应能确认管径、标高及末端设备，可按系统编号分别绘制。管路系统图的基本要素应与平面、剖面图相对应。水、汽管路及通风、空调管路系统图均可用单线绘制。

　　系统图中的管线重叠、密集处，可采用断开画法。断开处宜以相同的小写拉丁字母表示，也可用细虚线连接。

　　原理图不按比例和投影规则绘制，但原理图的基本要素应与平面、剖面图及管路系统图相对应。

　　当一个工程设计中同时有供暖、通风、空调等两个及以上的不同系统时，应进行系统编号。中央空调的系统编号、入口编号，应由系统代号和顺序号组成。系统代号由大写拉丁字母表示（见表 10-1）顺序号由阿拉伯数字表示。

表 10-1　中央空调工程设计的系统代号

序号	系统代号	系 统 名 称	序号	系统代号	系 统 名 称
1	N	（室内）供暖系统	9	X	新风系统
2	L	制冷系统	10	H	回风系统
3	R	热力系统	11	P	排风系统
4	K	空调系统	12	JS	加压送风系统
5	T	通风系统	13	PY	排烟系统
6	J	净化系统	14	P(Y)	排风兼排烟系统
7	C	除尘系统	15	RS	人防送风系统
8	S	送风系统	16	RP	人防排风系统

10.3.2.6 剖面图和详图

详图也叫大样图。原则上,从平面图中看不清楚或需要专门表达的地方都需要画详图。剖视的剖切符号应由剖切位置线、投射方向线及编号组成,剖切位置线和投射方向线均应以粗实线绘制。剖切位置线的长度宜为 6~10mm,投射方向线长度应短于剖切位置线,宜为 4~6mm,剖切位置线和投射方向线不应与其他图线相接触,编号宜用阿拉伯数字,标在投射方向线的端部,转折的剖切位置线,宜在转角的外顶角处加注相应编号。

断面的剖切符号用剖切位置线和编号表示。剖切位置线宜为长 6~10mm 的粗实线,编号可用阿拉伯数字、罗马数字或小写拉丁字母,标在剖切位置线的一侧,并表示投射方向。

剖面图应在平面图上尽可能选择反映系统全貌的部位垂直剖切后绘制。当剖切的投射方向为向下和向右,且不致引起误解时,可省略剖切方向线。

10.3.3 施工图的基础知识

10.3.3.1 线型和线宽

中央空调工程设计施工图图线的基本宽度 b 和线宽组,应根据图样的比例、类别及使用方式确定。一般来说,基本宽度 b 宜选用 0.18mm、0.35mm、0.5mm、0.7mm、1.0mm。如果某个图样中仅使用两种线宽时,线宽组宜为 b 和 0.25b;如果使用三种线宽,则线宽组宜为 b、0.5b 和 0.25b,见表 10-2。

表 10-2 中央空调施工图线宽表

线宽组	线宽/mm			
b	1.0	0.7	0.5	0.35
0.5b	0.5	0.35	0.25	0.18
0.25b	0.25	0.18	(0.13)	—

在同一张图样内,各不同线宽组的细线,可统一采用最小线宽组的细线。中央空调工程设计施工图制图采用的线型及其含义,宜符合表 10-3 的规定。

表 10-3 线型及其含义

名 称		线型	线宽	一 般 用 途
实线	粗	———	b	单线表示的管路
	中粗	——	0.5b	本专业设备轮廓、双线表示的管路轮廓
	细		0.25b	建筑物轮廓,尺寸、标高、角度等标注线及引出线,非本专业设备轮廓
虚线	粗	- - - - -	b	回水管线
	中粗	- - - -	0.5b	本专业设备及管路被遮挡的轮廓
	细	- - - - -	0.25b	地下管沟、改造前风管的轮廓线,示意性连线
波浪线	中粗	∿∿	0.5b	单线表示的软管
	细	∿	0.25b	断开界线
细单点画线		—·—·—	0.25b	轴线、中心线
细双点画线		—··—··—	0.25b	假想或工艺设备轮廓线
折断线		——〜—	0.25b	断开界线

10.3.3.2 比例

中央空调工程设计的总平面图、平面图的比例,宜与工程项目设计的主导专业一致,其余可按表 10-4 选用。系统图的比例一般与平面图相同,特殊情况可不按比例。管路纵断面,同一个图样,根据需要可在纵向与横向采用不同的组合比例。

10.3.3.3　标高

在中央空调工程设计制图中，在不宜标注垂直尺寸的图样中，应标注标高。标高应以 m 为单位，精确到 cm 或 mm，一般宜注写到小数点后第 3 位（mm）。标高符号应以等腰直角三角形表示。当标准层较多时，可只标注与本层楼（地）板面的相对标高，如图 10-6 所示。

表 10-4　常用比例

名　　　称	常　用　比　例	备　　注
区域规划图 区域位置图	1：50000、1：25000、1：10000 1：5000、1：2000	宜与总图专业一致
总平面图	1：1000、1：500、1：300	宜与总图专业一致
各层平面图	1：200、1：150、1：100	宜与建筑专业一致
剖面图	1：50、1：100、1：150、1：200	可用比例为 1：300
局部放大图、管沟断面图	1：20、1：50、1：100	可用比例为 1：30、1：40、1：50、1：200
索引图、详图	1：1、1：2、1：5、1：10、1：20	可用比例为 1：3、1：4、1：15

水、汽管路所注标高未予说明时，表示管中心标高。水、汽管路标注管外底或顶标高时，应在数字前加"底"或"顶"字样。矩形风管所注标高未予说明时，表示管底标高；圆形风管所注标高未予说明时，表示管中心标高。

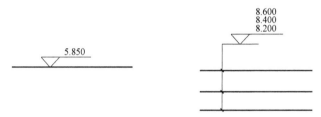

图 10-6　平面图中管路的标高注法

在剖面图中，管路标高的标注方式如图 10-7 所示。

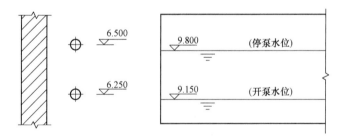

图 10-7　剖面图中管路的标高注法

在轴测图中，管路标高的标注方式如图 10-8 所示。

10.3.3.4　管径

在中央空调工程设计中，输送流体用无缝钢管、螺旋缝或直缝焊接钢管、铜管、不锈钢管，当需要注明外径和壁厚时，用"D（或 ϕ）外径×壁厚"表示，如"$D108 \times 4$"、"$\phi108×4$"。在不致引起误解时，也可采用公称通径（DN）表示。

金属或塑料管用"d"表示，如"$d10$"。圆形风管的截面定型尺寸应以

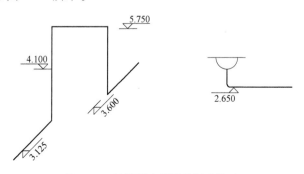

图 10-8　轴测图中管路的标高注法

直径符号"φ"后跟以 mm 为单位的数值表示。矩形风管（风道）的截面定型尺寸应以"A×B"表示。"A"为该视图投影面的边长尺寸，"B"为另一边尺寸。A、B 单位均为 mm。

平面图中无坡度要求的管路标高可以标注在管路截面尺寸后的括号内，如"DN32（2.50）"、"200×200（3.10）"。必要时，应在标高数字前加"底"或"顶"的字样。

水平管路的规格宜标注在管路的上方，竖向管路的规格宜标在管路的左侧。双线表示的管路，其规格可标注在管路轮廓线内。管径尺寸应注在变径处；水平管路的管径尺寸应注在管路的上方；斜管路的管径尺寸应注与管路的斜上方；竖直管路的管径尺寸应注在管路的左侧；当管径尺寸无法按上述位置标注时，可另找适当位置标注，但应当用引出线示出该尺寸与管段的关系，如图 10-9 所示。

同一种管径的管路较多时，可不在图上标注管径尺寸，但应在附注中说明。

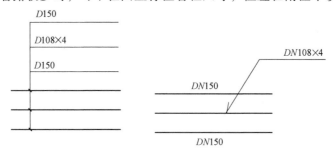

图 10-9　多管径的表示方法

10.3.3.5　管路分支与转向的画法

管路的转向画法如图 10-10 所示。当管路交叉时，前面的管线为实线，被遮挡的管线应断开。管路在本图中断，转至其他图面表示（或由其他图面引来）时，应注明转至（或来自）的图样编号，如图 10-11 所示。

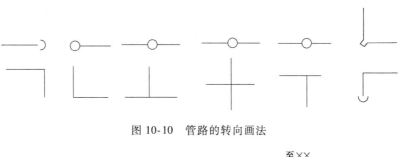

图 10-10　管路的转向画法

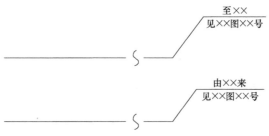

图 10-11　管道中断、引来表示法

10.3.3.6　中央空调工程设计施工图的常用图例

在中央空调工程设计中，施工图中的器具、附件往往用图例表示，而不按比例绘制。中央空调工程设计的图例比较多，这些图例绝大部分已标准化。常用的图例见表 10-5～表 10-8。

表 10-5　中央空调工程设计常用管路图例

序号	名　称	图　例	序号	名　称	图　例
1	冷热水供水管	——·—LR——·—	7	补水管	—— b ——
2	冷热水回水管	——·—LR′——·—	8	膨胀管	—— P ——
3	冷却水供水管	——·—LQ——·—	9	泄水管	——·XS——·—
4	冷却水回水管	——·—LQ′——·—	10	变径管	—▷—
5	凝结水管	——·— n ——·—	11	波纹管	—·—〳〵〳—·—
6	软化水管	——·—RS——·—	12	可屈挠软接头	—·—◇—·—

表 10-6　中央空调工程设计常用阀门图例

序号	名　称	图　例	序号	名　称	图　例
1	截止阀（法兰连接时）	—▷◁—	6	平衡阀	—·—▷◁—·—
2	闸阀	—▷◁—	7	流量调节阀	—▷◁—
3	电动二通阀	—·—⊗—·—	8	手动蝶阀	—·—⫣—·—
4	电磁阀	—·—⊡—·—	9	电动蝶阀	—·—⫣—·—
5	止回阀	—·—▷—·—	10	Y 型过滤器	—·—◁—·—

表 10-7　中央空调工程设计常用附件图例

序号	名　称	图　例	序号	名　称	图　例
1	温度计		6	湿度传感器	Ⓗ
2	压力表		7	风压差传感器	DP
3	水流量传感器	F	8	水压差传感器	DW
4	温度传感器	Ⓣ	9	水流开关	F
5	压力传感器	Ⓟ	10	风路调节阀	

表 10-8　中央空调工程设计常用设备图例

序号	名　称	图　例	序号	名　称	图　例
1	水泵（系统图）	⊘	6	风路过滤器	
2	屋顶风机		7	天圆地方	
3	风机盘管	F.C.	8	分体空调室内机	
4	方形散流器	FS(T)	9	分体空调室外机	
5	冷热盘管		10	防火阀	

10.3.4　图样画法的一般规定

中央空调工程设计应以图样表示，不得以文字代替绘图。如果必须对某部分进行说明时，说明文字应通俗易懂、简明清晰。有关全工程项目的问题应在首页说明，局部问题应注写在本张图样内。

中央空调工程设计中的图样应单独绘制，不可与其他专业的图样混用。

在同一个工程项目的设计图样中，图例、术语、绘图表示方法应一致。

在同一个工程子项的设计图样中，图样规格应一致。如果有困难时，不宜超过2种规格。

图样编号应遵守下列规定：

1）规划设计采用空规-××。

2）初步设计采用空初-××，空扩初-××。

3）施工图采用空施-××。

图样的排列应符合下列要求：

初步设计的图样目录应以工程项目为单位进行编写，施工图的图样目录应以工程单体项目为单位进行编写。

工程项目的图样目录、使用标准图目录、图例、主要设备器材表、设计说明等，如一张图样幅面不够使用时，可采用2张图样编排。

图样编排除按前面所述的顺序编排外，还应注意以下几点：

1）系统原理图在前，平面图、剖面图、放大图、轴测图、详图依次在后。

2）平面图中应地下各层在前，地上各层依次在后。

10.3.5　施工图的绘制

10.3.5.1　平面图的绘制

中央空调工程设计平面图包括空调、通风、防排烟和水管平面图。绘制平面图时，应注意以下几点：

1）建筑物轮廓线、轴线号、房间名称、绘图比例等均应与建筑专业一致，并用细实线绘制。

2）各类管路、空气处理设备、阀门、附件、立管位置等应按图例以正投影法绘制在平面图上，线型按国家标准的规定执行。

3）安装在下层空间或埋设在地下而为本层使用的管路，可绘制于本层平面图之上。

4）各类管路应标注管径。立管应按管路类别和代号自左至右分别进行编号，且各楼层相一致。

中央空调工程设计平面图的绘图步骤是：

1）先确定中央空调方案，确定中央空调系统的形式。

2）画出空气处理设备的平面布置。

3）画出风管平面布置和走向。

4）画出水管路平面布置。

5）画出非标准图例。

6）最后进行图样的标注。

10.3.5.2　系统图的绘制

系统图绘制应注意以下几点：

1）管路系统图的基本要素应与平、剖面图相对应。

2）水、汽管路及通风、空调管路系统图均可用单线绘制。

3）系统图中的管线重叠、密集处，可采用断开画法。断开处宜以相同的小写拉丁字母表示，也可用细虚线连接。

　　4）系统图可以采用轴测投影法绘制，且应采用与相应的平面图一致的比例，按正等轴测或正面斜二轴测的投影规则绘制。但是，在设计院的工程设计中，往往进行了简化，系统图并不需要按轴测投影法绘制，此时，系统图不需要按比例绘制，但管路系统图应能确认管径、标高及末端设备，也就是说，系统图上也要标明管径和标高等。

　　中央空调工程设计系统图的绘制步骤是：

　　1）多层建筑、中高层建筑和高层建筑的管路以立管为主要表示对象，按管路类别分别绘制立管系统原理图，大致安排系统中各设备的位置。

　　2）以平面图中冷水机组的立管为起点，顺时针自左向右按冷冻水系统、冷却水依次顺序均匀排列，可不按比例绘制。

　　3）按流体流向画管路。

　　4）画附件、配件等。

　　5）最后进行标注。

10.3.5.3　剖面图的绘制

　　绘制剖面图应注意的是：

　　1）中央空调工程设计中的设备、构筑物布置复杂，管路交叉多，因此，原则上在平面图上不能表示清楚时，宜辅以剖面图，管路线型应符合标准规范的规定。

　　2）清楚表示设备、构筑物、管路、阀门及附件的位置、形式和相互关系，应用细实线绘出建筑轮廓线和与暖通空调系统有关的门、窗、梁、柱、平台等建筑构配件，并标明相应定位轴线的编号、房间名称和平面标高。

　　3）剖面图上应注明管径、标高、设备及构筑物有关定位尺寸。

　　4）建筑、结构的轮廓线应与建筑及结构专业相一致。有特殊要求时，应加注附注予以说明，线型用细实线。

　　剖面图的绘制步骤是：

　　1）确定需要绘制剖面图的部件和设备。

　　2）选择合适的剖切位置，所谓合适，就是应在平面图上尽可能选择反映系统全貌的部位垂直剖切后绘制。

　　3）按比例绘制剖面图。

　　4）最后进行尺寸标注。

10.3.5.4　详图、放大图的绘制

　　在中央空调工程设计中，绘制详图、放大图时应注意的是：

　　1）当管路类型较多，正常比例表示不清时，可绘制放大图。

　　2）比例大于或等于 1∶30 时，设备和器具按原形用细实线绘制，管路用双线以中实线绘制，当比例小于 1∶30 时，可按图例绘制。

　　3）应注明管径和设备、器具附件、预留管口的定位尺寸。

　　4）可以选择标准图，如风机盘管的安装详图已进行了标准化处理，可以参考已有的图样，然后根据工程需要稍微进行尺寸修改即可。

　　5）无标准设计图可供选用的设备、器具安装图及非标准设备制造图，宜绘制详图。

　　绘制步骤略。

10.4　中央空调工程设计施工图的绘制举例

　　本章以某食堂为例，在天正暖通中来介绍中央空调工程施工图的绘制。从建筑平面图

（见图 10-12）开始，对各种图样的绘制操作进行介绍。

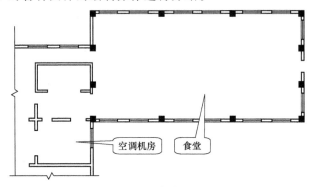

图 10-12　食堂平面图

10.4.1　空调风系统平面的绘制

步骤一：

在空调机房中绘制空调器的定位线，具体是使用"直线"命令，捕捉"a"点，然后使用相对坐标"@ -2270，1400"得出点"b"，完成操作。效果如图 10-13 所示。

步骤二：

接下来布置空调器。在屏幕菜单上单击"空调"→"空调器"，打开如图 10-14 所示的对话框，并在设置相应的参数后捕捉空调机房内的点"b"。然后把定位线删除。最后效果如图 10-15 所示。

步骤三：

第三步是绘制连接空调器的送风立管。在屏幕菜单上单击"空调"→"风管立管"，打开如图 10-16 所示的对话框，按照图设置参数，然后定位于空调器下侧线的中点上，得出效果如图 10-17 所示。

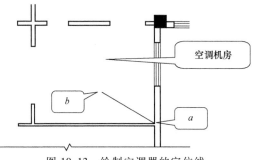

图 10-13　绘制空调器的定位线

图 10-14　"布置空调器"对话框

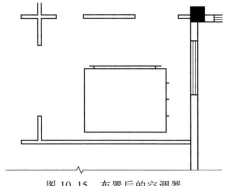

图 10-15　布置后的空调器

步骤四：

先对风管的样式进行设置，然后一次完成风管的绘制。点击"空调"→"风管设置"，打开"风管系统设置"对话框，接下来在其 4 个分组中分别对连接件、法兰、计算等方面进行设置，如图 10-18～图 10-21 所示。按照图示的修改后，即可绘制风管。

图 10-16　"风管立管"对话框

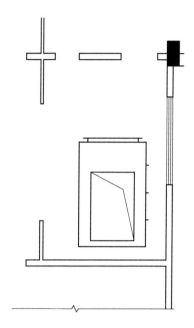

图 10-17　布置送风立管

图 10-18　"连接件设置"对话框

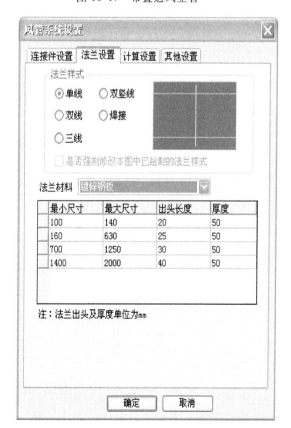

图 10-19　"法兰设置"对话框

步骤五：

单击"空调"→"风管绘制"，先单击立管下侧线的中点，然后参考对话框的参数来设置管线的类型、截面及尺寸以及管底的标高、对齐方式等。

宽度设为 1800 后，输入长度值 5000，向上拉伸；再输入长度值 11500，向右拉伸。

宽度设为 1250，再输入长度值 9000，向右拉伸；再输入长度值 4000，向上拉伸。

宽度设为 800，再输入长度值 4000，向上拉伸；再输入长度值 9000，向左拉伸。

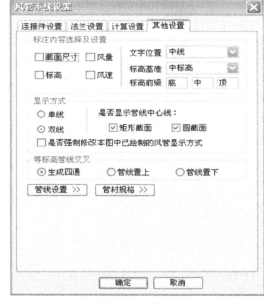

图 10-20　"计算设置"对话框　　　　　　　图 10-21　"其他设置"对话框

宽度设为 450，再输入长度值 8000，向左拉伸。

完成后效果如图 10-22 所示。

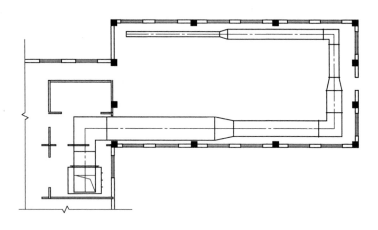

图 10-22　已绘制的风管

步骤六：

修改弯头。单击"空调"→"弯头连接"，打开如图 10-23 所示的对话框，然后单击导流叶片的片数设置区域中的 <kbd>...</kbd> 键，根据管径来选择片数，然后单击要修改的弯管后确认。再单击弯管前后两条管路，再确认。修改效果如图 10-24 所示。

步骤七：

修改变径管。虽然在绘制不同宽度管线时可以自动生成变径管，但用户也可以对其尺寸算法作修改。方法为单击"空调"→"变径连接"，打开如图 10-25 所示的对话框，按要求设置不同的算法，本例使用"由管线宽度决定"算法。选定后单击要修改的变径管及管前后两条管路，确认即可。

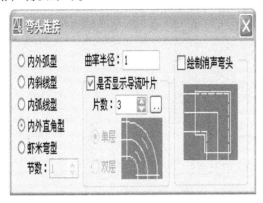

图 10-23　"弯头连接"对话框

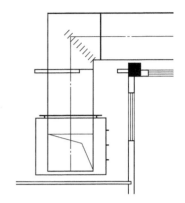

图 10-24　修改后的弯管

步骤八：

在风管上添加消声器和防火阀。单击"空调"→"风管阀件"，打开如图 10-26 所示的对话框，先单击图样，则弹出"天正图库管理系统"对话框（见图 10-27），用户可对阀件进行选择和预览，选定后双击图样可返回"插入风管阀件"对话框，然后在绘图区把消声器添加到风管上。需要修改消声器的尺寸时可以双击消声器，弹出如图 10-28 所示的对话框进行修改。

防火阀的添加方法可参照消声器部分。完成后的效果如图 10-29 所示。

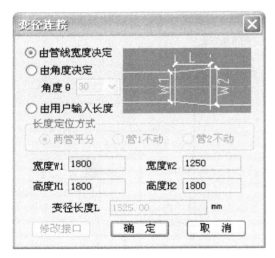

图 10-25　"变径连接"对话框

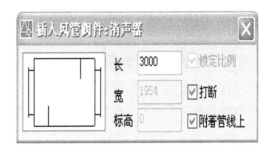

图 10-26　"插入风管阀件：消声器"对话框

步骤九：

在风管上布置风口。单击"空调"→"布置风口"，打开如图 10-30 所示的对话框，单击图样可弹出"天正图库管理系统"对话框（见图 10-31），选择所需图样后双击图样可返回。按图示在"基本信息"区域输入尺寸参数、调整角度和风口数量之后，单击风管的布置起始点和终点后，出风口便会平均分布在起始点和终点之间的线段上。布置方式按图选择，如有其他需要可再调整。

至此，中央空调风管系统已完成，如图 10-32 所示。

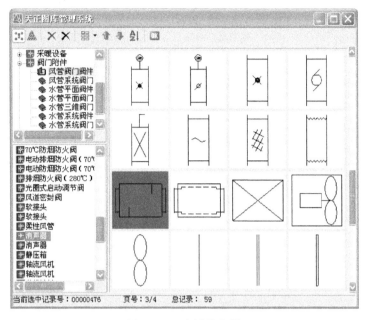

图 10-27　选择消声器

图 10-28　"编辑阀件：消声器"对话框

10.4.2　空调水管平面图的绘制

继续绘制空调水管的平面图。如图 10-33 是某校教室的建筑平面图，在此图基础上绘制水管平面图。

步骤一：

首先在平面图中布置风机盘管。单击"空调"→"风机盘管"，打开如图 10-34 所示的对话框。在对话框中可单击图样打开"天正图库管理系统"，选择风机盘管的型号（见图10-35）。然后双击图样返回，输入具体的参数后，以定义线交点为插入点，在平面图中插入风机盘管，如图10-36 所示。

步骤二：

先对水管的样式进行设置。单击"空调"→

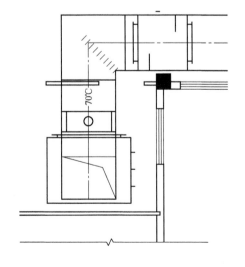

图 10-29　插入消声器和防火阀

"水管管线"，打开如图 10-37 所示的对话框。再单击"管线设置"按钮，弹出如图 10-38 所示的"管线样式设定"对话框。在此对话框下的"空调水管设定"选项卡中，我们可以对各

图 10-30　"新布置风口"对话框

管线系统的颜色、线宽、线型、标注和管材等方面进行设置。

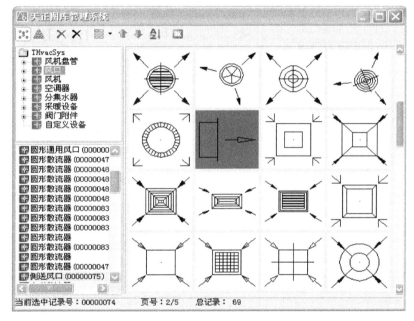

图 10-31　选择出风口

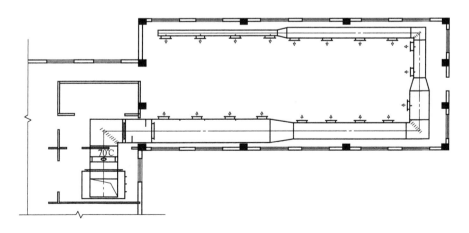

图 10-32　风管系统平面图

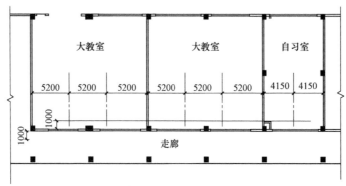

图 10-33 教室平面图

图 10-34 "布置风机盘管"对话框

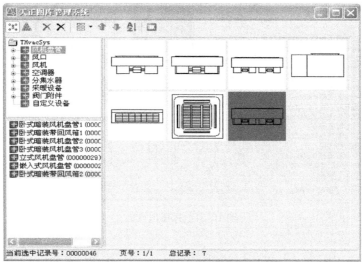

图 10-35 选择风机盘管

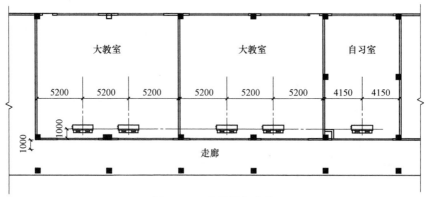

图 10-36 布置风机盘管

　　建议用户在绘制水管管线前设置好，以便在接下来的管线绘制中按设置进行，本例按照图中显示进行设定。

　　当然，如果用户在绘制后仍需修改，也可以单击"管线工具"→"修改管线"，在弹出的对话框中进行修改，但这样就明显比较费时。

　　步骤三：

　　然后布置各水管的干管。单击"空调"→"多管绘制"，打开如图 10-39 所示的对话框。单击"增加"按钮，并且按图 10-39 填写管线的名称和其他参数，然后单击"确定"按钮。

图 10-37　"空水管线"对话框

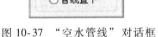

图 10-38　"管线样式设定"对话框

　　进入管线起点选择。以左侧折线与定义线的交点为起点，然后向右侧拉伸，输入"30000"作为管路长度后确定，效果如图 10-40 所示。

　　步骤四：

　　再次单击"空调"→"水管管线"，用户可选择不同的管线类型来对冷冻供、回水管和冷凝水管进行绘制。用户可将每段管路引入立管或排水口。

　　添加断管符号：单击"管线工具"→"断管符号"，然后选择需要添加断管符号的管线即可。

　　修改线型比例：用户往往感到奇怪，为何已经完成了管线样式设置，但是诸如虚线或细单点画线等却都显示成了实线，

图 10-39　"多管线绘制"对话框

其原因是线型比例没有设置好。设置方法如下：单击选择所要修改线型的管线，右击后在弹出的快捷菜单（见图 10-41）中单击"线型比例"后即可输入比例。

　　管线的打断：当不同的管线出现交叉时，可通过使用"管线工具"子菜单中的"管线打

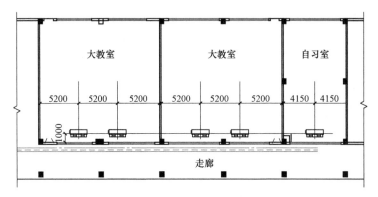

图 10-40 绘制水管干管

断"、"管线连接"、"管线置上"及"管线置下"来修改交叉管。

冷凝水管立管：在图中的两个地漏的左侧分别添加冷凝水立管，单击"空调"→"水管立管"，弹出对话框，设置后即可插入。

步骤五：

连接风机盘管与干管。单击"空调"→"设备连接"，打开如图 10-42 所示的对话框。然后选择所有风机盘管和主管管线，单击确定后的效果如图 10-43 所示。

此时在主管处会出现立管，这表明风机盘管与主管的标高不一致，用户可根据具体情况来决定是否需要立管，若不需要可直接手动删除。

步骤六：

标注空调水管的管径。使用天正提供的标注工具来为水管标上管径十分方便。但前提是用户在绘制管线的时候必须

图 10-41 管线右键快捷菜单

图 10-42 "设备连管"对话框

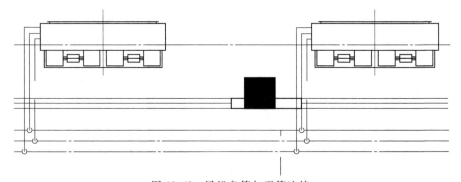

图 10-43 风机盘管与干管连接

把不同管段的管径设定好，否则会识别出错误的管径。倘若需要修改管径，用户可参考步骤二的修改方法。

待所有管段的管径设置正确后，即可使用"专业标注"下的"单管管径"、"多管管径"、"多管标注"等来标注管径。在进行标注操作时应注意的是，从第一次单击管段开始的直线必须穿过要标注的所有管线，要避开虚线或点画线的断开部分。

在标注完成后，若用户要对标注进行修改，可双击标注，在弹出的对话框中修改。

综上所述，所有操作完成后的效果图如图 10-44 所示。

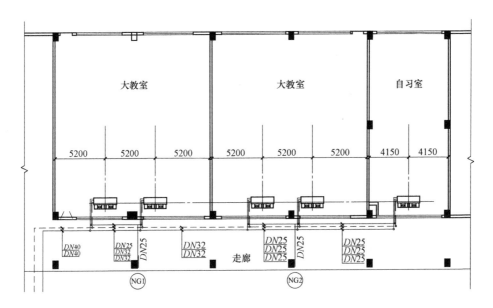

图 10-44　空调水管平面图

10.5　中央空调工程设计施工图绘制的常见错误

由于中央空调工程设计施工图的设备、管路、线型较多，要遵守的规范也很多，所以绘制时会犯一些错误，本章将总结在绘图过程中的常见问题，主要有以下几方面。

10.5.1　平面图绘制的常见错误

中央空调工程设计平面图是最主要的图样之一。平面图反映中央空调工程设计管路和设备布置平面图，应以直接正投影法绘制。也就是说，平面图中应假想除去上层板后采用俯视规则绘制。因此，上层楼板的下部（天花吊顶）中所安装的管路和风机盘管等设备应绘制在本层平面图中。

因平面图中反映各设备、管线的平面关系，这是平面图的核心。因此，平面图中各设备是有尺寸的，各设备在图样中应既要反映实际大小，也要反映和建筑长、宽、高的定位尺寸，换句话说，施工人员拿着平面图就应能够指导施工。

在实践中，平面图中常见的错误有：不标、少标设备、管路的尺寸（包括定位尺寸）；不标明设备的参数如风量、冷量、功率等；不按照比例或实际尺寸绘制设备、管路；字体、字号过大、过小或看不清等；线路、管路平面重叠、交叉在一张平面图中又不分开或布局不科学等。

10.5.2 系统图绘制的常见错误

系统图主要是反映中央空调工程中冷却水系统、冷冻水系统工作过程的系统原理图。水、汽管路及通风、空调管路系统图均可用单线绘制。目前，一般已不采取轴测图的形式绘制。绘制系统图时，常见的错误有：

系统图中没有标高，不反映各层空调末端的情况；系统图和平面图不能对应，一些最常见的空调设备、附件在系统图上没有反映出来；系统图中回水应用虚线，供水应用实线的规定在一些系统图中没有反映出来；冷却泵、冷冻泵的参数没有标明；冷却塔、膨胀水箱画错；冷冻水系统供、回水缺平衡阀或分水缸、集水缸等；冷却水泵、冷冻水泵的方向画错。

平面图和系统图存在矛盾，不一致，如人防口部平面和人防系统原理不一致，止回阀、密闭阀、人防风机、滤毒器、滤尘器的台数等对应不起来；制冷机房平面和冷却塔布置平面与空调制冷系统图不一致，如主机与水泵、冷却塔对应关系或管道连接形式不一致。冷冻水系统存在漏设膨胀水箱现象。

图面表达能力实际上就是指通过某种形式让施工人员看得懂图样的方法，而很多暖通设计图样中并没有采取任何可以为设计细节进行区分的方法。例如：暖通设备施工中管线比较多，管线的作用有很多，每种管线施工方案也会有所不同，但是在设计中并没有明显的区分开来；还有对通风、空调等设备缺少编号标记；或者防火、防烟等功能施工的区分也没有明显划分。最后使得设计图样中密密麻麻的设计不能对号入座，不能清楚地明白设计中的每一处细节的准确施工要求，使施工常出现不合理、错乱的情况，不仅施工图审查难度高，同时施工难度也会大幅度增加。解决方法是：采用有效的区分方法，可利用线型粗细、颜色、编号、参数标注等多种方法，将暖通设备的每一个细节清楚地设计出来并标明，这样会使设计图样的内容清晰明了、简单易懂，让施工人员清楚的了解到各环节施工的正确标准。

10.5.3 剖面图绘制的常见错误

剖面图是平面图的补充，由于在平面图上看不到设备、管路中的空间立体关系，此时需要通过剖面图同时结合平面图才可以反映空间情况。因此，在剖面图中，剖切的位置非常重要，投射方向线的位置也很重要。剖面图中，应在平面图上尽可能的选择反映系统全貌的部位采用垂直剖切后绘制。当剖切的投射方向为向下和向右，且不致引起误解时，才可省略剖切方向线。

剖面图中除了剖切位置外，尺寸标注、定位尺寸、比例等也容易出错。

第 11 章　各类型建筑中央空调工程设计的原则与要点

一项建筑暖通空调的设计是否科学、经济和优秀，是否易于调节和方便管理，最根本的原则是必须结合建筑的特点进行。因此，只有掌握了各类建筑的使用特点，才能从健康、卫生的角度做好室内环境的设计，才能从用户的需求出发进行设计，满足用户的需求。

11.1　办公类建筑的中央空调工程设计

进入 21 世纪以来，我国办公类建筑发展迅猛。各种中央商务区（CBD）、行政中心区、科技园区和创意工业园等如雨后春笋般涌现，同时也推动了包括行政类办公楼、租售型写字楼、专业办公楼和综合办公楼在内的各种办公建筑的建设。

这些建筑设计超前，各种管井配备较多，地下室停车、设备等空间规划考虑周到，考虑到了抗震、节能、停车、职能化和景观等综合因素。由于教育水平和设计人员素质的提高，也考虑到了建筑各专业的配合问题。这些都为暖通空调专业人员进行设计提供了有力条件。

11.1.1　办公类建筑的特点

11.1.1.1　多功能建筑和高大建筑不断出现

办公类建筑中多功能建筑不断出现，比如有裙楼作为商业用途，塔楼作为办公使用。再比如，各地不断追求标志性建筑，高层办公建筑、超甲级写字楼等大型以及超大型建筑不断涌现，甚至出现一些造型奇特怪异的办公建筑。总之，办公类建筑有朝高大、复杂、智能甚至大型化等趋势发展。

11.1.1.2　建筑的体型系数较大

办公类建筑的体形系数较大，这是因为此类建筑外形一般中规中矩，多为矩形、三角形等，一般比较狭长，进深较小，所以导致体形系数较大。

11.1.1.3　建筑布局相对简单

这类建筑即使有规模较大的会议室，建筑布局也相对简单。因为没有高大的中庭或大堂，没有跨度很大的钢结构屋顶和天顶，所以在进行暖通空调设计时，风管的走向和空调系统的分区相对比较简单。如果建筑预留的管井布置合理，数量众多，可以为暖通空调设计节省不少工作量。

11.1.1.4　室内环境受到空前重视

办公类建筑，相对于商场类建筑，人员流动性小，在室内环境停留时间较长，室内环境受到空前的重视。这类建筑一般为了考虑节能，于办公室采取新风系统加风机盘管系统，因此，回风可能有污染、串联，新风量可能不够和室内可能还有计算机、打印机、复印机及传真机等办公设备的辐射污染，因此，必须充分考虑室内环境质量的问题。

11.1.2　办公类建筑的冷热负荷和能耗特点

办公类建筑，因为体形系数较大，加之一些城市的办公建筑为追求美观大量采用玻璃幕墙等，导致室外负荷（主要是太能辐射负荷）和新风负荷成为最主要的负荷。人员、灯光、设备等室内的负荷则根据情况成为负荷的重要组成部分。因此，在进行暖通空调设计尤其是进行节能设计时，要充分考虑围护结构的材料、厚度等进行设计。如果是高大建筑，还必须考虑设备的管路走向和长度，冷热水机组与负荷末端的长度距离等。因为没有水体蒸发、食品加热或冷却，这类建筑的湿负荷较小，尤其是北方的写字楼，不管是供暖还是空调，湿负荷较小，只需要考虑新风的湿负荷。因此，在进行负荷计算和设备选型时，必须充分考虑这类建筑的通性特点，然后再考虑建筑本身的位置、朝向和高度等进行暖通空调设计。

对于大型办公楼（建筑面积超过 $10000m^2$）建筑来说，周边区（由临外玻璃窗到进深 5m 左右）受到室外空气和日射的影响大，冬夏季空调负荷变化大；内部区由于远离外围护结构，室内负荷主要是人体、照明、设备等的发热，可能全年为冷负荷。因此，可将平面分成周边区和内部区。周边区亦可按朝向分区（平面面积大时）。大型办公楼的周边区往往采用轻质幕墙结构，由于热容量较小，室外空气温度的变化会较快地影响室内，使室内温度昼夜波动较明显。所以，周边区空调负荷的变化幅度以及不同朝向房间的负荷差别较大；一般冬季需要供热，夏季需要供冷。内部区由于不受室外空气和日射的直接影响，室内负荷主要是人体、照明和设备发热量，全年基本上是冷负荷，且变化较小，为满足人体需要，通风量比较大。

在办公用建筑物中，为了提高办公环境条件，采光面占比较大，受外部气象条件的影响很大，特别是在过渡季节，经常是以室内的温度为中心反复变化。在中大规模的建筑物中，特别是超高层建筑物，由于风压和成本的关系，多采用密闭窗，在过渡季节利用外气调节室内的温湿度比较困难。

另一方面，由于照明的增加和办公用具的设置等，室内发生的热量有增加的倾向，在全年需要冷却的时间有逐渐延长的趋势。另外，在过渡季节室外的气温变动较大，传热负荷、冷气负荷反复在冷、暖房之间变换，为了把室内的温湿度状态保持一定，在这个时期，需要冷、热双热源。当建筑物采用密闭窗时，在冬季，特别是过渡季都持续需要冷源和热源。

我国办公楼室内空调设计计算参数中办公室新风量，对一般办公室：$20\sim30m^3/(h\cdot人)$；高级办公室：$30\sim50m^3/(h\cdot人)$。现代化办公楼夏季冷负荷为常规办公楼的 $1.3\sim1.4$ 倍。办公自动化（OA）机器设备发热量为 $10\sim40W/m^2$，甚至更大，照明负荷 $20\sim30W/m^2$（$300\sim800lx$），人体发热约 $16W/m^2$。

11.1.3 办公类建筑中央空调工程设计要点

11.1.3.1 办公建筑的设计规范

目前，有关办公类建筑的暖通空调设计规范，主要有《办公建筑设计规范》（JGJ 67—2006）。当然，还有《民用建筑供暖通风与空气调节设计规范》（GB 50736—2012）中有关办公建筑设计中的条款内容。此外，比较重要的设计规范还有《民用建筑设计统一标准》（GB 50352—2019）（建标 [2013] 169 号文在征求意见）、《公共建筑节能设计标准（GB 50189—2015）、《室内空气质量标准》（GB/T 18883—2016）、《民用建筑工程室内环境控制规范》（GB 50325—2010）、《车库建筑设计规范》（JGJ 100—2015）和《智能建筑设计标准》（GB 50314—2015）等规范等。

11.1.3.2 办公建筑的空调方式

对于中小型或平面形状呈长条形或房间进深较小的办公楼建筑，通常不分内区和外区，一般采用低速风道系统（各层机组）或风机盘管加新风系统的空调方式，亦可采用分散式的水热源热泵或变冷剂流量的 VRV 系统（造价较高）。近年来，变风量系统（VAV）和变冷剂流量（VRV）系统应用得越来越广泛。

办公建筑暖通空调设计，在系统规划和方案设计要注意以下几点：

对系统和各组成设备在容量、对内外影响、对应负荷的灵活性、稳定性、自动控制、经济性、维修管理及节能等方面进行综合考虑。

（1）办公建筑空调设备的整个系统应对负荷的变化应具有较高的灵活性，应认真地进行负荷计算，分析已有条件，按照建筑物的用途、负荷性质及其他实际情况规划空调设备。

（2）送风、排风设备及热交换器在设计中不可产生相互干扰。即不要在送、排风口的附近形成气流短路，烟囱排气不要侵入冷却塔等外部热交换器，侵入空调机造成腐蚀等。应调查室外空气的污染程度，考虑必要的空气过滤装置，应注意研究排出的废气及热量对室外环境的影响。

（3）分析全年各不同时刻冷热负荷的最大、最小和平均值，经过分析掌握各不同时刻、方位及气候的负荷变化，进行研究选定冷热源设备容量、设备台数及自动控制方式。设备的容量应考虑将来发展的要求，但应注意不应产生设备容量过大的现象。

（4）对于内部负荷密度不同的设备系统，可以采用 VAV（variable air volume system）方式、局部设置小型空调机等方式。除此之外，在大规模办公建筑物中，还要考虑人员加班等部分使用的运行工况。

办公类建筑暖通空调系统的划分应符合下列要求：

1）采用集中供暖、空调的办公建筑，应根据用途、特点及使用时间等划分系统。

2）进深较大的区域，宜划分为内区和外区，不同的朝向宜划为独立区域。

3）全年使用空调的特殊房间，例如计算机房、电话机房、控制中心等，应设独立的空调系统。

4）采暖、空调系统宜设置温度、湿度自控装置，对于独立计费的办公室应装分户独立计量装置。

5）办公建筑宜设集中或分散的排风系统，办公室的排风量不应大于新风量的90%，卫生间、吸烟室应保持负压。

6）办公建筑不宜采用直接电热式采暖供热设备。

11.1.3.3　办公建筑暖通空调设计要点

1. 冷、热源设置

（1）冷热源集中在地下室，对维修、管理和噪声、振动等处理比较有利，但设备（蒸发器、冷凝器和泵等）承压大，应根据水系统高度校核设备承压能力。如果有裙房，冷却塔可放在裙房屋顶上。

（2）冷热源集中布置在最高层，冷却塔和制冷机之间接管短，蒸发器、冷凝器和水泵承压小，节省管路，烟囱短且占建筑空间小。但应注意燃料供应、防火、设备搬运、消声防振等问题。

（3）热源在地下室，制冷机在顶层，它兼有前面两者的优点，但烟囱占建筑空间大。

（4）部分冷冻机在中间层，对使用功能上分低区（中区）和高区的建筑物较合适。

（5）冷热源集中在中间层，设备承受一定压力，管理方便，但中间设备层要比标准层高，噪声和振动容易上下传递，结构上应做消声防振处理。

（6）当无地下室可利用或在原有高层建筑增设空调时，可设置独立机房，其优点是利于隔声防振。

（7）冷热源（指风冷单冷或热泵机组）放在裙房屋顶或主楼屋顶或通风良好的设备层中（一定要保证通风良好，否则将严重影响机组出力）。

2. 设备层的布置　设备层是指建筑物的某层其有效面积的大部分作为空调、给排水、电气和电梯等机房设备间的楼层。避难层可兼作设备层。

设备层的布置原则是：20层以内的高层建筑，宜在上部或下部设一个设备层；30层以内的高层建筑，宜在上部和下部设两个设备层；30层以上的超高层建筑，宜在上、中、下分别设设备层。设备层内空调设备、风管、水管和电线电缆等，宜由下向上顺序布置。

一般可按以下原则划分：离地 ≤ 2.0m 布置空调设备，水泵等，离地 2.5~3.0m 布置冷、热水管路，离地 3.6~4.6m 布置空调、通风管路，离地 >4.6m 布置电线电缆。

3. 水系统和风系统的设计　在超高层空调水系统设计和规划中，应注意以下几点：

（1）采用大温度差减少循环水量，按一般的水温（冷水 5~8℃热水 40~45℃），将空调机盘管的利用温差取 15℃ 左右是可能的。这样就可以减少水泵的动力和缩小配管的管径。

（2）在变流量控制设备的方法中，控制水泵转速的方式是最佳节能方式，但是要注意成本的增大和水压的减少。

在超高层空调风系统设计和规划中，除充分考虑防火灾问题以外，应注意以下几点：

（1）冬季热空气容易向上层部分移动，是下部的暖房效果变坏。这是由于烟囱效应的影响，根据需要应该对应季节对风机的静压进行调节。

（2）通过导入室外空气的空气调节阀或者建筑物低层部分各处的缝隙，容易侵入大量的室外空气，导致负荷比预计的要大。因此，需要选用高性能的空气调节阀。

（3）应该与排烟系统综合地进行设计和系统控制。

11.2　宾馆酒店类建筑的中央空调工程设计

随着我国经济的蓬勃发展，宾馆、酒店类建筑的档次不断提高，数量随之增加，许多城市正在规划和建设五星、超五星级的大酒店。很多酒店类建筑业成为当地的标志性建筑，这既为酒店建筑的建设提出了相当高的要求，也为暖通空调设计带来了新的问题。

11.2.1　宾馆酒店类建筑中央空调工程设计的特点

很多宾馆酒店，本身就是标志性建筑，作为城市名片和对外宣传窗口，甚至成为当地的文化符号和城市象征。当代酒店、宾馆的配套功能越来越完善，星级酒店设计既要满足顾客衣食住行的需求，又要使顾客就近享受"游""购""娱"等配套齐全的度假和旅游接待设施等。因此，高档酒店规模越来越大，功能越来越多，既有高大的大堂和中庭，也有地下室、停车场等；还可能有各种规格的会议室；有游泳池、桑拿房、健身房等；有热水、洗衣、锅炉系统；在需要有空调制冷的同时，有的区域和房间也有可能需要供暖供热；酒店、宾馆还配套有厨房、餐饮、宴会功能等。如果宾馆酒店建在风景名胜区，还可能有天然的冷源、热源等可以利用，例如太阳能、地热能等。

11.2.2　宾馆酒店类建筑的能耗特点

宾馆、酒店类建筑的功能和特点，必然会导致其能耗情况的复杂性和特殊性。宾馆、酒店类建筑是公共建筑中的重要组成部分，而且功能复杂，已经成为耗能大户，并且星级越高，能耗越大。

与其他公共建筑相比，酒店建筑是公共建筑中较特殊的一类建筑，这些特殊性包括：不同功能的设备运行时间不同；不同酒店的餐厅数、洗衣房、商务中心房间等数量不同；一年中客房入住率是不断变化的；不同的客人对室内环境参数的要求不同等。由于中国幅员辽阔，从西到东，从北到南，气候条件差异很大，经济文化发展水平也不平衡，相应地，酒店、宾馆单位面积的能耗也相差巨大。

据统计空调系统在酒店的能耗中占有相当高的比重，为 50% 左右。其主要包括：采暖能耗、空调与通风能耗、照明能耗、生活热水、办公设备、电梯和给排水设备等。由于节能环保工作的经济效益和社会效益非常明显，因此酒店节能建设逐渐引起管理者甚至政府的广泛关注，社会各界对这类建筑的暖通空调设计，尤其是节能设计能力也越来越重视。

11.2.3　宾馆酒店类建筑中央空调工程设计规范

目前，有关宾馆、酒店类建筑的暖通空调设计规范，主要有《旅馆建筑设计规范》（JGJ 62—2014）。当然，还有暖通空调通用的设计规范《民用建筑供暖通风与空气调节设计规范》（GB 50736—2012）中有关办公建筑设计中的条款内容。此外，比较重要的设计规范还有《公共建筑节能设计标准》（GB 50189—2015）、《建筑设计防火规范》（GB 50016—2014）、《汽车库、修车库、停车场设计防火规范》（GB 50067—2014）、《地源热泵系统工程技术规范》（GB 50366—2009）、《建筑给排水设计规范》（GB 50015—2010）、《锅炉房设计规范》（GB 50041—2008）等。

11.2.4　宾馆酒店类建筑中央空调工程设计要点

11.2.4.1　契合建筑物所在的位置

这里所说的位置不仅是简单地知道酒店在什么地方，还包括酒店的地理位置、气候环境位置和人文文化位置等。对地形复杂地区气候环境位置的了解非常重要。比如一个临山面海的酒店，就需要强调自然通风的设计配合；在一个比较偏远的深山水库旁边，可以采用水源热泵、地源热泵等冷热源方式；而在市中心区域，为了满足建筑功能上的隔音、降噪及降低城市热岛效应对一些使用区域的不良影响，就不能为了强调自然通风把该区域做开放式设计。人文文化位置是指当地的文化氛围与一些传统习惯，比如有些酒店是古典式的，不希望看见风口等，空调设计人员在满足空调使用效果的基础上应积极配合建筑从系统设计、装修配合上尽量把风口等与人文文化相抵触的因素隐藏起来或结合在装修之中。

11.2.4.2　充分掌握建筑的规模、功能划分特点

在进行暖通空调设计时，优秀的设计师，能充分根据建筑的功能进行系统划分和方案设计满足业主和使用者的需求。例如酒店、宾馆的规模宏大，装修豪华，则在暖通空调的节能设计、排烟设计和气流组织设计等方面，都必须考虑建筑的特点和使用者的特点。特别是酒店有大量的蒸汽、热水和余热的时段，又有冷气供应的需求，则可以充分考虑冷、热源的综合利用，在方案设计、设备选型时必须充分考虑这些要求。再如，如果装修豪华高档，在进行末端、风口等方面的设计时，必须考虑装修效果，酒店的主题风格是指导空调末端设计的关键，比如一个简约型主题风格和一个古典型的主题风格其风口配合会出现不同的概念。不同的酒店管理公司会在一些细微的地方提出不同的要求，需要设计师去满足他，如果根据地域特点，酒店管理公司的有些要求使甲方额外花费冤枉钱，设计人员应想办法说服酒店管理公司的技术人员并通报甲方。这就要求在进行暖通空调设计时要准确了解建筑的规模及功能划分，防止在设计中方案阶段的配合与后续的深化设计出现较大的偏差。

11.2.4.3　设计参数的确认

室外参数的确认：室外参数一般由当地的气候参数来决定是无法改变的，但暖通空调设计好坏与否，能不能充分利用当地的气候条件进行设计，是检验设计人员基本功底的方式之一。室外参数根据气象台站提供的数据确定，当无气象台站数据时采用附近气候最接近的台站参数。确认市政资源，包括余热、余冷、能源情况。确认江河、湖、海水、土壤等自然资源情况。温泉酒店应收集温泉排水的物理、化学参数，了解水量及运行规律。

室内参数的确认：温、湿度设计首先应按国家节能规范设置，但是室内设计参数按现行节能规范一般不能满足五星酒店的管理要求，需要甲方与相关部门及施工图审查单位进行沟通。关于室内参数的设定，要在经济性、扩展性和适用性之间取得平衡；要在高档奢侈和节能实惠之间取得平衡。比如，当酒店需要进行境外"绿色建筑"认证时，应注意新风量要求放大30%，比如办公就变成了每人 $39m^3/h$。再比如，按《民用建筑供暖通风与空气调节设计

规范》（GB 50736—2012）的规定，冬季室内空气计算参数，盥洗室、厕所不应低于 12℃，浴室不应低于 25℃。然而，有的酒店、宾馆的厕所、盥洗间（设有外窗、外墙）、卫生间（冬季有洗澡热水供应，应视作浴室）未设散热器，很难达到室温不低于 12℃ 和 25℃ 的要求。

11.2.5　宾馆酒店类建筑中央空调工程设计的经验总结

11.2.5.1　空调系统冷、热负荷

冷负荷计算：要采用正规软件进行逐项逐时冷负荷计算，计算内容按照《工业建筑供暖通风与空气调节设计规范》（GB 50019—2015）的要求。外围护结构参数、人员数量的选取要与建筑专业统一。按节能规范选取的室内参数，冷负荷计算结果选取主机时不取同时使用系数。如果负荷计算是按酒店管理公司提供的室内参数进行的，根据笔者的经验，利用冷负荷计算的结果选取主机时宜取 0.7~0.9 的同时使用系数。

热负荷计算，要按照《工业建筑供暖通风与空气调节设计规范》（GB 50019—2015）的要求进行空调供暖系统热负荷计算；根据建筑条件进行厨房用热热负荷计算；要求提供洗衣房热负荷或根据服务人数进行洗衣房热负荷计算；确定游泳池的加热方式，例如需空调热源提供需计算其热负荷；请给水专业设计师提供生活热水热负荷；应计算其他热负荷，例如：SPA 等。

11.2.5.2　室内空气品质与舒适度

在设计过程中宜运用 FLUENT、StarCCM+等专业软件，对未来空间的舒适度指标，例如温度场、风速场、空气龄场和平均热感觉指数（PMV）场等，进行系统模拟，对房间的气流组织，室内空气品质（IAO）进行全面综合评价，同时在此基础之上建筑师和暖通工程师应共同确定适当的设备系统和末端形式的选择，以达到空间艺术舒适度和节能的最佳效果，并保证空间舒适度的要求。越是高档的酒店宾馆，越要注重室内空气品质的问题。

关于风系统设计和空调末端，客房部分采用风机盘管加新风系统；总统套房的新风应考虑独立系统；大堂、宴会厅、大空间餐厅和大中型会议室采用全空气空调系统；餐饮小包房采用风机盘管加新风系统，如果附近正好有机电夹层，可采用小柜机；风口的设计需根据装修确定，注意风口风速不得产生二次噪音。

各功能房间的末端系统设计及装修要配合好。例如客房，冷风不能吹床头；风口不能产生二次噪音，机组进出风管段要做消声处理，保证满足五星客房的噪音要求；机组要便于检修；阀门便于操作；凝结水便于排放，消除漏水隐患。

11.2.5.3　冷、热源的选择与设计

冷源系统：要根据工程所在地的能源政策及能源供应情况进行选择，主要能源有燃气、电能、电厂或工厂余热。要求能源供应一定要稳定，有两种以上选择时，采用价格便宜，经济合理的能源，并设计合理的系统。根据节能需求，了解工程所在位置的自然资源，江河、湖水、海水和土壤等是否可以用来散热，有无其他可直接利用的自然冷源。酒店项目有稳定的热需求时，采用电制冷时宜设计冷凝热回收系统或热泵热水系统冷回收。另外，要根据冷负荷的计算结果、服务功能、各区域运行情况，合理配置主机的大小、数量，兼顾节能、节地和低负荷运行要求。

热源系统：与冷源系统一样要根据工程所在地的能源政策及能源供应情况进行选择，主要能源同样有燃气、电能、电厂或工厂余热。有两种以上选择时，采用价格便宜，经济合理的能源，并设计合理的系统。了解工程所在位置的自然资源，江河、湖水、海水和土壤等是否可以用来散冷，有无其他可直接利用的自然热源——温泉或地热。酒店有洗衣房时需设置蒸汽锅炉或有压力符合使用要求的其他水蒸气来源。酒店无洗衣房时，可采用热水锅炉或城市热网换热，南方地区可采用风热热泵热水机组。变配电室、洗衣房、温泉酒店废水的热量

回收系统提供员工淋浴热水或其他用途。机组配置要合理，保证运行安全。

11.2.5.4 暖通空调水系统的设计

五星级酒店的空调水系统一般设计为四管制系统，对于内区大型餐饮宴会的功能区，由于需要全年供冷，可设计为两管制系统；对于后勤、可集中进行供冷、供热转换的公共区域宜带冬夏转换的两管制系统，也称"假四管系统"，以节省甲方投资及建筑空间。

旅游酒店分散成几个集中的点时可考虑二次泵系统，一般采用一次泵系统增加运行安全度。

要注重水压平衡，支路划分合理，采用较好的平衡阀及温控设备，但不可以把所有问题交给平衡阀解决，一定要仔细进行水压计算。为防止客房冷热不均问题，客房的风机盘管水系统一般应布置为管路同程或者分区域设置支路及阀门调节。

比如，按《锅炉房设计规范》（GB 50041—2008）的规定，高位膨胀水箱与热水系统的连接管上不应装设阀门。这里所说的连接管是指膨胀管和循环管。此条对空调冷冻水系统也是适用的。但有的空调冷冻水系统高位膨胀水箱的膨胀管接至冷冻机房集水器上且安装了阀门，这是不允许的。一旦操作失误，将危及系统安全。

11.2.5.5 一些需要特别考虑的场合

1. 大堂

1）此处是酒店的门面，要尊重装修设计意图。

2）风口造型要上档次，给装修设计多种选择。

3）不能随便减少风口数量，否则制冷效果达不到要求对酒店影响更大。

4）合理解决回风，例如可利用建筑的一些隐蔽角落回风。

5）处理好噪声问题。

2. 宴会厅

1）装修师没有明确概念时，以空调均匀布置为原则。

2）装修概念提出后，需提供空调送、排风口和排烟口的可利用资源。

3）利用装饰图案弱化风口对装修的影响，图案要简单，尽量不影响气流。

4）采用条缝送风时，避免冷风直吹到 1.8m 以下，要计算好送风速度。

3. 中餐厅大堂及包房

1）大空间部分一般为平天花，风口能做到结合天花均匀布置，有时会根据装修需求做成侧送或条缝下送。

2）空调回风口、排烟口的处理需要多花费时间，以达到美观目的，可利用天花造型弱化回风口、排烟口太大造成的影响。

3）包房一般为风机盘管侧送，下送方式比较少，利用包房入口压低的空间一般不会有大的问题。

4. 洗衣房

1）以工艺流程为主，做好岗位空调的设计，利用风机盘管或处理至 26°C 的新风直吹，防止处理到 15°C 左右的冷风直接作为岗位送风。

2）根据预留的风机、风井位置协商调整设备布局，使空调系统与工艺布局共同合理。

3）排风消除纤维的做法最好由洗衣房厂家配备，如果没有需自行设计水系统，建议参考洗衣房厂家设计方案。

5. 厨房

1）以工艺流程为主布置送、排风系统。

2）根据预留的风机和风井位置协商调整设备布局，使空调系统与工艺布局更加合理。

3）无法解决层高问题时要求厨具公司考虑炉灶排风罩尺寸形式。

4）精加工、粗加工、准备区和备餐区有不同的空调要求，应分别设置空调系统。

5）厨房的补风要求降温处理，一般处理到 26~28℃，补风量不小于 80%。

6）厨房的事故排风可与排烟共用系统，但是要注意风机要能满足两方面要求，否则需分别设置风机。

比如，按《饮食建筑设计规范》（JGJ 64—2014）对厨房操作间通风作了明确规定：

① 计算排风量的 65% 通过排气罩排至室外，而由房间的全面换气排出 35%。

② 排气罩口吸气速度一般不应小于 0.5m/s，排风管内速度不应小于 10m/s。

③ 热加工间补风量宜为排风量的 70% 左右，房间负压值不应大于 5Pa。然而，有些工程的厨房未设排气罩，仅在外墙上设几台排气扇；有些虽然设置了排气罩，但罩口吸气速度远小于 0.5m/s，选配的排风机风量不足。大多数工程未设置全面换气装置，亦未考虑补风装置，难以保证室内卫生环境要求及负压值要求。

11.3 商场类建筑的中央空调工程设计

11.3.1 商场类建筑的特点

商场类建筑（以大型购物中心为例），一般也是当地的标志性建筑，是大型或超大型的公共建筑。集购物、吃喝、休闲娱乐以及停车等功能于一体。商场类建筑，与其他建筑相比有其自己的特点：商场的功能性质，决定了其位置往往处于城市繁华热闹的中心地带，建筑拥挤、用地紧张，在紧张的用地条件和建筑内部无严格日照要求的情况下，商业建筑往往有体量大、体型系数较小、内区较多、进深较长、空间集中和外表面相对简洁等特点。同时为满足消费者的心理，吸引成千上万的顾客，经营决策者都非常注重形象，因为外观时尚和通透的特点，外部常常使用大面积的橱窗和玻璃幕墙，在商场内部则设置上下透空的共享中庭。使购物者有丰富而有情趣的空间感受。这些建筑特点，决定了此类建筑的暖通空调设计具有其独特的难点。

11.3.2 商场类建筑的能耗与负荷特点

商场类建筑的能耗，不管是地上商场还是地下商场，都各有特点。商场建筑的室内负荷，可分为包括人体、灯光与设备在内的内部负荷和包括各围护结构在内的外部负荷。因为商场这样的建筑，内区多，体形系数小（与办公类比），即建筑比较方正，加之商场建筑的人流量特别大，所以体现为建筑负荷以新风负荷和人员负荷为主，围护结构的负荷相对比较小。由于室外气象条件全年都在变化，且商场的客流量也是不断变化的，所以空调负荷也随之变化。商场内区大，人员密集，照明负荷大，人体散热、新风负荷和照明负荷占了绝大部分负荷，并且一年四季和一天内各时刻都在变化，且商场湿负荷大，热湿比小。当然，由于商场的景观照明和橱窗照明等数量比较多，照明负荷也是比较大的。

对于商场建筑，由于室内冷负荷受人流和灯光的影响较大，使得全年的供冷期较长，且基本上随着纬度的降低而逐渐增加。一些文献指出，即使是哈尔滨这样的寒冷地区，冷负荷由过渡季到夏季变化非常大，供冷时间达到了全年营业时间的 63% 左右，而像广州、深圳这样的城市，其商场类建筑全年都需要供冷。

另外，对于商场类建筑，由于冷负荷大，需要冷负荷的时间长，而且热水的消耗量很小，可以利用过渡季节的新风冷负荷，特别适合热回收机组、水环热泵和冷却塔供冷等空调方式。同时，由于在过渡季仅利用室外新风向室内供冷的时间较长，负荷受人流的影响变化大，适合采用变风量空调系统，使其风量随负荷而变化，将会在满足需求的基础上，减少系统的运行风量，从而减少系统的运行能耗。根据对一些大、中型商场设计计算分析，商场中仅人体和新风两项冷负荷就占总冷负荷的 73%~80%，而人体负荷和新风负荷决定于商场客流量的多少。由于商场客流量大小随商场地理位置、季节及时间变化等许多因素影响，使得商场设计负荷和一年中大部分时间的平均负荷相差十分明显。另外商场内各层、各区负荷变化也不一致。为适应这种变化，达到商场空调节能的目的，在商场空调设计中选用变风量柜式空调机组是十分合理的。

11.3.3　商场类建筑中央空调工程设计规范

2011 年，住房和城乡建设部发布了《商店建筑设计规范》的征求意见稿，由中南建筑设计院股份有限公司牵头，认真总结实践经验，参考有关国际标准和国外先进经验，并在广泛征求意见的基础上，对原《商店建筑设计规范》（JGJ 48—88）版本进行了修订，即目前最新的《商店建筑设计规范》（JGJ 48—2014）。总体上，2014 版相对于旧版，进行了大幅度的完善、改进和提高，也是很多设计人员多年经验的思考和积累，值得借鉴和参考，尤其是在功能、安全等方面的内容。《商店建筑设计规范》（JGJ 48—2014）7.2 节中，规定了商场类暖通空调工程设计的基本原则。

11.3.4　商场类建筑中央空调工程设计要点

11.3.4.1　气流组织

商场类建筑，一般层高较高（净高 3.2m 以上），基本上属于公共开间，办公室类的小开间比较少，因此，比较适合全空气系统，且管路布置比较方便。同时，对于集中送风系统，根据公共建筑节能的要求，宜设置热回收系统。气流组织宜采用侧送上排和顶送上排的方式。由于侧送时送风口往往被货架遮挡，因此顶送最佳。一般采用平送型散流器，如果吊顶较高，则应采用下送型散流器或百叶风口。排风口布置在通道或靠近侧墙（货架）顶部。一般在布置排风系统管路时，应与防火分区、防烟分区统筹考虑，平时的排风系统（排风口）即为火灾时的排烟系统（排烟口）。也就是说，排风排烟共用系统的设计方案，既节省设资，又安全可靠。

对于过渡季节机械排风的要求，主要是考虑到餐厅、商店等房间没有对外开窗或设置固定窗时，如果过渡季节空调制冷机组停运，设有风机盘管空调系统的房间室内温度及卫生条件均不能满足使用要求。空气过滤的要求，主要是考虑到餐厅、商店等人员多且流动性大，为保证人员的健康，将室内空气中病菌数量控制适当的范围内；设两级过滤是为了保护终级过滤器，提高其使用寿命。

11.3.4.2　暖通空调的节能设计

对于全空气空气调节系统分内外区设置系统的要求，主要是考虑到商店建筑单层面积大，内外区特征明显，系统分内外区设置能较好地满足不同区域室内温度的要求，节省系统运行能耗。

热回收装置的设置，有利于节约能源，应根据当地的气候特点和建筑的具体情况经技术经济比较确定。根据具体情况可采用全热回收装置，也可采用显热回收装置；设全热回收装置时，其热熔效率不低于 60%。

对于新风量的调节要求，一般商店建筑人员密度大，空调新风负荷大，人员密度变化也大；为节约能源，在满足卫生要求的前提下，可根据室内 CO_2 浓度控制调节新风量。一般商店建筑空调负荷大，为节省冷源系统运行费用，设有全空气空气调节系统时，过渡季应采取全新风运行。

大型商场大门面积大，为防止室内冷（热）空气逸出，商场的对外出入口应设置空气幕，以抵挡室外空气进入商场内。商店营业厅空气调节宜采用低速全空气单风道系统；有条件时，可采用变风量系统。最好可设置全热交换器，夏季回收冷量，冬季回收热量，以减少能量的消耗。特别是在过渡季节，可以利用过渡季节的新风冷负荷，特别适合冷却塔供冷等空调方式。在全年都可以考虑热回收机组、水环热泵等空调方式节能。

11.3.4.3 空调处理方案和室内参数选取

商场的周边区与内区的系统应分开设置，以便冬季可以同时实现内区供冷、周边区供热，并且可以充分利用室外空气的自然冷源。

对于空调系统的选择，大空间宜首选集中式全空气空调系统。而较小的、低标准的营业厅可选用吊挂式或柜式空调机组。

按照我国暖通空调设计相关规范及有关标准，商场夏季室温为24~28℃，相对湿度为40%~65%。商场人员多，湿负荷较大，热湿比小，要达到规范要求，应采取全空气一次回风再热系统来处理空气，但大多数商场的全空气系统都采取露点送风方式，而不设再热加热器，目的就是为了节能和省去夏季供热设备的运行费用，这就使室内空气状态点右移，湿度偏大，即大多数商场夏季都感到潮湿。因此，如果采用露点送风方式，就要适当降低室温，以改善室内的热舒适状态，建议室温不超过25℃。对于风机盘管系统，吊挂式或柜式机组系统更是无法解决大量除湿和再热问题。

集中式全空气系统，其优点是组合式空气处理机组可以有较大的空气除湿和过滤能力，并可以进行多功能调节，满足空调精度要求，过渡季节可以充分利用室外新风实现供冷。缺点是需要比较大的地下层空间作为空调机房。

11.3.4.4 人员的取值

人员密度的取值大小是直接影响到设计冷负荷的重要因素，在以前的规范中并没有进行限定，但在《商店建筑设计规范》（JGJ 48—2014）的条文中进行了说明。例如按大家设计习惯采用的，商店营业厅等人员密集场所的面积指标为$1.20m^2$/人计。按该规范所订的营业厅面积指标分别为顾客$1.35m^2$/人及售货员$10m^2$/人（每个售货岗位面积为$15m^2$，其范围内有售货和协售人员共1.50人）计。

由于顾客分布在营业厅内柜台外的通道等处，其面积为营业厅面积的40%~50%，按营业厅的顾客面积指标$1.35m^2$/人，折算为该范围内顾客面积$0.54~0.68m^2$/人，与礼堂、剧院的观众厅内的每观众面积指标相当，故可作为商店一层或二层内顾客密集程序依据之一。还考虑其他因素在内，把各层的不同换算系数（人/m^2）分别订定如下：

第一、二层，每层为0.85；第三层为0.85×90%=0.77；第四层起每层为0.85×70%=0.60。也可以根据一些文献和调查结果进行选取。

11.4 医院类建筑的中央空调工程设计

11.4.1 医院类建筑的特点

随着我国经济不断发展，我国卫生保健事业进入快速发展时期。为了满足老百姓对医疗卫生不断增长的需求，各地新建或改建了大量的医疗卫生设施。医院建筑作为具有极强专业性的特殊建筑，其中综合性医院建筑具有健全的医疗建筑功能，有更加严格的医疗工艺要求，内部建筑布局非常复杂。医院同时也是易感人群、带病人群和医护人员集中共存的场所。因此这类建筑最大的特点是必须保证良好的室内空气品质，防止病人和工作人员交叉感染。就暖通空调设计来说，应严格细化分区，维持各个不同功能房间的合理压差，控制空气流向，合理选择气流组织形式。例如感染疾病科、手术室与病房之间的空调通风设计截然不同。感染疾病科内为负压，周围空气流向科室内，保证有害病菌不外泄；病房的压力为微正压，气流大部分流向和病房配套的负压卫生间，一部分由窗户流向室外。这些特点，只是医院众多功能的一小部分，但是它们基本上能说明医院暖通空调系统的一个基本原则，即合理控制压差，保证气流组织和流向，达到抑制有害物质扩散，防止交叉感染的目的。

另外，医院是一类特殊的建筑，必须保证手术的安全，因此对能源供应的品质要求较高并且环境还要使患者感到舒适从而利于康复。

11.4.2　医院类建筑的能耗与负荷特点

医院是高能耗建筑，用能特点有其自身的特殊因素。随着医疗技术的不断进步和诊疗设备的不断更新，医院建设的相关标准已大大提高，各项能耗也随之不断上升。医院能耗包括：采暖、通风、空气调节、蒸汽、热水、照明、医技设施及其他动力设施等能耗。其中，空调能耗（采暖、通风、空气调节）和供热能耗（热水、蒸汽）占有很大份额，已达到总能耗的60%左右，并且比例还在不断提高。医院的能耗和暖通空调负荷较大，这是因为：第一，随着医疗需求的提高，耗能较大的医疗、诊疗设备不断增多，导致其用电负荷不断增长。其次，医技、医务等部门出于卫生考虑，有大量的蒸汽和热水要求。第三，医院为了给病人及医护人员提供良好的就医及工作环境，满足治疗过程中特殊的温湿度要求，需要增加制冷、采暖、加湿、通风负荷。第四，医院特殊的通风正、负压环境造成通风量巨大，散热、散冷较多。因为要保证气流从手术室流向洁净走廊、辅助用房、缓冲，最终流向手术部区域外，总体方向是由洁净区流向污染区。

洁净手术部就是典型的例子，手术室内有大量先进医疗设备，人员多，散热量大，冷负荷高达 $250 \sim 350 \text{W/m}^2$。医院暖通空调系统的能耗正是由于上述对医院暖通空调系统的功能要求，才使得整个系统的能耗居高不下。医院作为高能耗建筑的同时，也意味着其存在巨大的节能空间。在当前能源紧缺和国家节能减排的大环境下，在暖通空调设计中根据医院的用能特点实施暖通空调系统节能有重要的意义。

11.4.3　医院类建筑中央空调工程设计规范

有关医院建筑暖通空调设计规范，除了一般建筑暖通空调设计所具备的规范（例如高层建筑、建筑消防、地下室停车场等设计规范）之外，比较重要的设计规范有《综合医院建筑设计规范》（GB 50139—2014），如果是传染病医院，还有《传染病医院建筑设计规范》（GB 50849—2014）。2003 年上半年，SARS 的爆发流行，使得传染病的控制，特别是通过空气传播的传染病的控制，得到了相关部门的充分重视。各地医院在易于隔离的地方新建、改建了相对独立的发热门（急）诊、隔离观察室及专门病区等，但仍缺乏基本的统一要求及规定。为此，国家有关部门编制了《传染病医院建筑设计规范》（GB 50849—2014）。

此外，还包括一些专门的规范，例如《医院洁净手术部建筑技术规范》（GB 50333—2013）、《生物安全实验室建筑技术规范》（GB 50346—2011）等。

11.4.4　医院类建筑中央空调工程设计要点

医院建筑暖通空调工程设计是一个系统工程，涉及多个相关专业。而暖通空调系统效果主要取决于设计、施工、运行管理的正确性、合理性和规范性。医院建筑的快速发展，医疗设备的技术更新，使医院建筑对暖通空调专业提出了非常高的要求，不但有舒适性的热环境要求，也有医疗工艺的要求，它是促进病人康复、提高医疗手段、保障医疗设备运行的保证。暖通设计人员应充分了解医院建筑的功能特点和技术要求，与时俱进，精心设计，才能为医、患人员创造一个卫生、舒适的医疗环境。

11.4.4.1　暖通空调设计要考虑将来的发展

医院类建筑布局比较复杂，在规划、设计时，要考虑到医疗建筑系统的复杂性以及高额的建设投资，暖通空调工程设计中要综合考虑项目设计、规划以及将来的发展，强调将人员的健康作为评估项目建设运营方案的基本准则性，以更好地满足未来改造扩容和增加医疗设备的需要，体现可持续发展的理念。因为一旦医院停工改造，代价巨大，也会影响病人的休息、康复等。

11.4.4.2　暖通空调系统设计要特殊考虑

随着医疗技术的进步，大型医技设备，例如 X 光机、MRI 磁共振、CT、ECT 和钴 60 放射室等均有大量的散热量，需可靠的空调通风系统维持合适的温湿度，以保障设备的正常运行及满足工作人员的舒适性要求。

医院暖通空调系统不但要为病人和医护人员创造一个舒适的环境，更需要一个干净卫生的环境，既要保护医护人员防止交叉感染，也要考虑节省运行能耗。例如全空气系统有利于对空气进行深度处理，提高过滤级别，可以满足医院对空调系统的高要求，但控制的灵活性不如新风加风机盘管系统。而风机盘管的翅片、水盘容易积灰，凝结水使水盘成为滋生细菌的污染源，过滤器的拆洗过程也容易对房间产生污染。设计时应根据不同房间的大小、使用功能灵活处理。门诊楼的建筑设计以大候诊、小诊室为趋势，候诊室的空调系统以全空气系统为宜，诊室可采用新风加风机盘管系统或采用全空气系统。采用全空气系统时，系统划分不宜跨越科室的划分，应避免系统跨越有内热冷负荷的区域与没有内热冷负荷的区域；系统宜变新风比运行。

11.4.4.3　选择合理的冷热源方案

医院的功能复杂，各功能区域楼栋的空调使用时间和负荷特征均不相同，门诊、办公、行政和后勤等仅需白天使用空调，而急诊、手术室和病房 24h 需要使用空调。医院的冷负荷主要是空调冷负荷，医院的热负荷包括空调热负荷、卫生热水用热负荷、消毒用热负荷和食堂用热负荷等。其中卫生热水、消毒用热和食堂用热等全年存在。一般 7℃ 的冷水可满足医院空调系统的需要，消毒、食堂用热需要蒸汽，空调用热、卫生热水的热源是蒸汽或热水。因此医院的冷热源设计要符合医院的冷热负荷特点，配置上既要满足最大负荷，还要在最小负荷时冷热源设备运行具有较高的效率。在冷热源设计时，应充分考虑医院冷热负荷、所处地区气象条件、能源结构、政策、价格等因素。

医院一般都由多栋建筑组成，尽可能设置集中的冷热源中心，提高设备利用率，减少装机容量。冷热源方案除采用电制冷机组锅炉这一常用方案外，有条件的医院，采用水源热泵系统是节能的方案，该方案被许多医院采用。通过负荷分析，将冷热源一体机（也称能量提升机）应用于冷热源方案中也是一项节能的选择。当采用锅炉为热源时，热水锅炉的热效率比蒸汽锅炉的热效率高，空调用热等尽可能采用热水锅炉。手术室、ICU 病房的空调冷热源除利用大中央空调系统冷热源外，一般还采用一两台风冷热泵机组作为备用冷热源，也可采用一台小的地源热泵作为备用冷热源。

医院的功能复杂，各个科室的使用时间和空调负荷特性不尽相同。在冷热源配置时，除满足最大负荷外，还应注意最小负荷时，冷热源能否正常运行和有较高的能量效率。例如：在医院综合楼中，只有病房、急诊室和手术室有夜间负荷。但在最小负荷发生的过渡季节夜间，也许只有少数几间手术室在使用。为应对这种情况，在夏热冬冷地区，通常采用独立空气源热泵机组作为急诊室、手术室及 ICU 过渡季节空调的冷热源。所以，最大、最小及特殊负荷均应统筹考虑，才能打造出灵活且高效的运行系统。

11.4.4.4　选择合理的新风量和气流组织

暖通空调系统摄入新风量是要达到调节室内空气质量，维持房间正压，防止交叉感染等目的。医院空调通风系统需合理的气流组织。医院建筑应尽快控制并排走污染物，保护医护人员，在建筑内部形成合理的空气压力梯度，合理控制气体流向，避免污染空气和清洁空气交叉。这需要医院的空调通风系统有合理的气流组织。

在满足室内卫生要求的前提下，在非工作班或患者较少时，适当减小新风量，对于降低新风运行能耗，是有显著效果的。另外，新风系统上的过滤净化装置应该定期清洗更换，保持清洁，以维持其正常的工作效率和较低的流通阻力，达到降低运行能耗的目的。

对医院类建筑的通风设计，创造高度无菌的手术环境成为必要，包括手术器具、用品的无菌和手术室空气的无菌。而靠传统的化学消毒已经不可能达到或持续维持这些手术所需的高度无菌手术环境，空调系统对空气的净化处理成为最有效的手段。因而洁净手术部及无菌病房的的净化空调设计成为医院建筑对暖通空调专业的要求之一。除了有洁净要求的手术部和无菌病房，医院的其他区域也需要更好的空气品质，以利于保护病人和医护人员。所以设计中应充分考虑新风量的取值及提高空调系统的过滤级别，医院空调系统不但需要补充新风满足人体需要，还需利用新风稀释消除医院在消毒和使用过程中产生的异味气体和水汽等。

11.4.4.5　特殊区域特殊处理

医院暖通空调是医院运行的重要保障。随着现代医院医疗技术的进步，各种先进的医疗设备和信息设备成为医院的标准配置。这些设备散热量大，需要独立的机房，有自己固定的温湿度要求，其中一部分还需要净化要求。为了保证设备的稳定性和可靠性，需要为这些功能用房设置独立的空调系统。其中一些设备产生或可能产生有害物质，还需要单独的排风设施。例如：普通 X 光室、CT 室、电子加速机科室、核磁共振机科室、信息中心和计算机房等。从上述举例不难看处，医院空调系统已经成为疾病诊断治疗及医院正常 运转强有力的、不可或缺的技术保障。

医院暖通空调是治疗康复的重要手段。医院空调的功能绝不仅是提高环境的舒适度，在多数情况下，适宜的空调环境是治疗和康复的重要因素，在某些情况下，甚至是主要的治疗方法。

例如，研究表明，烧伤病人的康复需要热、湿的环境，病室的温湿度达到干球温度 32℃和相对湿度 95%最适宜治疗。而甲状腺功能亢奋患者为了促进皮肤辐射散热和蒸发散热，缓解病情，需要凉爽、干燥的环境。心脏病患者特别是充血型心衰病人，因血液循环不足导致无法正常散热，需要空调做为辅助治疗方法。根据上述临床举例可以看出，医院的暖通空调已经成为辅助患者治疗、康复的重要手段，各种特殊的区域有特殊的温湿度要求，在暖通空调设计中需要做特殊处理。

11.4.4.6　暖通空调的节能设计与过渡季节通风的考虑

医院类建筑的暖通空调能耗巨大，同样，节能潜力也很大。随着办公自动化和先进诊疗设备的出现，各科室的设备散热量大幅提高，使得空调的冷负荷本身就很大。由于各科室的温湿度要求均有所不同，使用时间上也不尽一致，而且不能完全保证相近室内参数的科室在建筑平面上相邻，导致空调系统分区必须细化，以此满足科室在不同时间独立控制、调节房间参数的功能，致使机组、风机长时间运行，能耗增加。为了保证各科室内的空气品质，维持合理的压差、空气流向，以达到防止通过空气交叉感染的效果，就需要加大新风量及送风量，并保证一定的排风量与送风量相匹配。这样的结果是新风负荷很大，运行能耗高，这也是由医院建筑的性质所决定的。由于各科室负荷分散，空调系统的水路及风道较长，从而导致系统的驱动能耗比普通办公类建筑大。

在医院类建筑的暖通空调设计中采用的节能技术种类很多，大多数也比较成熟，主要有热回收、冷却塔供冷、蓄冷技术、变频调速技术和设备自动化系统。

过渡季节取用室外空气作为自然冷源，当供冷期间出现室外空气比焓小于室内空气比焓时（过渡季节），应该采用全新风，这不仅可以缩短制冷机组的运行时间，减小新风能耗，同时也可以改善室内空气品质。

采取节能措施时，应设置最小及最大新风阀，既能保证冬夏季的最小新风量，又能保证过渡季节全新风运行。

11.4.4.7 设计中容易忽略的问题

一些在普通公共建筑空调系统可以采用的方法、方式，如果出现在医院空调设计中，则可能成了问题，且易被忽略。例如：

（1）新风量的设计。除了《医院洁净手术部建筑技术规范》（GB 50333—2014）对洁净手术室有新风量的规定外，现有《综合性建筑设计规范》（GB 50139—2014）对新风标准没有明确的要求，目前门诊常采用 $20 \sim 30 \mathrm{m}^3/(人 \cdot h)$，病房采用 $30 \sim 50 \mathrm{m}^3/(人 \cdot h)$，但在人员密度选取时，选取的标准相差较大。按建筑设计标准计算的人员密度往往小于实际人员密度，尤其是儿童医院及一些三甲名牌医院。设计中应尽可能调查、预测合理的人员密度，计算新风量。

（2）在系统中设置的静电除尘器、纳米光子空气净化设备等不可替代传统过滤器。

（3）B超室、CT室、MRI等机房附近的水管会对设备产生干扰，设计中应该避免。

（4）空调器或新风机的加湿器宜采用干空气加湿或高压喷雾加湿，而不宜采用湿膜加湿或超声波加湿。

（5）进出直线加速器、回旋加速器等放疗机房的风管不应直管段直接进出，而应迂回弯管进出，风管穿过防护结构时应外包一定长度的不小于防护结构铅当量的铅皮，以防射线穿过风管向外泄漏。

（6）医院新风入口与排风入口不仅要保持水平距离，也应有一定的垂直距离，所以不宜从屋面取新风，宜每层进新风。

（7）负压吸引机房、呼吸道传染病房、隔离门诊和解剖室等污染性房间的排风设备宜设置在屋面，使室内排风管道处于负压段。

（8）病房、门诊以及感染疫病科等区域的新排风热回收设备不应采用全热回收装置，防止交叉污染的可能。宜采用分体显热回收装置。

第2篇 审 图 篇

第12章 中央空调工程设计审查机构与审查制度

中央空调工程设计审查是保证中央空调工程经济、社会和环境效益统一的重要措施，是根据国家相关法律法规依法进行、执行强制性设计标准的必要步骤，是提高设计质量的根本保证。中央空调工程设计文件的审查主要是指施工图文件的审查，所以一些工程人员习惯将设计文件的审查称为审图。

12.1 中央空调工程设计图样审查的概念与意义

12.1.1 设计图样审查的概念

建设工程施工图设计文件审查（下文简称：施工图审查）是指由政府建设主管部门或其认定的审查机构，对施工图是否符合有关法律法规的要求以及涉及公共利益、公众安全和工程建设强制性标准等内容进行的审查，是世界许多国家政府监管工程勘察设计质量的一项重要制度。

中央空调工程设计文件审查是指国务院建设行政主管部门和省、市、自治区、直辖市人民政府建设行政主管部门依法认定的设计审查机构，根据国家的法律、法规、技术标准与规范，对中央空调工程设计文件进行独立的审查。

对中央空调工程设计文件进行审查，既是政府主管部门对设计质量进行监督管理的重要环节，也是与建筑设计其他专业进行配合、沟通的必要程序。因为中央空调的涉及面广，一些公共的管井、管线等可能需要共用；水、电、气、空调、消防等设计需要协调；建筑、结构、设备各专业之间的设计也需要进行协调，如果碰到需要修改设计文件，则更需要审查。

12.1.2 设计图样审查的意义

中央空调工程设计是中央空调工程的前提和基础，好的设计才有好的施工和好的运行。为了保证中央空调工程的设计质量，世界上很多发达国家和地区都建立了中央空调工程设计文件的审查制度，一些国家甚至将中央空调工程的设计审查与建筑工程施工图审查一起上升到了法律高度。

当前，我国还没有建立起非常规范的中央空调工程市场，中央空调工程项目投资主体呈多元化，中央空调工程的设计制度也不是非常完善，一些设计单位的管理也不到位，特别是一些设计单位片面追求本单位的经济效益，忽视全社会的利益，使中央空调工程的设计质量得不到保证。因此，在我国建立起中央空调工程设计文件的审查制度是非常必要的。

整个建筑工程的建设质量与社会公共利益和广大人民群众的生命财产安全息息相关，中央空调工程是建筑能耗的主要终端，在节能减排的大背景下，不仅需要对中央空调常规的设计进行审查，更需要对涉及建筑节能的中央空调工程设计进行专门审查。总之，监管好中央空调工程设计的设计质量是政府不可推卸的责任。

工程建设项目部在收到设计图样后，由项目部组织各专业人员认真进行审查，对项目的顺利实施具有重要意义，也是十分必要的。审查过程中不仅可发现建筑施工图样中的问题和施工难点，并及时跟各部门沟通得到澄清和解决，同时对项目建设的功能、结构以及材料选型、施工可行性和造价管理等方面提出建设性意见，进行有效的预防和控制，也为全面开展项目建设工作建立一个良好的开端。

12.2　国内外施工图审查制度概述

12.2.1　美国

1. 审查范围　美国对建筑工程产品，特别是事关社会公众利益和公共安全的建设工程，采取直接监管的方式。美国的《国际建筑规范》（International Building Code，IBC）明确规定建筑工程实行规划许可、施工许可和使用许可制度，施工图审查通过是颁发施工许可证、使用许可证的必备条件。美国各州州法规定，地方政府（市/县）必须设置建管局（或类似机构），建立完善的审查制度，明确审查权限，配备符合规定的审查员来执行施工图审查，建管局与消防局、规划局和公务局等协调审查工作。

美国施工图审查范围包括厂房、住宅、化工和医药等各类工业与民用建筑，审查内容包括：结构设计、建筑构造设计、防火安全与灭火、紧急逃生与预警、无障碍设计、节能设计、机械设计和电气设计等。审查员需具有工程经历、培训经历和土木工程师资格，并取得行业组织核发的审查员证书。施工图审查是非盈利性质的政府行为，审查机构收取相当于工程造价的 0.5% ~ 1% 的审查费。工程的设计质量仍由设计单位负责，在施工图审查中，当发生经验不足或疏忽等质量责任时，一般不会追究审查员个人民事和刑事责任，仅承担名誉损失，由审查机构承担民事责任。

2. 设计质量监督　美国对设计质量尤其是建筑结构安全和使用者的人身安全尤为关注，对建筑物的结构、防火以及消防等内容，均委托专业人士进行审核。申请文件包括设计图样和设计计算书，涉及内容主要包括主体结构的安全性、地基与基础的安全性以及建筑防火（包括建筑材料的防火、消防设备和火灾人流紧急疏散措施等）。设计计算审核是建筑官员颁发施工许可证的必备条件之一。

3. 审图机构

（1）审图机构的性质。审图机构属于政府部门，具有执法权；民营审图机构为从属关系。

（2）美国的专业执照制度。

1）美国的专业执照有建筑师执照与工程师执照，由州专业执照管理局监管，审图机构不监管个人专业执照，审图员需经认证考试，每 3 年需重新考试。

2）审图员资格背景要求，包括受教育程度、专业从业经历及执照要求和强制性继续教育历史等方面。

（3）审图机构的职能与服务。

1）发放营建许可证，验收合格证及使用证，审图与施工检查，签发与吊销许可证。

2）灾变应急服务、灾情评估和灾后调查研究及向上级建议将来法规的调整等。

3）参与及提供法规制定与修改意见。

4）制定本地政策，包括政策与法规。

5）与业界或社会进行互动，包括定期法规及政策研讨会、业界的资源与帮助、社区安全教育以及公益与支援活动等。

6）参与业界标准的评审及产品认证。

（4）审图工作的质量。

1）设计图样的质量包括对设计人员的要求、送审图样的完整性、各部协调送审要求及为让业主了解设计问题而召开的预审会等。

2）审图工作的重点是保证工程施工的统一性，通过定期召开专业研讨会，制定法规衍生的政策，成立法规专题委员会来保证审图质量。

3）通过本部工程师培训、州级及区域级专题培训和专业机构专题讲座等提高审图人员的素质，对外包机构人员需进行审核及年度评定。

4）通过对图样的分派及对审图的期限要求，加快审图服务及逾期问题的处理，提高审图运作的质量。

（5）审图机构的组织运作。审图机构的组织包含许可证中心、审图中心、施工检查部和行政辅助及人员配备等。

（6）审查的内容与重点。

1）审查内容：建筑使用功能分类及特别类建筑；地基对建筑的限制；建筑结构构造与系统；耐火材料与构造；防火系统；建筑疏散通道；残障人士通行设计；室内环境；结构设计，基础、混凝土、钢及木结构施工特别检验；各类建材、外墙、屋顶及室内表面；电梯等移动设施；特殊及临时建筑；既有建筑改变使用功能等。

2）审查重点：公众安全；建筑与地基关系；建筑结构与构造；防火系统；建筑疏散通道；残障人士通行系统；建筑物改变使用功能；建筑结构安全；水暖电系统；节能；其他类型。

12.2.2　英国

英国环境交通区域部（Department of the Environment Transport and Regions，DETR）下属的建设局负责建筑市场管理、建筑法规制定和建筑信息管理。英国的建设工程设计质量监管有完善的法规体系。建设工程开工之前，业主必须向当地政府建设管理部门提出书面申请，政府依据建筑条例（Building Regulation）对建筑物在结构、防火安全、通风与防潮措施、噪声控制、卫生防疫、污水和废物处理、防坠与防撞、燃料和节能、残疾人专用设施等十三个方面进行审查。审查符合要求后，批准开工。显然，中央空调工程设计的审查从属于建筑工程设计之内。

12.2.3　德国

在德国，联邦交通建设房屋部负责城市建设、住宅建设和建筑业的行政管理。各市/县设有相应的建设管理机构。开发商和业主可持建筑设计方案、结构设计图及结构计算书向市或县的建设审批部门提出施工图审查申请。政府重点审查建设项目是否符合国家法律、法规和规划建设要求。审核的主要方面包括：（1）结构稳定性、安全性审查；（2）消防安全审查；（3）交通安全审查；（4）适用性能审查；（5）其他方面的审查。以上五方面的审查内容，以结构安全最为重要，由政府委托技术审核工程师来完成。技术审核工程师必须获得由国家认可的专业机构颁发的资质证书。其他方面的内容，由政府技术管理人员及委托的专业技术人员完成。审核通过，由审核工程师向建设审批机关出具审查报告，政府建设审批机关审批后再开工建设。

12.2.4　日本

在日本，国土交通省负责建设行政管理事务。日本采用住宅性能表示制度来保障设计和施工质量。开发商完成工程设计后，向当地政府（都、道、府、县）批准的第三方住宅性能评价机构提出申请，住宅性能评价机构按照结构安全性、防火安全性、耐久性、保温隔热和空气环境等 9 大项、29 个分项住宅性能表示基准要求开展评估工作，并提交住宅设计性能评价书。获得住宅设计性能评价书是工程开工许可的必要条件。

12.2.5 新加坡

在新加坡，建设工程施工图审查工作由公共工程局（Public Works Department，PWD）下属的建筑控制署（Building Control Department，BCD）负责。政府对各类建设工程制定详细的设计标准，建筑控制署主要审查建筑图和结构图，并注重发挥顾问工程师（必须是相关协会会员并在政府注册）的作用。尤其是在建筑使用安全性方面，要求顾问工程师严格遵照法律法规执行。工程施工图必须由顾问工程师签字认可，并由其报送审查。政府高度重视结构设计的安全性，除要求报送结构施工图及结构计算书外，对超限的工程和由公共工程局自己设计的工程，要求结构设计在报送审查前须经政府认可的第三方机构进行复核，复核认可签字后才可正式报送审查。

12.2.6 中国

1. 我国施工图审查制度的发展历史 20 世纪 90 年代末，随着投资主体多元化和勘察设计单位的企业化、民营化，全国发生多起因勘察设计监管不力造成的重大工程质量事故，促使建设主管部门及各级政府认识到必须通过完善法律法规，设立施工图审查制度来加强勘察设计质量监管。2000 年 1 月 30 日和 9 月 25 日，国务院先后颁布了《建设工程质量管理条例》和《建设工程勘察设计管理条例》，通过行政立法手段，设立了施工图审查制度，将施工图审查列入基本建设程序之中，强制实施。2000 年 2 月 27 日，原建设部颁布了《建筑工程施工图设计文件审查暂行办法》，开始对房屋建筑工程施工图实施由政府主管部门委托的施工图审查机构进行审查。

2004 年 5 月 19 日，国务院颁布了《关于第三批取消和调整行政审批项目的决定》（国发 [2004] 16 号），同年 8 月 23 日原建设部颁布了《房屋建筑和市政基础设施工程施工图设计文件审查管理办法》（建设部令第 134 号），继房屋建筑工程推行施工图审查后，进而推进到对市政基础设施工程的施工图审查。

从我国施工图审查制度的历史看，自 1997 年原建设部在上海、武汉、合肥和苏州等城市进行施工图审查试点后，经过近 20 余年发展完善，已成为政府对勘察设计质量监管的重要手段，但也存在不少问题。截至 2011 年年底，全国共有各类施工图审查机构 871 家，审查人员 23343 人。2012 年，全国施工图审查共查出违反强制性条款数量 290 688 条次，一次审查合格率为 44.9%。2012 年 11 月 22 日，中国勘察设计协会施工图审查分会第一次会员代表大会在北京召开。2013 年 4 月 27 日，《房屋建筑和市政基础设施工程施工图设计文件审查管理办法》（部令第 13 号）发布，我国的施工图审查制度得到了进一步的完善和发展。目前，全国房屋建筑施工图审查覆盖率达到 100%。

我国施工图审查制度是依据《建设工程质量管理条例》于 2000 年设立的，按其规定施工图审查应属行政审批事项，但由于当时政府部门缺乏相应的人力和财力来完成此项工作，住建部结合我国实际情况及制度实施情况，颁布了施工图审查的管理办法并进行两度修订，使施工图审查制度得到了不断完善和发展。施工图审查制度实施近 20 年来，在我国建设领域所发挥的作用十分显著，其作用主要表现在以下几个方面：一是对勘察设计质量的监督和把关作用，特别是在人民生命财产安全保障方面，绿色、环保和节能等公共利益维护方面起到了不可替代的作用；二是对勘察设计行业监管的抓手作用；三是对勘察设计行业的规范和引导作用；四是对政府决策的信息支持作用。

2. 我国施工图审查制度执行中存在的问题　施工图审查制度目的是以行政和技术手段将事后的质量管理变为事前的监督管理，将勘察设计文件中存在的质量问题在工程施工之前发现并及时纠正，排除质量安全隐患，确保设计文件符合国家法律、法规和强制性标准；确保工程设计不损害公共安全和公众利益；确保工程设计质量以及国家财产和人民生命财产的安全。按照国务院《建设工程质量管理条例》和《建设工程勘察设计管理条例》的规定，施工图审查具有社会公共事务管理属性，具有强制性，应由政府部门组织实施审查。而原建设部令第 134 号又明确规定：建设单位可以自主选择审查机构，施工图由审查机构进行审查并直接出具审查合格书，仅需在政府建设主管部门备案。因此，施工图审查失去了行政效力，严重削弱了施工图审查制度的权威性和制约力。

审查机构设置不当，难以发挥强制监管作用。原建设部令第 134 号规定：施工图审查机构是不以营利为目的的独立法人。然而在实际执行中，部分省市认定的施工图审查机构不但有事业单位，还有企业单位、民办非企业单位，甚至有私有企业单位等。审查机构设置不当，使非事业单位性质的施工图审查机构因营利目的，屈从于建设单位的压力，被迫满足其不合理的要求，从而使施工图审查难以发挥政府强制监管作用。

审查市场放开，易引发不正当竞争，降低审查质量。原建设部令第 134 号规定：由省级建设行政主管部门结合本行政区域内的建设规模认定相应数量的审查机构。由于各省对此规定的理解不同，导致多种所有制形式的审查机构并存，特别是对企业性质的审查机构的市场准入，使施工图审查已具有明显的市场化特征。而高度市场化易带来标准与价格的恶性竞争，难以保证审查质量和水平。这种状况不仅增加了政府监管环节（既要监管设计单位和设计市场，又要监管审查机构和审查市场），也对正常市场秩序带来了干扰。

限于资源条件，部分不发达地区难以开展审查工作。按照现行模式，实行施工图审查需设置满足审查工作需求的审查机构。然而，现阶段因政府机构改革、职能调整以及事业单位体制改革，政府行政主管部门不便设立施工图审查机构（包括事业单位机构增加人员编制），只好依托社会资源承担审查工作。但在部分边远和经济不发达地区，人才资源匮乏，较难依托社会力量设立相应的审查机构，很大程度上制约了施工图审查工作的开展与审查质量的提高。

12.3　中央空调工程设计文件审查机构

12.3.1　审查机构的性质

按照《建筑工程质量管理条例》的规定：中央空调工程设计文件的审查机构是由政府主管部门审定批准的、具有独立法人资格的公益性法人组织。《建筑工程质量管理条例》规定，建设单位应将施工图设计文件报县级以上人民政府建设行政主管部门及其他有关部门审查；县级以上人民政府建设行政主管部门或交通水利等有关部门应对施工图文件中涉及公共利益、公众安全、工程建设强制性标准的内容进行审查。对不符合建筑节能强制性标准的，施工图设计文件审查结论应为不合格。未经审查或者经审查不符合强制性建筑节能标准的施工图设计文件不得使用。

为加强对中央空调工程施工图审查工作的监督，切实保证中央空调工程设计的质量，2006 年 6 月 12 日，原建设部工程质量安全监督与行业发展司公布了全国施工图设计文件审查机构名单的函（建质质函［2006］66 号）。2013 年《房屋建筑和市政基础设施工程施工图设计文件审查管理办法》（部令第 13 号）经中华人民共和国住房和城乡建设部第 95 次部常务会议审议通过，共 31 条，于同年 8 月 1 日起施行。原建设部 2004 年 8 月 23 日发布的《房屋建筑和市政基础设施工程施工图设计文件审查管理办法》（部令第 134 号）同时废止。

关于中央空调工程设计审查的主要管理性文件有：

1)《中华人民共和国建筑法》。

2)《建设工程质量管理条例》。

3)《建设工程勘察设计管理条例》。

4)《建设工程勘察设计企业资质管理规定》（部令第 93 号）。

5)《工程勘察设计单位年检管理办法》。

6)《建设工程勘察设计市场管理规定》（部令第 65 号）。

7)《工程勘察设计收费管理规定》。

8)《建设工程勘察文件编制深度规定》（2010 年版）。

9)《房屋建筑和市政基础设施工程施工图设计文件审查管理办法》（部令第 13 号）。

10)《中华人民共和国工程建设标准强制性条文房屋建筑部分》（2013 年版）。

我国施工图审查机构是技术中介服务机构，却也承担了部分准政府监管的职能。施工图审查的性质定位为保证公共利益和公众安全，是对施工图是否执行工程建设强制性标准和国家法律、法规进行的审查，是政府监管勘察设计质量的重要手段，具有强制性。这一性质体现了审查工作的政府监管特点。

12.3.2 施工图设计文件审查制度的主要内容

建筑工程施工图设计文件审查原为行政审查，属于行政许可范畴。审批制度改革后，确定改变管理方式，由行政审查转变为行业自律管理。原建设部令第 134 号对该项制度作了明确规定，主要内容如下：

（1）施工图审查机构是以不营利为目的的独立法人，其资质（分为两类）由建设行政主管部门审查发证。

（2）施工图设计文件（包括修改文件）法定必须经由有资格的施工图审查机构审查，未经审查的，不得使用；审查不合格的，不予颁发施工许可证。

（3）施工图审查机构对是否符合工程建设强制性标准、地基基础和主体结构的安全性、是否规范出图（文件）、其他法律、法规、规章规定必须审查的内容进行审查，根据不同审查结果分别履行处理义务。

1）审查合格的，审查机构应当向建设单位出具审查合格书，并将经审查机构盖章的全套施工图交还建设单位。审查合格书应当由专业的审查人员签字，经法定代表人签发，并加盖审查机构公章。审查机构应当在 5 个工作日内将审查情况报工程所在地县级以上地方人民政府建设主管部门备案。

2）审查不合格的，审查机构应当将施工图退建设单位并书面说明不合格原因。同时，应当将审查中发现的建设单位、勘察设计企业和注册执业人员违反法律、法规和工程建设强制性标准的问题，报工程所在地县级以上地方人民政府建设主管部门。

12.3.3 《房屋建筑和市政基础设施工程施工图设计文件审查管理办法》的新变化

新版《房屋建筑和市政基础设施工程施工图设计文件审查管理办法》（以下简称《办法》）自 2013 年 8 月 1 日起施行。在总结、吸纳施工图审查工作经验，充分听取各地意见的基础上，有关部门对原《办法》进行了修订。修订的主要内容包括机构数量确定、认定条件、委托方式、审查内容和监督管理 5 个方面。

1. **限制审查机构的数量**　一是规定各省、自治区、直辖市结合本行政区域内的建设规模，认定相应数量的审查机构（第五条第一款）。在配套的规范性文件中进一步规定了地级以上城市（州、盟、地区）应根据其前 3 年平均完成的施工图审查面积数确定，防止各地超出建设规模和审查工作量需求，过多认定审查机构。确有必要时，各省、自治区和直辖市可在审查机构总量不变的情况下调整机构布局。

二是限定审查机构经营范围。仅限于专门从事施工图审查业务（第五条第二款），审查机构应专门从事施工图审查业务，审查机构不得与所审查项目的建设单位、勘察设计企业有隶属关系或其他利害关系。

2. **调整施工图审查的委托方式**　吸收地方的实践经验，切断建设单位与审查机构之间的直接利益关系，由各省、自治区和直辖市按照"公开、公平、公正"的原则，确定本行政区域内施工图审查的具体委托方式（第九条）。鼓励有多个审查机构的城市采取摇号、轮候、计算机程序评分选择或行业自律协商等方法实施送审。防止审查机构受制于建设单位或者迎合建设单位不合理要求，保证施工图审查质量。

3. **增加审查内容**　为贯彻国家节能、绿色等有关政策措施，按照"十二五"建筑节能专项规划和绿色建筑行动方案等文件要求，进一步推动城镇绿色建筑发展，要求审查机构对执行绿色建筑标准的项目进行绿色建筑标准审查（第十一条）。建设单位送审时应当书面告知项目所执行的绿色建筑设计相关标准等级。审查通过后，审查机构应在审查合格书中注明。

4. **加强政府监督管理**　一是完善政府监督检查的内容，确保审查行为规范，补充了对审查质量、审查意见告知书、审查机构内部管理制度的监督检查，明确监督检查结果应当向社会公开（第十九条）。增加了对审查机构名录管理的要求（第二十三条），各省、自治区和直辖市要加强审查机构名录动态监管，重点监管机构条件、审查质量和举报投诉等情况。审查机构名录有调整的，应当及时报住房城乡建设部备案。各省、自治区和直辖市可根据部令，制定实施细则（第三十条）。

二是增加了审图机构应当按规定报送审查统计信息，便于主管部门掌握审查行业整体情况（第二十条），各省、自治区和直辖市应当按要求将施工图审查情况通过"勘察设计质量管理信息业务系统"定期报送。

三是对审查机构报告的建设单位违法违规行为，规定了建设单位的法律责任，闭合了施工图审查监管各环节（第二十六条）。

四是对审查工作中的各类违法违规行为，应计入信用档案（第二十四条、第二十七条），县级以上地方人民政府住房城乡建设主管部门应当建立健全勘察设计质量信用档案，并及时将施工图审查中相关建设单位、勘察设计企业、审查机构和注册执业人员的违法违规行为、处罚情况等记入。

5. **适当提高审查机构认定条件**　一是提高注册资本要求，一类机构由 100 万元提高到 300 万元，二类机构由 50 万元提高到 100 万元。

二是明确专职审查人员数量要求，规定实行注册制度的执业人员应在本审查机构注册（第七条、第八条）。

三是明确审查机构承接业务范围（第六条），从事房屋建筑、市政基础设施工程施工图审查的，可承接工程的规模划分参照《工程设计资质标准》（建市［2007］86 号）执行，专门从事勘察文件审查的，可承接工程的规模划分参照《工程勘察资质标准》（建市［2013］9 号）执行。在符合部令规定标准的前提下，各省、自治区、直辖市可根据本行政区域内实际情况，细化审查机构确定标准。

12.4 中央空调工程设计文件审查程序

12.4.1 施工图审查文件的报送

《建筑工程施工图设计文件审查暂行办法》规定：建设单位应将施工图连同项目批准立项的文件或初步设计批准文件及主要的初步设计文件一起报送建设行政主管部门，由建设行政主管部门委托有关审查机构进行审查。《建筑工程施工图设计文件审查暂行办法》详细规定了建筑工程施工图（中央空调工程施工图）设计文件的审查要求、审查机构、审查项目、审查的工作期限、修改审查、审查经费等内容。

中央空调工程设计文件审查的报送文件有：

1）中央空调工程设计合同。

2）初步设计批准文件，主要初步设计文件等。

3）签署齐全的中央空调工程施工图设计文件。

4）计算说明书。

5）设计方如将工程设计中的某部分设计（例如环保、燃气、变配电等）转包给另外的单位分包设计，分包项目的设计文件必须经由总包单位技术审查后并由总包单位技术负责人签署加盖公章方可送审。

12.4.2 施工图审查的要求

对中央空调工程施工图设计文件的审查要求，主要依据国务院《建设工程质量管理条例》和《建设工程勘察设计管理条例》以及住房和城乡建设部的有关规定。对于没有通过节能设计专项审查的设计文件，规划管理部门不予办理规划许可证。对中央空调工程施工图设计文件的审查，是对施工图设计文件中涉及安全、卫生、环保及公众利益方面执行现行工程建设标准，特别是强制性条文情况等内容进行审查。因此，审查机构要坚持客观、严肃、公正和科学的态度。

施工图程序审查的要求是：

1）审查结构在审查结束后，应向建设行政主管部门提交书面的项目施工图审查报告，报告应有审查人员的签字和审查机构的盖章。

2）对审查合格的项目，建设行政主管部门在收到审查报告后，应及时向建设单位通报审查结果，并颁发施工图审查批准书；审查不合格的项目，由审查机构提出书面报告，并将施工图退回建设单位，交由原设计单位修改后重新报送。

3）审查机构在收到审查材料后，应在一定期限内完成审查工作，并提出工作报告。

4）施工图一经审查批准，不得擅自进行修改。如遇特殊情况需要进行涉及审查主要内容的修改时，必须重新报请原审批部门委托审查机构审查，并经过批准后方能实施。

5）施工图审查所需要的经费，由施工图审查机构向建设单位收取。

12.5 中央空调设计文件审查各方的责任

原中华人民共和国建设部令第134号第5条规定，审查机构是不以营利为目的的独立法人。随着市场经济的发展和政府机构改革的逐步实施，现在全国各地的施工图审查机构性质也不尽相同，以上海、浙江为代表的一些施工图审查机构进行了市场化转变；以江苏为代表的一些施工图审查机构还是行政监管机构。根据原中华人民共和国建设部第 134 号第 15 条规定，审查机构对施工图审查工作负责，承担审查责任。

12.5.1 设计单位与设计人员的责任

设计单位及设计人员必须对自己的设计文件的质量负责，这是《建设工程质量管理条例》《建设工程勘察设计管理条例》等规章制度所明确规定的，也是国际上通行的规则。因此，设计文件并不是因为通过了审查机构的审查就可以免责或由审查机构来承担质量责任。审查机构的对图样和设计文件的审查只是一种监督行为，它对工程设计质量承担间接的审查责任，其直接责任仍由完成设计的单位及个人负责。如果出现质量问题，设计单位及设计人员还必须依据实际情况和相关法律的规定，承担相应的经济责任、行政责任和刑事责任。例如，中央空调的风管采用易燃烧的材料，发生火灾后造成严重的人员伤亡，则设计人员必须追究刑事责任。

12.5.2 审查机构与审查人员的责任

（1）设计文件质量责任。设计单位和设计人员承担直接责任，设计审查单位和设计审查人员只负责间接的监督责任。例如，因设计质量问题而造成损失时，业主只能向设计单位和设计人员追责，审查机构和审查人员在法律上并不承担赔偿责任。

（2）工作责任。审查机构和审查人员在设计质量问题上的免责并不意味着审查机构和审查人员就不要承担任何责任。权力和责任总是相对的，社会赋予了审查机构的审查权力，就必须认真、慎重地行使该权力。也就是说，既不能滥用权力，刁难建设单位和设计单位，也不能放弃权力，对审查工作失职或放弃不管。因此，审查机构和审查人员也必须承担自己的直接责任，这些责任可以分为经济责任、行政责任和刑事责任，它将依据具体事实和相关情节依法认定。

12.5.3 政府主管部门的责任

依据相关法律规定，政府各级建设行政主管部门在施工图审查中享有行政审批权，主要负责行政监督管理和程序性审批工作。政府主管部门对设计文件的质量不承担直接责任，但对其审批工作的质量，负有不可推卸的责任。这个责任具体表现为行政责任和刑事责任，因此，《建设工程勘察设计管理条例》明确规定："国家机关工作人员在建设工程勘察设计活动的监督管理工作中玩忽职守、滥用职权、徇私舞弊，构成犯罪的，依法追究刑事责任；尚不构成犯罪的，依法给予行政处分。"

第13章 中央空调工程设计的深度与审查要求

13.1 中央空调工程设计深度要求

13.1.1 中央空调工程设计的主要标准与规范

中央空调工程设计涉及的标准、规范有几十个，这些标准与规范包括设计、施工、制图、验收及建筑等各个方面。从专业角度来分，涉及建筑、消防、节能、净化、控制、隔振等各个领域。表13-1列出了中央空调工程设计常用的主要标准及规范。

表 13-1 中央空调工程设计常用的主要标准及规范

序号	标准名称	标准编号	原标准
1	工业建筑采暖通风与空气调节设计规范	GBJ 50019—2015	GBJ 50019—2003
2	民用建筑供暖通风与空气调节设计规范	GB 50736—2012	—
3	房屋建筑和市政基础设施工程施工图设计文件审查管理办法	建设部令第 13 号	2013 年版
4	中华人民共和国工程建设标准强制性条文(房屋建筑部分)		2013 年版
5	建筑制图标准	GB/T 50104—2010	—
6	建筑设计防火规范	GB 50016—2014	—
7	暖通空调制图标准	GB/T 50114—2010	—
8	公共建筑节能设计标准	GB 50189—2015	—
9	绿色建筑评价标准	GB/T 50378—2014	—
10	建筑工程设计文件编制深度规定		2016 年版
11	建筑节能工程施工质量验收规范	GB 50411—2007	修订版还在报批中
12	节能建筑评价标准	GB/T 50668—2011	—
13	通风与空调工程施工质量验收规范	GB 50243—2016	—
14	制冷设备、空气分离设备安装工程施工及验收规范	GB 50274—2010	—
15	居住建筑节能设计标准	DB 33/1015—2015	2015 年版

值得注意的是，进入 21 世纪后，人类对室内环境和建筑节能越来越重视，新的规范对这些以前没有涉及的方面也进行了明确的要求，或者以前的规范虽然有要求，新的规范则把这些要求变更为强制性要求。此外，基本上每种建筑都有一个设计要求，如地铁、办公建筑、医院、体育馆、博物馆等。

13.1.2 中央空调工程设计的要求与深度

中央空调工程设计的要求与深度要符合《建筑工程设计文件编制深度规定》（2016 年版）中关于空调、通风设计的规定，2016 年版的规定与 2008 年版规定相比有了一些新的变化，例如新增绿色建筑技术应用的内容；新增装配式建筑设计内容；新增建筑设备控制相关规定；新增建筑节能设计要求，包括各相关专业的设计文件和计算书深度要求，包括各相关专业的设计文件和计算书深度要求；新增结构工程超限设计可行性论证报告内容；新增建筑幕墙、基坑支护及建筑智能化专项设计内容。根据工程建设项目在审批、施工等方面对设计文件深度要求的变化，原规定中的大部分条文均作了修改，使之更加适用于目前的工程项目设计，尤其是民用建筑工程项目设计。

13.1.2.1　设计深度的原则

中央空调工程设计要坚持质量第一的原则，必须符合国家有关法律法规和现行工程建设标准规范的规定，贯彻实施《建设工程质量管理条例》（国务院令第 279 号）和《建设工程勘察设计管理条例》（国务院令第 293 号），对其中工程建设强制性标准必须严格执行，例如关于建筑节能方面的要求。

在设计中央空调工程时，要因地制宜地正确选用国家、行业和地方标准进行设计，并在设计文件的图样目录或施工图设计说明中注明所应用图集的名称。对于重复利用其他工程的图样时，应详细了解原图的条件和内容，并作必要的核算和修改，以满足新设计项目的需要。如果当设计合同对设计文件编制深度另有要求时，其深度应同时满足本规定和设计合同的要求。

值得注意的是，《建筑工程设计文件编制深度规定》（2016 年版）中关于空调、通风设计的规定仅适用于报批方案设计文件的编制深度，对于投标方案设计文件，应执行住房和城乡建设部颁发的相关规定。

13.1.2.2　设计深度的具体要求

民用建筑中央空调工程设计一般应分为方案设计、初步设计和施工图设计三个阶段；对于技术要求相对简单的民用建筑工程，经有关主管部门同意，且合同中没有做初步设计的约定，可在方案设计审批后直接进入施工图设计。

1. 方案设计阶段　中央空调工程设计方案在设计阶段的文件，应满足编制初步设计文件的需要。中央空调工程设计说明书应包括设计说明以及投资估算等内容。对于涉及建筑节能的内容，设计说明应有专门内容进行阐述。

在方案设计阶段，中央空调工程设计说明应包括的内容有：

1）工程概况及采暖通风和空气调节设计范围。

2）采暖、空气调节的室内设计参数及设计标准。

3）冷、热负荷的估算数据。

4）空气调节的冷源、热源选择及其参数。

5）采暖、空气调节的系统形式，简述控制方式。

6）通风系统简述。

7）防排烟系统及暖通空调系统的防火措施简述。

8）节能设计要点。

9）废气排放处理和降噪、减振等环保措施。

10）需要说明的其他问题。

2. 初步设计阶段

（1）一般要求。对于初步设计阶段，总的要求是设计文件要满足编制施工图设计文件的需要。设计说明书要包括中央空调工程设计说明，简述空调工程的设计特点和系统组成，以及采用新技术、新材料、新设备和新结构的情况。如果有建筑节能设计的内容，则应在设计说明中写明建筑节能设计的专项内容。除小型、简单工程外，初步设计还应包括设计图样、设备表及计算书。

（2）设计说明书。中央空调工程初步设计阶段对设计说明书的深度要求如下。

1）设计依据。要说明与本专业有关的批准文件和建设单位提出的符合有关法规、标准的要求；本专业设计所执行的主要法规和所采用的主要标准，包括标准的名称、编号、年号和版本号；其他专业提供的设计资料等。

2）要简述工程建设的地点、规模、使用功能、层数和建筑高度等。

3）设计范围。根据设计任务书和有关设计资料，说明本专业设计的内容、范围以及与有关专业的设计分工。

4）设计计算参数。例如室外空气计算参数和室内空气设计参数。

5）空调的基本情况。例如空调冷、热负荷的大小；空调系统冷源及冷媒选择，冷水、冷却水的参数；空调系统热源的供给方式及参数；各空调区域的空调方式，空调风系统简述，必要的气流组织说明；空调水系统设备的配置形式和水系统制式、系统平衡和调节手段；洁净空调应注明净化级别；监测与控制简述；管路材料及保温材料的选择。

6）通风。设置通风的区域及通风系统形式；通风量或换气次数；通风系统设备选择和风量平衡；防排烟及暖通空调系统的防火措施，例如简述设置防排烟的区域及方式、防排烟系统的风量确定、防排烟系统及设施配置、暖通空调系统的防火措施等；中央空调系统的控制方式。

7）节能设计。按节能设计要求采用的各项节能措施，包括计量、调节装置的配备、全空气空调系统加大新风比数据、热回收装置的设置、选用的制冷和供热设备的性能系数或热效率、变风量或变水量设计等；节能设计除满足现行国家节能标准的要求外，还要满足工程所在省、市现行地方节能标准的要求。

8）废气排放处理和降噪、减振等环保措施。

9）需提请在设计审批时解决或确定的主要问题。

（3）设备表。在初步设计阶段，要列出主要设备的名称、性能参数和数量等，见表13-2。

表13-2　中央空调工程设计初步设计阶段主要设备表

设备编号	名称	性能参数	单位	数量	安装位置	服务区域	备注
1							
2							
⋮							

（4）设计图样。

1）采暖通风与空气调节初步设计图样一般包括图例、系统流程图、主要平面图以及各种管路、风道的单线图。

2）系统流程图包括冷热源系统、采暖系统、空调水系统、通风及空调风路系统、防排烟等系统的流程。应注明系统服务区域的名称和设备、主要管路和风道所在的区域和楼层；标注设备编号、主要风道尺寸和水管干管管径；标注系统的主要附件、建筑楼层编号及标高。不过，当通风及空调风道系统、防排烟等系统跨越楼层不多、系统简单，且在平面图中可较完整地表示系统时，可只绘制平面图而不绘制系统流程图。

3）通风、空调、防排烟平面图。绘出设备位置，风道和管路走向、风口位置，大型复杂工程还应标注出主要干管的控制标高和管径，管路交叉复杂处需绘制局部剖面图。

4）冷热源机房平面图。绘出主要设备的位置和管路走向，标注设备编号等。

5）计算书。对于采暖通风与空调工程的热负荷、冷负荷、风量、空调冷热水量、冷却水量及主要设备的选择，应做初步计算。

6）机电设备及安装工程由建筑电气、给水排水、采暖通风与空气调节、热能动力等专业组成，因此要做中央空调工程的设备、安装和计价的概算书。

3. 施工图阶段

（1）总的要求。中央空调工程设计施工图阶段的文件应满足设备材料采购、非标准设备制作和施工的需要。在施工图设计阶段，采暖通风与空气调节专业设计文件应包括图样目录、设计说明和施工说明、图例、设备表、设计图样、计算书。图样目录应先列新绘图样，后列选用的标准图或重复利用图。施工图阶段性能参数栏应注明详细的技术数据。对于涉及建筑节能设计的地方，其设计说明应有建筑节能设计的专项内容。当中央空调工程设计的内容分别由两个或两个以上的单位承担设计时，应说明交接配合的设计分工范围。

（2）设计说明和施工说明

1）设计说明。

① 简述工程建设的地点、规模、使用功能、层数和建筑高度等。

② 列出设计依据，内容同初步设计阶段；说明设计范围。

③ 暖通空调室内外设计参数。

④ 热源、冷源设置情况，热煤、冷煤及冷却水参数，采暖热负荷、折合耗热量指标及系统总阻力，空调冷热负荷、折合冷热量指标，系统水处理方式、补水定压方式、定比值（气压罐定压时注明工作压力值）等。

⑤ 设置采暖的房间从采暖系统形式，热计量及室温控制，系统平衡、调节手段等。

⑥ 各空调区域的空调方式，空调风系统及必要的气流组织说明。空调水系统设备配置形式和水系统制式，系统平衡、调节手段，洁净空调净化级别，监测与控制要求；有自动监控时，确定各系统自动监控原则（就地或集中监控），说明系统的使用操作要点等。

⑦ 通风系统形式，通风量或换气次数，通风系统风量平衡等。

⑧ 设置防排烟的区域及其方式，防排烟系统及其设施配置、风量确定、控制方式和暖通空调系统的防火措施。

⑨ 设备降噪、减振要求，管路和风道减振要求，废气排放处理等环保措施。

⑩ 在节能设计条款中阐述设计采用的节能措施，包括有关节能标准、规范中强制性条文和以"必须"、"应"等规范用语规定的非强制性条文提出的要求。

2）施工说明。施工说明应包括以下内容：

① 设计中使用的管路、风道、保温等材料选型及做法。

② 设备表和图例没有列出或没有标明性能参数的仪表、管路附件等的选型。

③ 系统工作压力和试压要求。

④ 图中尺寸、标高的标注方法。

⑤ 施工安装要求及注意事项，大型设备如制冷机组、锅炉安装要求。

⑥ 采用的标准图集、施工及验收依据。

（3）平面图。中央空调工程设计的图样是最重要的文件之一，平面图必须绘出建筑轮廓、主要轴线号、轴线尺寸、室内外地面标高、房间名称，底层平面图上须绘出指北针。通风、空调、防排烟风道平面用双线绘出风道，标注风道尺寸（圆形风道注管径、矩形风道注宽×高）、主要风道定位尺寸。标高及风口尺寸。各种设备及风口安装的定位尺寸和编号，消声器、调节阀、防火阀等各种部件位置，标注风口设计风量，当区域内各风口的设计风量相同时也可按区域标注设计风量。风道平面应表示出防火分区，排烟风道平面还应表示出防烟分区。空调管路平面用单线绘出空调冷热水、冷媒、冷凝水等管路，绘出立管位置和编号，绘出管路的阀门、放气、泄水、固定支架、伸缩器等，注明管路管径、标高及主要定位尺寸。需另做二次装修的房间或区域，可按常规进行设计，风道可绘制单线图，不标注详细定位尺寸，并注明按配合装修设计图施工。

（4）机房平面图和剖面图。通风、空调、制冷机房图应根据需要增大比例，绘出通风、空调、制冷设备，例如冷水机组、新风机组、空调器、冷热水泵、冷却水泵、通风机，消声器、水箱等的轮廓位置和编号，注明设备的外形尺寸和基础距离墙或轴线的尺寸。要绘出连接设备的风道、管路及走向，注明尺寸和定位尺寸、管径、标高，并绘制管路附件，包括各种仪表、阀门、柔性短管、过滤器等。

当平面图不能表达复杂管路、风道相对关系及竖向位置时，应绘制剖面图。

剖面图应绘出对应于机房平面图的设备、设备基础、管路和附件，注明设备和附件编号以及详图的索引编号，标注竖向尺寸和标高；当平面图设备、风道、管路等尺寸和定位尺寸标注不清时，应在剖面图中标注。

（5）系统图、立管或竖风道图。中央空调工程设计的系统图、立管或竖风道图主要是冷热源系统、空调水系统及复杂的平面图表达不清的风系统图（或绘制系统流程图）。系统流程图应绘出设备、阀门、计量和现场观测仪表及配件，标注介质的流向、管径及设备编号。流程图可不按比例绘制，但管路分支及与设备的连接顺序应与平面图相符。

空调冷热水分支水路采用竖向输送时，应绘制立管图并编号，注明管径、标高及所接设备编号。空调冷热水的立管图应标注伸缩器、固定支架的位置。空调、制冷系统有自动监控时，宜绘制控制原理图，图中以图例绘出设备、传感器及执行器位置；说明控制要求和必要的控制参数。对于层数较多、分段加压、分段排烟或中竖管井转换的防排烟系统，或平面表达不清的竖向关系风系统，应绘制系统示意图或喉风道图。

（6）通风、空调剖面图和详图。中央空调工程设计施工图阶段的风道或管路与设备连接交叉复杂的部位，应绘剖向图或局部剖面图。对剖面图，应绘出风道、管路、风门、设备等与建筑梁、板、柱地面的尺寸关系，注明风道、管路、风口等的尺寸和标高。气流方向及详图索引编号。

通风、空调、制冷系统的各种设备及零部件施工安装，应注明采用的标准图、通用图的图名和图号。凡无现成图样可选且需要交代设计意图的，均需绘制详图。简单的详图，可就图引出，绘制局部详图。

（7）计算书。中央空调工程设计施工图阶段的计算书的深度要求是：

采用计算程序计算时，计算书应注明软件名称，打印出相应的简图并输入数据和计算结果。中央空调工程设计计算书应包括以下内容：

1）空调冷热负荷计算，冷负荷按逐项逐时计算。

2）空调系统的末端设备及附件，包括空气处理机组、新风机组、风机盘管、变制冷剂流量室内机、变风量末端装置、空气热回收装置、消声器等的选择计算。

3）空调冷热水、冷却水系统的水力计算。

4）风系统阻力计算。

5）必要的气流组织的设计与计算。

6）空调系统的冷（热）水机组、冷（热）水泵、冷却水泵、定压补水设备、冷却塔、水箱、水池等设备的选择计算。

7）通风、防排烟的设计计算，应包括以下通风、防排烟风量计算；通风、防排烟系统阻力计算；通风、防排烟系统设备选型计算；

8）必须有满足工程所在省、市有关部门要求的节能设计计算内容。

13.2 中央空调设计文件审查的范围及内容

13.2.1 施工图审查的范围

按照 2000 年 2 月原建设部下发的《建筑工程施工图设计文件审查暂行办法》的规定：凡属于建筑工程设计等级分级标准中的各类新建、改建和扩建的建设工程项目均须进行施工图审查，各地的具体审查范围，由各省、自治区和直辖市人民政府建设行政主管部门确定，所以，各地关于中央空调工程设计文件的审查范围和内容并不一定相同。

一般来说，中央空调工程设计审查的范围是：

（1）安全性、稳定性。对中央空调工程设计文件进行安全性、稳定性审查是保证中央空调工程设计质量的重要前提。目前，一些中央空调工程设计单位为了赶进度，或随意屈从于业主的要求，严重干扰和影响了中央空调工程设计市场的正常秩序，也影响了中央空调工程的质量。

（2）强制性标准、规范。对中央空调工程进行强制性标准和规范的审查也是中央空调工程设计文件审查的重要范围。中央空调工程设计，必须符合消防、节能、环保、卫生、人防以及安全等有关的强制性标准和规范，在此基础上才能谈及设计方案在经济上是否合理、技术上是否先进等问题，遵守设计的强制性标准和规范也是保证设计质量的前提。

（3）深度要求。对中央空调工程设计文件进行设计深度的审查是审查范围的内容之一。中央空调工程设计文件，特别是施工图样，其深度要达到《建设工程勘察文件编制深度规定》的要求，也就是要达到看图可以进行施工、安装的要求。

（4）公共利益。按照《房屋建筑和市政基础设施工程施工图设计文件审查管理办法》的规定，施工图审查的目的就是维护社会公共利益、保护社会公众的生命财产安全。因此，施工图审查的重要范围就是涉及社会公众利益。

13.2.2　施工图审查的内容

中央空调工程设计施工图设计审查的内容有：

1）强制性条文《工程建设标准强制性条文》（房屋建筑部分，2013 年版），具体条款见第二篇（建筑设备）、第三篇（建筑防火）、第四篇（建筑节能）、第九篇（施工质量）和第十一篇（住宅建筑规范）等内容。

2）设计依据（设计采用的设计标准、规范是否正确，是否为有效版本）。

3）基础资料（室外气象资料如设计采用的室外气象参数等基础资料是否正确可靠）。

4）室内设计标准（设计采用的室内设计标准是否满足相应规范和使用要求）。

5）建筑热工计算，例如居住建筑（住宅、公寓、单宿、托幼、旅馆、医院病房等）的围护结构应满足《民用建筑节能设计标准（采暖居住建筑部分）》及各种气候区的建筑节能设计标准（居住建筑部分）》的要求和各地区相关细则等。

中央空调工程设计文件审查内容的一般规定有：

1）采暖、通风和空调设计方案，应根据建筑物的用途，使用要求、环境条件以及能源状况等，会同有关专业通过技术经济比较确定。

2）采暖、通风和空调系统设计，应在便于操作和观察的位置设置必要的检测，调节和计量装置。

3）在采暖、通风和空调系统设计中，应考虑必要的操作和维修的空间以及设备、管路及配件的安装条件。对于大型设备及管路，应根据需要在建筑设计中预留安装和维修用的孔洞及运输通道，并应考虑有装设起吊设施的可能。

4）在采暖、通风和空调设计中，应对有可能造成人体伤害的设备及管路采取必要的安全防护措施。

5）在采暖、通风和空调设计中，应考虑施工及验收要求，并执行相关的施工及验收规范；当设计对施工及验收有特殊要求时，应在设计文件中加以说明。

6）采暖、通风和空调设计中，选用的材料、设备及配件应择优选用符合国家标准的产品。

7）设置集中采暖的中央空调系统，室内计算温度和系统用热媒是否符合有关标准和规范要求。

8）设置舒适性空气调节的建筑，根据其用途，审查其冬、夏室内设计参数（包括温度、相对湿度和风速）是如何确定的，是否符合国家标准及规范要求。

9）有采暖空调要求的居住建筑，其室内计算温度是否符合有关设计规范或地方建筑节能设计标准的要求。

10）不设置集中空调的居住建筑，每套住宅内是否留有预留安装空调设备的位置和条件。

11）燃油、燃气的热水机组及直燃机组的机房，是否采取了防爆、泄爆措施。

此外，一些中央空调工程设计中的重大变更，也需要进行重新审查。如：

1）改变集中冷热源方案。

2）改变通风、防排烟系统及设施。

3）改变暖通空调系统、设施及材料。

4）改变防火分区、防烟楼梯间位置、层数、面积、层高和功能。

更详细的中央空调工程设计施工图文件审查内容、审查要点见本书第 14 章。

13.3 中央空调工程设计的审查步骤与审查原则

13.3.1 审查步骤

中央空调工程设计图样审查是工程设计质量控制体系中的一个重要环节，它对提高设计质量和水平具有重要意义。为了提高审查工作质量，目前我国建筑工程设计的审查层次较多，工程设计文件通常需要经过校对、专业负责人、审核、审定、院审和院外审查这六级审查。近年来，我国在建筑设计行业设立了施工图审查制度，增加了一个校审层次，尽管增加了工程的费用和周期，但这对提高建筑工程设计质量起到了有益的作用，属于针对设计院总体设计校审质量不高状况所采取的无奈之举。近年来，随着建筑行业和暖通空调技术的快速发展、对室内环境和节能环保的要求不断提高，新的设计方案和设计方法不断出现，这也给暖通空调工程设计审查工作带来了一些新问题，结合暖通空调设计技术的发展，对暖通专业设计图样审查工作中需要注意的一些问题进行分析，以便提高中央空调工程设计的质量，提高中央空调工程审查的效率。

（1）审查时，主要看平面图和系统图。图 13-1 说明了审图的一般顺序。

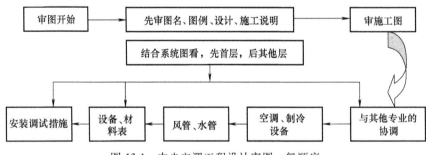

图 13-1 中央空调工程设计审图一般顺序

（2）审图要从宏观到微观，从大到小，先看是否符合相关政策、强制性规范和其他专业的配合协调要求再看中央空调设计的细节和局部；先看空调设计、施工说明，再看各平面图；先看图名、图例，再看设备、材料。

13.3.2 审查原则

根据《建设工程质量管理条例》和《建设工程勘察设计管理条例》，原建设部制定了《建筑工程施工图设计文件审查要点》，中央空调工程设计文件（以下简称施工图）的审查要点即包含在这个审查要点中。该审查要点对中央空调工程设计技术性审查涉及的标准规范、审查内容、审查原则和审查要求做出了明确规定，特别是对施工图中涉及公共利益、公众安全、工程建设强制性标准的内容审查进行了具体规定。此外，各省、自治区和直辖市人民政府建设行政主管部门可据本地的具体情况作出适合本地实际的补充规定。中央空调工程设计施工图总的审查要点是：是否符合《工程建设标准强制性条文》和其他有关工程建设强制性标准；是否符合公众利益；施工图是否达到规定的设计深度要求；是否符合作为设计依据的政府有关部门的批准文件要求。作为中央空调工程设计人员，如果能够明确施工图审查要点，无疑能够在设计阶段抓住重点、规范操作，同时又能保证设计质量。

13.3.2.1　坚持原则与技术创新

中央空调工程设计审查的依据是国家相关的法律、法规和标准规范，因此，要根据实用、科学、合理、节能的原则，实事求是地进行审查。有些业主可能并不了解建筑规范和节能要求，或出于某些目的有意违反设计规范，这时绝不能迁就业主，放弃原则审查。在这种情况下，在某些公共建筑中，特别是行政机关中的中央空调设计审查比较常见。例如，在中央空调工程设计中进行设备选型时，同一种设备可以有进口产品、国内合资产品、国内大厂的产品、乡镇小厂的产品因档次、品牌不同，它们的价格和可靠性通常也不同。应根据工程的具体要求和重要性，综合考虑产品的性能和价格等因素来选择合适的产品，重要工程和重要设备应选择可靠性较高的产品。

当然，也要正确处理设计创新与设计规范的矛盾。近年来，暖通空调技术的发展速度很快，新的技术方案不断涌现，设计规范更新的速度往往赶不上技术发展的速度，一些设计规范处于相对滞后状态。因此，中央空调工程设计审查也应处理好技术进步与执行现行设计规范的矛盾，不能教条地采用设计规范的条文来限制设计创新和技术进步，应给设计创新创造一个比较宽松的环境，否则将背离校审初衷，阻碍设计质量和水平的提高。但对突破设计规范的情况应持慎重态度，应重点审查技术创新是否经过深入研究和技术经济性论证，依据是否充分、采用的新技术是否可行可靠，具体设计条件是否符合新技术的适用条件等。

13.3.2.2　设计方案的问题

中央空调工程设计方案的质量直接关系到中央空调工程设计的可行性、经济性、可操作性、可维护性和美观性等性能指标，也会对初投资、运行费用以及室内环境等产生非常大的影响。由于中央空调工程设计方案对设计质量和水平的影响很大，一旦方案确定，在设计后期对设计方案进行修改的难度和工作量很大，所以校审应加强对设计方案的前期审查，加强对设计全过程的控制。理论上讲，一个设计方案只要不违反相关规范的强制性条文规定就可以，但每种技术方案往往都有各自的优缺点，都有其最佳的使用条件，因此应根据具体的设计条件，通过综合技术经济性比较论证来确定最合适的设计方案。例如，应考虑风管的走向是否合理？气流组织是否科学？是否将业主的需求和国家的相关规定进行了完美的结合？

13.3.2.3　图样审查与工程计算的问题

中央空调工程设计审查的主要对象施工图样，但并不表明计算书就不需要进行审查。当前，很多审查单位往往注重于前者的审查而忽视了后者，造成很多中央空调工程设计参数过大，计算过于保守，浪费了初投资，也增大了运行成本。设计计算不仅直接关系到暖通空调系统的性能能否达到设计要求，而且直接关系到其投资和能耗的多少，因此它是暖通空调设计的一个重要环节，新修订的暖通空调设计规范也加强了对设计计算的要求，要求在施工图的设计阶段，空调负荷计算应按逐时计算法进行详细计算，并将其作为强制性条文。要坚决纠正空调负荷按面积估算的不正确做法，以及过于强调冗余的保守设计。随着对能源和环保问题的日益重视，暖通空调面临的节能压力越来越大，季节运行能效特性将成为确定设计方案和设备选型的重要依据，因此采用全工况模拟计算分析的方法或考虑季节变化特性的多点设计法取代了冬季、夏季设计工况的两点设计法，这将是今后的发展方向。

13.4　提高中央空调工程设计审查质量的途径

13.4.1　建立和健全优秀的审查队伍

要提高中央空调工程设计的审查质量，第一要素是要有一支高素质的专业审查队伍和优秀的审查人员。所谓高素质的审查人员，就是要有比较扎实的建筑环境与设备工程专业知识且具备一定工作经验、熟悉相关法律法规和设计规范、对新技术比较了解、敬业爱岗、具有宽阔视野的各方面综合知识和协调能力的人员。此外，还要能够坚持实事求是、坚持原则。

13.4.2　建立合理的审查制度和机制

建立合理的审查制度和机制是提高中央空调工程设计的根本保证。如建立比较标准、规范的审查制度和可操作的工作细则、建立相应的审查奖惩制度等，使中央空调设计的审查有标准化的程序和流程。设计与审查工作中经常会出现一些不同的意见和争议，如何处理设计负责制与审查监督权的矛盾是目前实际工作中经常遇到的问题。

13.4.3　加强建筑设计各专业之间协调问题的审查

由于中央空调工程设计常常牵涉到建筑设计的其他专业，例如一些管井需要各专业共用。而实际中，对专业协调问题的审查是校审工作的弱项。因此，在设计中，应对重要问题的协调情况进行记录和备份并提交审查，审查应对专业协调要点进行讯问和检查，避免漏项。提交审查的设计资料应齐全，否则难以对设计进行有效地审查。提交审查的设计资料除了暖通专业的设计文件外，还应包括业主的设计条件和要求、建筑专业的施工图、围护结构的保温参数、人防区划、防火和防烟分区、选用的主要设备样本等。在审查中应保证合理的校审时间，这是保证校审质量的一个基本条件，但对于一些设计周期较短的工程，因设计的合理周期没有保证，留给审查的时间就更少，设计周期过短将会迫使设计审查"偷工减料"，对于一些小型的简单工程则可以尝试实行"无纸校审"。

第14章 中央空调工程设计的审图要点与常见错误

一项中央空调工程设计，由于工程复杂，涉及的规范和条例众多，加之工程图样繁杂，不可避免地存在某些错误。即使是中央空调工程设计没有错误，但由于牵涉到建筑设计其他专业的变更或公共管井、空间等问题，需要和其他专业设计进行协调，所以，也要进行设计审查。本章主要介绍中央空调工程设计深度要求、施工图审查以及工程设计中的常见错误。

14.1 中央空调工程设计的审查要点

为了提高设计质量，增加设计深度，保证校对审核的完整性和准确性。根据日常工作中校对审核民用建筑暖通施工图以及施工图审查公司在审图过程中所发现的一些常见问题，总结出民用建筑暖通施工图设计校对审核的要点和审查项目，见表14-1。

表 14-1 中央空调工程设计施工图的审查要点和审查项目

序号	项　目	审查要点
1	强制性条文	《工程建设标准强制性条文（房屋建筑部分）》采暖通风与空气调节设计规范强制性条文
2	设计依据	设计采用的设计标准、规范是否正确，是否为有效版本
3	基础资料	当地资料、室外气象资料及业主要求
4	室内设计标准	设计采用的室外气象参数等基础资料是否正确可靠
5	建筑热工计算	居住建筑、公共建筑的围护结构应满足《民用建筑节能设计标准（采暖居住建筑部分）》及气候区节能的要求和各地区的相关细则
6	防排烟系统	《建筑设计防火规范》
7	高层建筑	《高层民用建筑设计防火规范》
8	特殊建筑	符合人防地下室、地下汽车库、洁净厂房、饮食建筑等关于中央空调设计的相关规范
9	施工图的设计深度	是否符合《建筑工程设计文件编制深度的规定》
10	设计说明	见下文说明
11	平面图、系统图、剖面图等	见下文说明
12	设备表	见下文说明

施工图是施工单位落实设计的基础，具有依据性、指导性等特点。施工图审查作为设计文件把关的必要环节，如果忽视审查，直接施工，可能会造成难以弥补的过失，增加施工成本且浪费资源。在施工图审查过程中，要从多个角度入手，全面、系统审查设计是否合理，及时发现其中存在的问题，并通过设计单位进行调整，为具体施工提供支持，实现设计目标。从表14-1可知，审查要点可以分为以下几类：

1. 强制性条文　需要加强对我国相关规定中要求的强制性条文的对比，审查设计是否与标准相符合，例如：《全国民用建筑工程设计技术措施》等，确保各设计细节符合节能要求，才能够通过审查，否则应立即调整。

2. 编制规范性　暖通空调设计图目录与图样不符问题比较普遍，如果施工图编制不规范，势必会影响施工准确性，为此，要对目录及内容进行对比，确保编制规范性。另外，施工说明是帮助施工人员了解和掌握施工重点、难点的重要内容，由于部分设计人员专业性不强，在设计时，直接照抄照搬其他施工说明，出现一些明显性错误，为此，要对施工说明是否符合施工图进行审查，确保各类书面文书数据及单位一致性，不仅如此，还需要对图例进行审查，确保图样实际使用专业设备及配件均体现在施工图中。

3. 设计表达能力 施工图需要具备良好的表达能力，如果出现没有将专业管线作为设计重点、没有对风管等线型进行区别等问题均是表达能力欠缺问题，会使得施工图表达较为混乱，难以为施工提供帮助和指导，出现施工不合理等一系列问题，增加施工难度。

4. 节能设计完整性 受到各地方实际情况的影响，除了国家节能标准之外，还包括各地方节能标准，为此，在审查过程中，还需要加强对节能设计完整性的审查，有效优化施工图，提高施工质量和效率，进而促进暖通空调系统在建筑物使用中发挥积极作用。

14.2 中央空调工程设计审图的主要内容

要审查中央空调工程设计是否符合国家有关技术政策和标准规范及《建筑工程设计文件》编制深度的规定。图样资料是否齐全，能否满足施工需要。设计意图、工程特点、设备设施及其控制工艺流程、工艺要求是否明确。

14.2.1 中央空调工程设计与施工说明

对于中央空调工程设计与施工说明，审查的主要内容是：

1）设计说明应注明设计依据和设计范围，应简单叙述建筑概况和空调概况，如建筑所在位置、建筑面积、空调面积等。

2）是否有室内外设计参数，设计标准的说明。

3）是否有空调、冷热源及其参数的说明。

4）是否有空调总冷热负荷的说明。

5）否有空调系统形式及控制要求的说明。

6）是否有消防防排烟设置的说明。

7）是否有人防工程平战用途，以及平时采暖、通风、防排烟和战时清洁及过滤式通风设置及其运行转换的说明。

8）是否有关于环保和节能设计的说明。如通风和空气调节系统产生的噪声，当自然衰减不能达到允许的噪声标准时，应设置消声器或采取其他消声措施。当通风、空气调节和制冷装置的振动靠自然衰减不能达到允许程度时，应设置隔振器或采取其他隔振措施。

9）是否有关于施工安装特殊要求的说明。如中央空调管路穿过建筑物基础、变形缝的采暖管路，以及埋设在建筑结构里的立管，应对建筑物因下沉而损坏管路采取预防措施。管路、设备的防隔振、消声、防膨胀、防伸缩沉降、防污染、防露、防冻、放气泄水、固定、保温、检查、维护等是否采取了有效合理的措施。对固定、防振、保温、防腐、隔热部位及采用的方法、材料、施工技术要求及漆色规定是否明确。

10）是否有中央空调控制、调试的措施。各个空调系统扼要的叙述，管路敷设、试压、调试顺序等内容。如空气调节系统的电加热器应与送风机联锁，并应设无风断电保护，电加热器的金属风管应接地。

11）设计图样有无错、漏、缺；文字说明是否正确；图样与说明是否矛盾；设计图样与图例是否统一；是否符合"规范""规定"的要求；与其他专业有无矛盾？

14.2.2 空调平面图

中央空调工程设计，施工平面图一般有三道尺寸，第一道尺寸是细部尺寸，第二道尺寸是轴线间尺寸，第三道尺寸是总尺寸。检查第一道尺寸相加之和是否等于第二道尺寸，第二道尺寸相加之和是否等于第三道尺寸，并留意边轴线是否是墙中心线。应检查水电空调安装、设备工艺与第二次装修施工图是否一致。

1）空调平面图风管布置是否合理、科学，送风、回风、新风是否符合气流组织原则，是否结合了建筑的功能和使用特点。有关管路编号、设备型号是否完整无误。有关部位的标高、坡度与坐标位置是否正确。材料名称、规格型号、数量是否正确完整。设备选择的型号、规格与尺寸是否与计算结果相符，是否经济合理。

2）通风、空调平面是否绘出设备、风管平面位置及其定位尺寸，是否标注了设备编号、设备参数和设备名称，是否绘出了消声器、阀门与风口等部件位置。管道安装位置是否美观和使用方便。风管是否注明了风管尺寸，无系统或剖面图时是否注明了标高。

3）各平面图尺寸、标注是否符合规范，字体、字号是否清楚、合适。各层空调平面图是否标出了图名、图例。空调水管平面图下列内容是否完整，例如管路坡度、排气、泄水是否有问题；管井放大图排管尺寸是否经济合理且满足施工维修要求。管路布置走向管路的坡面斜度和方向、管路的编号、管路的支架固定方式、管路补偿器和散热器的规格、数目和种类（地热盘管间距、长度）等是否经济合理、正确；采暖设备、阀门、部件是否按图例表示。

4）机房平面图中水泵、制冷机组和管路是否布置合理科学，是否留出了足够的空间以便将来维修。校核制冷换热机组、水泵等设备的平面尺寸及竖向位置尺寸；校核设备中心、基础表面、水池、水面线、溢水口及管路标高、坡度、坡向；校核设备、部件编号与设备材料明细。

5）冷冻水管是否标注有管径，冷凝水的排泄是否坚持了就近原则。风管尺寸标高，阀门部件的安放设计应当合理科学，包括排风口及消声器的规格、数目和种类；设备维修和检测的设计；暖通设施及其附属管道的规格、数目和种类；校核设备、部件编号与设备材料明细表是否一致；设备布置是否有检修空间。

6）消防设计是否符合相关防火规范要求和有关部门的规定；计算结果有无错误；图样上标注的管径、设备选择的型号、规格和尺寸是否与计算结果相符；弯头、阀门零部件、排风管路的设计应当标清比例和规格；系统编号、各种设备和设备基础的定位尺寸是否正确；排烟阀门和防火阀门的型号、规格和尺寸是否合理；消声器的规格、数目和种类；设备维修和检测的设计是否符合规定。

中央空调工程设计平面图需要具备全面性，其中应当详细、清晰地标记各项数据和指标且与剖面图、系统图、详图之间相互一致；无错、漏、缺；一层平面图标注指北针（一层平面分图打印的应在每张一层平面上画出）。

14.2.3　剖面图和系统图

通风空调剖面图校核对应于平面图的管路、设备、零部件、管径、防火阀门位置、尺寸标注、系统编号；校核风管、进出风口尺寸、管路标高和风帽标高。校核风管、风口与梁、吊顶距离；校核对应于平面图的风机、消声器、百叶窗、回风口、防火阀以及各种阀门部件的大小平面与竖向位置及尺寸，具体如下。

1）是否注明了设备、管路的标高及其与地面和土建梁柱关系尺寸。

2）是否说明了通风、空调设备接管尺寸及标高。

3）空调水系统是否注明管路及其部件的管径、标高、坡度、坡向等，是否注明了制冷设备名称或编号、安装高度及其接口等。

4）通风、空调风系统图是否注明了风管尺寸和标高，设备名称或编号及其安装高度，是否注明了消声器，阀门风口位置、规格尺寸和安装高度。

5）剖面图的位置是否合理，剖面图是否清楚地表达了位置关系。

此外，采暖管路系统图与平面图管路位置和方向是否一致；校核单体与地下室连接是否一致；校核管径、立管编号、固定支架、坡度、坡向、散热器数量、管路及散热器标高、集气罐和自动排气阀型号是否齐全，是否与平面一致；校核阀门、减压器、疏水器、补偿器、固定支架及干管变径与图例等是否一致；校核膨胀水箱标高及其接管是否齐全、正确；系统图的自动排气阀标高是否合理，立管根部的阀门在水暖井能否安装开，固定支架及补偿器设置位置是否正确，设备配件选用与安装是否适当，循环水量及作用压力是否合适。

系统图中，空调水管路系统图应校核管、阀门等部件与图例是否一致。管径、管路坡度、坡向及有关标高与平、剖面图是否一致；校核加热器、冷却器、放气罐与图例是否一致；校核膨胀水箱位置、标高；校核主要设备材料表是否齐全；校核主要设备的名称、型号、参数、数量是否标注齐全无误，参数是否与计算结果相符或接近；校核系统编号是否与平面图、剖面图一致；校核备注栏要求是否正确无误。

14.2.4 消防与防排烟

主要审查中央空调工程设计是否符合《建筑防火设计规范》（GB 50016—2014）中关于暖通空调中的要求规定以及是否符合《高层民用建筑设计防火规范》的相关规定要求。如建筑防火分区、防烟分区的面积是否合理，需要采取机械排烟与机械防烟的场所是否设计了应对措施。如应设置机械排烟措施的地下室、走廊、中庭、无窗房间和相关场所是否设置了排烟机械，排烟风管的走向是否合理，排烟量是否达标，排烟风机的设置是否符合要求。

机械防烟方面的审查，主要包括高层建筑需要正压送风防烟的措施和要求，如防烟楼梯间的送风余压值不应小于 50Pa，前室或合用前室的送风余压值不应小于 25Pa。防烟楼梯间的机械加压送风量不应小于 25000m³/h。当防烟楼梯间与前室或合用前室分别送风时，防烟楼梯间的送风量不应小于 16000m³/h，前室或合用前室的送风量不应小于 12000m³/h。

此外，各消防排烟风机的耐热时间和温度是否符合要求，防火阀、排烟阀等布置方向是否正确，动作温度是否正确，控制、联锁切换是否正确。风管穿越防火分区的措施，如通风、净化空调系统的风管在下列位置是否设置了防火阀：风管穿越防火分区的隔墙处，穿越变形缝的防火墙的两侧，风管穿越通风、空气调节机房的隔墙和楼板处，垂直风管与每层水平风管交接的水平管段上。

14.2.5 设备表

审查其是否按《建筑工程质量管理条例》第二十二条的要求注明了设备的规格、型号、性能等技术参数和数量。不得指定生产厂或供应商，不得使用淘汰产品。各主要设备、材料表中的水泵、制冷机组、空调末端设备、冷却塔等的数量、型号、规格、参数等是否明确。主要的保温、防腐材料等是否列出，风管中是否采用了易燃材料等。

14.2.6 特殊要求

中央空调工程与土建工程的施工要注意相互配合，图样会审时同样要注意配合。原因在于水暖与土建分属于不同专业，不管是设计还是施工，都需要不同专业的技术人员来完成。正是因为如此，技术人员在施工时才更有可能出现施工不细致，结合处处理不慎重等问题，为工程埋下巨大的质量隐患。

为了防止中央空调工程安装和土建施工起冲突，图样会审和建筑施工时必须先结合工程实际，合理设计管路、水暖设备的标高，同时注意土建标高，以免管路标高和土建标高发生冲突，影响建筑工程施工质量。一般来说，高层建筑内部所安装的雨水、污水管路都属于内排水管，设计安装时不允许从地梁中穿过，如果建筑工程地梁的设计标高较低，就极有可能出现地梁标高低于管路标高，引发施工问题。为了解决这一问题，特要求施工人员对设计单位提交的设计图样进行反复分析，严格做好图样会审工作，同时综合考虑水暖设备和土建工程的标高设计，防止二者发生冲突。

1. 各专业设计相互之间的关系

1）各用电设备的位置与供水（电）及控制位置、容量是否匹配，零配件及控制设备能否满足要求。

2）电气线路、管路、通风和空调的敷设位置和走向相互有无干扰，埋地管路或管路沟与电缆沟之间有无冲突。

3）连接设备的电气线路、控制线路、管（水、油气）路与设备的进线接管位置是否相符。

4）水、电、气、风管路或线路在安装施工中的衔接部位和施工顺序是否明确。

5）管路井的内部布置是否合理，进出管路有无矛盾。

6）各工种安装、调试、试车和试压的配合关系是否明确，有无互相影响。

2. 空调、通风管路安装与建筑结构的关系

1）预留、预埋位置与安装实际需要是否相符。

2）设备基础位置、尺寸、标高是否满足管路敷设的需要。

3）管路沟位置、尺寸、标高是否满足管路敷设的需要。

4）建筑标高基准点和放线基准位置是否明确。

5）风管、水管管路敷设位置与建筑、结构标高及位置尺寸等有无矛盾。

6）有关建筑设计如主体结构、墙体结构门窗位置、吊顶结构、内外装修材料等与空调、通风设备、管路安装有无矛盾。

14.3　中央空调工程设计的建筑节能审查

中央空调工程设计审查中，建筑节能审查是除消防工程审查之外的重点。因为建筑节能审查工作，很多都涉及规范中的强制性条款，例如公共建筑节能设计标准、民用建筑节能条例等。建筑节能已成为当前建筑行业的焦点，合理的设计及严格的审查管理是建筑节能得以推行和发展的根本和保障。自 2005 年建筑节能工作全面推行以来，建筑节能设计及审查得到了全面的发展。根据近年来备案情况，报送备案资料的建筑节能工程项目数量逐年上升；资料的完整性较以前有明显提高，施工图建筑节能设计备案资料满足技术审查条件；具备施工图、建筑节能设计模型、建筑节能计算报告书（含电子版）等资料的备案比例逐年增加。

但由于建筑节能标准和相关技术规定仍在不断更新完善，以及从业人员知识掌握的深度、技术手段和经验积累的程度等方方面面的原因，使得节能设计和审查依旧存在诸多问题，设计人员、审查人员对标准及相关管理规定的理解出现不一致的现象常有发生。基于上述原因，本书将建筑节能审查单独列为一节进行论述。

14.3.1　建筑专业节能设计应考虑的几点问题

节能设计不只是为了满足现行相关标准规定要求，还要从技术经济的角度出发，尽可能

设计出造价合理，便于实施的保温体系。建筑节能设计要在建筑方案阶段就考虑影响节能的相关因素。

1. 保温体系的选择应符合当地的建筑技术水平和实际情况　欠发达地区的墙体保温就不宜选用施工技术要求高的保温板薄抹灰系统或复合板系统，而应使用技术要求较低的自保温系统和保温砂浆系统；门窗材料宜采用塑料型材或节能彩钢型材，玻璃宜选用普通中空玻璃，不宜采用其他不易获得的玻璃。

2. 保温材料的选择应结合经济承受能力和当地产品配套情况　例如在不生产节能型烧结页岩空心砖的地区选用这类墙体材料，必然无法就近获得，导致造价和运输时间增加；在房价较低地区的普通建筑中采用隔热金属型材和 Low-E 中空玻璃窗，必然在后期实施中难以实现。

3. 节能设计应符合日常生活习惯　例如有的项目设计时为了方便计算通过，在普通居住建筑中门窗采用低透光玻璃。而在实际生活中，如果大量采用此类材料，冬季时由于某些地区日照较少，阴雨天气较多，室内采光无法得到基本保证，必然会大大增加照明耗能，反而加剧了建筑整体能耗，对节能工作起到相反作用。又比如有的项目门窗位置设计不合理或可开启面积过小，严重影响自然通风换气及温度调节，在过渡季节只能采取机械通风的方式实现室内的环境舒适度，大大增加了建筑能耗，不利于实现建筑节能。

4. 应从方案设计阶段就进行节能设计的优化控制　建筑方案设计一旦确定，影响建筑能耗最重要的朝向、窗墙面积比和体形系数等因素就已基本确定，因此，节能的设计工作应从方案阶段着手。至于后期的初步设计和施工图设计则对建筑节能只起到技术细则的控制作用，而不能从根本上实现建筑节能的优化。

14.3.2　建筑专业节能设计软件与模型的审查常见问题

1. 节能设计软件选择不正确　目前的节能设计软件，国内的有天正、鸿业、中国建筑科学研究院上海分院开发的 PKPM 和清华斯维尔建筑节能设计分析软件等系列软件，也有国际通用的 Energyplus 等能耗模拟软件。有些软件还有地方版，能较好地与地方节能设计标准和相关技术管理规定进行结合并实时更新。但是，并不是所有的软件都能与国家节能规范、标准和文件相符合，尤其是不能保证实时与地方相关技术管理规定吻合。

2. 设计模型设置有误　建筑节能设计是否满足标准规定要求，一方面依赖于软件模型的计算，这就要求模型与图样要高度一致才能保证计算结果的可靠性和有效性；另一方面，图样设计中需要不断调整，这就需要节能计算人员实时根据图样做出相应的更改，保证计算结果的准确性。设计模型常见问题主要体现在以下几个方面：

（1）门窗尺寸、房间功能、分户墙设置、天井设置、坡屋面范围、热桥梁柱设置和天窗设置等与建筑施工图不一致。

（2）建筑朝向、层高及楼层数与建筑施工图不一致。

（3）阳台门、小商业外门等玻璃门未按外窗进行节能计算。

（4）计算城市选择错误。

（5）门窗、建筑保温材料等热工参数取值不满足标准要求。

（6）保温材料修正系数取值不满足标准要求。

（7）住宅底部小商业或社区配套管理用房建模计算时设置为非空调采暖房间。

有些中央空调工程设计，未按当地政府的要求作节能计算及节能说明。例如按照重庆市城乡建设委员会《关于进一步明确我市现行建筑节能设计标准执行要求的通知》要求，住宅底部配套小商业、社区管理用房等一般情况都需建模进行计算。

还有，中央空调工程节能设计的资料不一致。主要表现为计算书、说明、图样中材料名称、厚度和参数等互不一致；建筑节能设计模型、建筑节能计算报告书、施工图和备案登记表中砌体材料、外墙、屋面、楼地面保温材料类型、厚度以及热物理性能指标等不一致或取值错误；外窗、玻璃幕墙型材、玻璃厚度、空气层厚度，遮阳系数以及热物理性能指标等不一致或取值错误。

3. 设计深度不够　中央空调工程的建筑节能施工图，应包括以下资料：

（1）独立的节能设计说明专篇，说明设计依据、计算软件及版本号、建筑概况、主要围护结构材料构造及参数选择（包括外墙、屋面、热桥、凸窗非透明板、凸窗透明板、分户楼板、分户墙、地下室外墙、架空楼板、地面、外窗等）、节能计算综合指标判断、节能抽样送检要求、保温材料防火要求等。

（2）节能平面布置图，表达外墙保温范围、架空楼板范围、功能转换处楼板范围等。

（3）墙身节能节点大样图，包括屋面、地面、楼面、地下室外墙、凸窗等部位节能节点大样图。

（4）计算书、模型、全套建筑施工图。

（5）建筑节能设计自审意见书。设计图样资料是提供给施工单位按照节能设计实施的依据，仅凭设计模型和计算书是不能指导施工的，因此设计和审查人员应从施工角度考虑哪些图样资料是有必要提供的，避免造成施工与设计不一致的现象。

4. 设计选材或系统选择不合理　材料的选择及保温系统的选择都要根据当地产业化条件、技术经济发展水平及当地习惯性做法等方面综合考虑，不能仅以设计通过为目的。

常见问题表现如下：

（1）保温砂浆类外保温系统保温层厚度设计过厚，例如无机保温砂浆设计在 40mm 以上时，施工难度大，容易造成开裂脱落等安全隐患。

（2）填充墙与热桥部位保温做法不一样，且构造上未能对应，导致施工后墙体表面高度不一致，例如砌体部位设计"250mm 厚加气混凝土砌块+20mm 厚水泥砂浆"，热桥部位为"200mm 厚钢筋混凝土+50mm 厚无机保温砂浆+5mm 厚水泥砂浆"。首先热桥部位无机保温砂浆过厚，难以保证施工质量，其次热桥部位与砌体部位总厚度不一致，存在 15mm 厚高差；有的设计人员为了保持总厚度一致，将热桥部位设计为"200mm 厚钢筋混凝土+50mm 厚无机保温砂浆+20mm 厚水泥砂浆"，暂且不考虑无机保温砂浆厚度问题，无机保温砂浆外层常规做法为 4~6mm 厚抗裂砂浆，20mm 厚的水泥砂浆也不符合常规做法。

（3）外窗材料选择与建筑不匹配，例如一般居住项目外窗设计为"多腔隔热金属窗框+6中透光 LOW-E+12 氩气+6 透明"，外窗造价与建筑售价严重不匹配；公共建筑玻璃幕墙设置为塑料型材，无法实施等。

5. 保温系统防火设计不满足要求

（1）设计未能满足《民用建筑外保温系统及外墙装饰防火暂行规定》的要求，例如高度超过 100m 的居住建筑设计采用胶粉聚苯颗粒保温浆料系统。

（2）设计保温材料燃烧等级定性错误，例如设计文件中将普通挤塑聚苯乙烯泡沫塑料燃烧等级定性为 B_1 级。

14.3.3　建筑节能施工图审查要点

中央空调工程设计（含建筑专业节能设计）节能施工图审查要点，主要是根据各种设计规范以及地方要求的强制性条款进行审查。施工图是施工单位贯彻节能设计依据的资料，施工图审查是对设计资料进行有效把关。若施工图阶段没有得到严格把关，到验收阶段再发现设计存在问题，就会造成无法弥补的损失。

1. 设计资料深度与合理性审查　审查设计资料文件是否完整齐全，是否包含了自审意见书、设计图样、计算书、模型、设计说明专篇、节能平面布置图和节能做法大样等并检查各资料是否一致。

审查设计选用的保温系统形式、保温材料、构造等是否具备可操作性和经济型。避免以下情况，例如保温层过厚无法实施、保温材料在当地不易获取、外窗类型过于高档与设计建筑不匹配或热桥与填充墙部位构造未对应等。

审查计算模型是否与建筑图样一致，例如门窗大小、房间分隔、分户墙设置、靠山墙设置、变形缝设置、屋顶及天窗设置、热桥梁柱设置和房间功能设置等。

审查设计依据版本号和名称是否有效；审查主要围护结构构造说明是否与计算书一致，主要构造说明是否完整，相关参数是否正确；审查主要保温材料是否有抽样送检要求；审查是否有建筑保温防火设计说明。

2. 节能图样审查　审查节能平面范围布置图是否准确，主要是外墙、架空楼板和功能转换处楼板等部位；是否有典型墙身大样图并完整反应竖向建筑构造；是否有典型节点详图。要求住宅底部配套小商业充墙部位构造未对应等。

审查计算模型是否与建筑图样一致，例如门窗大小、房间分隔、分户墙设置、靠山墙设置、变形缝设置、屋顶及天窗设置、热桥梁柱设置和房间功能设置等。

审查设计依据版本号和名称是否有效；审查主要围护结构构造说明是否与计算书一致，主要构造说明是否完整，相关参数是否正确；审查主要保温材料是否有抽样送检要求；审查是否有建筑保温防火设计说明。

对通过施工图审查后的项目进行节能变更时，必须重新提交完整资料进行重新审查并出具审查合格书，此外，还需要设计单位出具设计变更说明。

3. 保温系统防火安全与节能的技术措施审查　施工图审查时应严格按照相关规范对保温系统防火安全进行审查，检查是否在设计文件中对建筑保温材料的防火性能进行了说明，对需要设置防火隔离带的是否在图样中予以正确表达。

对涉及建筑节能的部分，主要审查用能系统是否注明了相关内容和采取了相关措施。例如对全装修或者集中供冷供热的新建住宅，应当注明用能设备和设施的情况。户式（分散式）空调要注明设备能效比、性能系数和使用保护要求。集中式采暖空调—冷水（热泵）机组类型、单台额定制冷量；热源类型、单台额定制热量、热效率；空调机组类型、能效比、性能参数和使用保护要求。利用了可再生能源利用系统应当注明以下内容，例如太阳能热水系统—集热器面积、集热器形式（例如：平板式、真空管式、热管式）、热水器容积、辅助加热形式（电、燃气）和使用保护要求。空气热泵热水系统—产品规格（型号）、主要技术参数和使用保护要求。

建设单位应提交建筑节能施工图备案资料，包括施工图审查合格书和建筑节能审查备案登记表。施工图建筑节能专项审查内容及回复意见；施工图设计文件（包括建筑、暖通、电气和给排水专业设计图及节能设计模型，节能计算报告书，空调热负荷及逐项、逐时冷负荷计算书）等，向城乡建设主管部门申请备案。对备案材料齐全且符合法定形式的，城乡建设主管部门予以告知性备案。对建筑节能施工图设计文件发生重大变更的，建设单位必须将变更后设计文件送原施工图审查机构审查，审查合格的，提交备案资料向城乡建设主管部门申请备案。对备案材料齐全且符合法定形式并经审查合格的，城乡建设主管部门予以审查性备案。

14.4　中央空调工程设计审查中发现的常见错误

这里主要讨论工程设计中的常见错误，包括在图样审查中发现的错误和在工程设计中没有发现，但在实际中出现了工程设计、质量问题的一些项目。

14.4.1 方案不正确

14.4.1.1 设计失误

现在一些设计院喜欢采用多联机或 VRV 系统。即便是大型甚至超大型的公共建筑，都有使用风冷的多联机或 VRV 空调系统的案例。如果是超大型的公共建筑，有的则使用很多套的中央空调系统。这是典型的"小马拉大车"的系统设计失误。VRV 空调系统或风冷的系统一般适合于中小型的场所。无论是从系统效率、管路承压还是新风量的保证等方面，传统的水冷式中央空调在大型公共建筑的中央空调工程中有着比多联机或 VRV 空调系统更明显的优势。

实际上，无论是在美国还是在欧洲，在大型公共建筑中的中央空调，还是以大型水冷机组占优势。多联机或 VRV 空调系统只在东亚才用的比较广泛，除了多联机或 VRV 空调系统本身具备灵活性等优势外，主要和厂家的宣传有关。

14.4.1.2 室内气流组织考虑不周

室内气流组织方式是中央空调工程必须考虑的重要方面，最基本的是要考虑建筑功能和室内人员活动、设备布置的特点，使进、排气口科学合理布置以便形成合理的气流组织，从而使室内风速均匀，使用过程舒适节能。如各种侧送风、上送风、下送风、射流送风，要结合房间大小、房间用途进行综合设计。如气流组织要考虑污染物的扩散和排除问题，考虑系统回风效率问题等。

例如：某厨房窜味。厨房与餐厅相邻，餐厅又靠近门厅。有的旅馆中，一进门就闻到菜香味，让人感觉不舒服，使得宾馆的环境质量不够高。

原因：厨房、餐厅的气流组织不好，应当是厨房负压，餐厅正压。而有时由于厨房开了窗，造成厨房的空气流入餐厅，导致出现上述问题。

对策：要防止厨房排风量 60%要靠餐厅来补充。即把厨房设计风量的 60%送到餐厅，然后再由餐厅输送至厨房。但要注意气流由餐厅流入厨房时，经过配餐口的风速不得大于 1m/s。

再例如：某酒店大堂的一、二层连在一起，二层有内走廊，与一楼相通，且二楼有开放式餐厅。一楼和二楼共用一个系统，一楼较热而二楼基本合适。

原因：该大堂采用上送风，冷气流由顶层下来，二楼靠近出风口，而一楼属于高大空间，冷气流达到二楼后被加热，很难到达一楼大堂。

对策：在二楼走廊处增加送风口，或沿大堂的立柱布置新风口。

14.4.2 参数不正确

14.4.2.1 冷负荷计算不准确

在中央空调工程设计中，冷负荷计算不准确的例子非常普遍，最常见的是负荷偏小而设计偏大，其原因是很多设计人员按面积进行负荷估算，没有进行负荷的精确计算。另外，从建筑负荷到空调负荷，再到制冷机组负荷，层层加大安全系数。加之多数时候建筑房间不可能同时全部使用，造成机组选型偏大，造成所谓"大马拉小车"的现象。大多数情况下冷冻水是小温差、大流量，从而造成冷冻水泵能耗增加，运行费用增加，系统不节能，而制冷主机又闲置，造成投资浪费。

在计算冷负荷时，也有偏小的例子。如局部房间或区域的负荷计算过小，从而造成设备选型偏小，使房间温度、相对湿度都达不到设计要求。如某餐厅的工程设计，按正常条件下的参数和人流量进行负荷计算，但实际使用时则人数过多，房间温度较高，客人就餐环境差，导致投诉增多。

从近年送审的施工图审查资料来看，暖通空调负荷计算经常会出现的问题如下：

（1）设计冷负荷与冷负荷计算书结果不一致。原因是先出施工图，后出计算书造成建筑的维护结构性能修改、建筑功能修改导致计算结果变化；暖通节能报审表的数据（制冷量、风管保温材料热阻等）与计算书、设计说明、设计图样不一致；总说明阐述的空调、通风系统与图样表达的不一致。

（2）没有对分体（柜式）空调系统、多联式空调系统、工业建筑空调特别是工艺空调进行负荷计算；提供的负荷计算书，只有冷负荷计算或只有计算结果无计算过程，不进行热负荷计算。

（3）围护结构传热系数与建筑专业不一致。对围护结构来说，传热系数与建筑专业相一致，是冷热负荷计算的基本要求。

（4）地源热泵地埋管系统未进行全年动态负荷计算。《地源热泵系统工程技术规范》（GB 50366—2009）第 4.3.2 条规定地埋管换热系统应进行全年动态负荷计算，计算周期宜为 1 年。在计算周期内，地源热泵系统总释热量宜与总吸热量相平衡。

针对上述问题在相关设计规范标准中均有明确规定。例如《工业建筑采暖通风与空气调节设计规范》（GB 50019—2015）第 6.2.1 条规定除方案设计或初步设计阶段可使用冷负荷指标进行必要的估算以外，应对空气调节区进行逐项逐时冷负荷计算，该规范适用的建筑类别、空调系统形式在条文中有明确规定；《民用建筑供暖通风与空气调节设计规范》（GB 50736—2012）第 7.2.1 条规定除在方案设计或初步设计阶段可使用热、冷负荷指标进行必要的估算外，施工图设计阶段应对空调区的冬季热负荷和夏季逐时冷负荷进行计算，该规范明确要求民用建筑除进行冷负荷计算还要进行热负荷计算。

14.4.2.2 风量计算不正确

最常见的是风量计算偏小，没有依照规范设置新风量。例如地下室、商场等场所，中央空调设计中不注明空调系统最小新风量或甚至不设新风系统，以至于无法满足室内空气卫生要求。

还有一种情况是总风量计算正确，但室内空调温度、相对湿度、工作区风速等在设计说明中不列明，或虽然设计说明中列出，但设计中又不按该规定取值计算。

14.4.2.3 冷却水量计算错误

溴化锂吸收式制冷系统在一些大型宾馆应用得比较广泛。但其冷却水系统设计偏小。因为产生同样单位的冷量，溴化锂制冷机要比电驱动的压缩制冷机需要释放出更多的热量。因此，在同样的建筑冷负荷条件下，冷却水量更大。所以，在一些中央空调工程设计中，笼统地按电制冷机的计算方式选择溴化锂制冷机的冷却水系统是错误的。

14.4.2.4 未采用国际单位制

常见的问题如制冷量采用"冷吨"，压力采用"毫米水柱"，功率采用"匹"等，这些单位混合使用或单独使用工程单位而不使用国际单位。

14.4.3 管路或设备布置不当

14.4.3.1 风系统

（1）最常见的如风机盘管所接风管过长，或末端的出风口面积小，从而使房间达不到额定风量，影响空调效果。

解决办法：在进行中央空调工程设计时应进行风管阻力计算和校核，使风机盘管风机与系统风阻相符。实际上，风机盘管可以接风管也可以不接，设计者应灵活处理。

（2）送风气流达不到空调区。最常见的情况是如体育馆、会议中心等房间跨度很大，只设单侧送风，送风口布置在一侧且距离工作区比较远，这样无法使送风气流到达较远的空调区域，从而影响空调使用效果。

解决办法：可以在房间两侧设风管送风，减小送风射流距离，或采用喷射式送风，还可以沿着房间的柱子布置风管，从而使送风更容易达到工作区。

（3）热风送风不畅。如果房间层高很高如多层共用的中庭，而送风口在上部，则容易造成室内垂直方向温度梯度大。而空气特性是热空气在上，冷空气在下，热风送风不畅。

解决办法：可以设法在房间半层高处设风管，或增加侧风口。例如一、二层高的大堂，可以在一层顶部、二层底部处设送风口。

（4）缺少排风。最常见的是中央空调系统只考虑了夏季工况，没有考虑过渡季节的工况。如某些无窗的建筑物，在过渡季节时不需要空调，但又需要大量新风，空调在设计时没有设计排风系统，致使室内空气污浊。

解决办法：考虑过渡季节情况，设置系统排风或新风系统。

（5）送回风口的气流短路。送回风口的气流短路也是比较常见的设计问题。例如某大型办公楼，很多回风口甚至排风口就在送风口附近，致使大部分气流未经过空调区直接吸入空调系统的回风口，造成气流短路。造成空调效果不好和能量浪费。

解决办法：尽量拉开送回风口的距离，如果实在无法布置，也要尽量使两者不在同一高度和同一方向。

（6）缺少过滤器。设计中央空调工程时，空调系统的新风口和回风口都不设过滤器，既满足不了室内空气的卫生要求，又影响空调效果和设备的使用寿命。

解决办法：中央空调的新风口和回风口都必须设置过滤器并定期清洗。如果过滤器两侧的压力过大，说明滤网已堵塞。

（7）送回风管布置不合理。这也是中央空调工程设计时比较容易忽视的问题，送回风管太长，风口有远有近，阻力不能平衡，造成冷热不均。

解决办法：①风管不要设计太长；②各支管的长度尽量差不多或与主管对称；③如果风管与空调机的布置实在有困难，可在某些风口设百叶调节阀。

（8）送风口结露。这是由于设计时采用了较低的送风温度。特别是在南方地区的梅雨季节里，当空调的送风干球温度低于室内空气露点温度太多时，送风口将结露、滴水，极可能会淋湿天花、地毯等。

解决办法：①通过调节阀减小冷水流量，提高送风温度；②采用导热系数低的保温风口（比如木制风口）；③设计时提高送风温度，减少送风温差。

（9）新风分布不均匀。在中央空调工程设计中，经常会碰到新风分布不均的现象。例如较大的空调房间布置了多台风机盘管，只对一台或个别风机盘管送新风，造成新风有很多死角。显然，这没有经过气流组织的考虑和设计。

解决办法：要仔细进行气流组织计算，尽量将新风分布均匀，考虑室内空气流动的合理性。

（10）排风机余压不足。某大型建筑的排风机余压不足或管路太长，致使末端的房间排风效果不理想。

解决办法：风管不要设计太长，风口设百叶调节，或增设排风机。

（11）厕所的气味外泄。这是比较容易忽视的问题，例如某建筑的厕所不设排风或排风量不足，造成气味外泄。

解决办法：增加排气设施，建筑的排气先经过厕所，从厕所再排到室外或屋顶。

14.4.3.2　水系统

（1）膨胀水箱设置错误。膨胀水箱不是中央空调工程设计的重点，也不需要经过专门的计算。但在设计中，膨胀水箱的错误比较多，例如水箱容积过小、安装高度不够以及接管错误等。

解决办法：

1）膨胀水箱应接在水泵吸入侧，且至少要高出水管系统最高点1m，使水泵承受背压。

2）膨胀水箱应有泄水管、补水管、信号管等全部管路。

3）膨胀水箱应有保温措施。

（2）水系统阻力计算不准确。冷冻水系统的水力损失计算错误或不准确，造成各空调设备的冷冻水流量不在设计范围之内。同时，水管系统阻力计算不准确，致使所选水泵扬程过大或过小。既满足不了空调使用要求，又造成水泵经常在低效率下远行，浪费能源。

解决办法：对水系统进行认真的水力计算，从最不利点开始算起，逐段进行水力损失计算和校核。

（3）没有对水管进行伸缩补偿。在一些中央空调工程设计中，尤其是北方在冬季所使用的空调设计中，没有考虑管路的热胀冷缩现象，对于自然补偿无法满足要求的超长直管段，不设伸缩设施，从而损坏管路而漏水。

解决办法：对于比较长的管路以及温度变化比较大的管路，设置管路补偿器。

（4）多台冷却塔并联运行时不设平衡管。这也是中央空调工程设计时最容易犯的错误之一。很多设计者都没有考虑到多台冷却塔并联运行时的水量平衡问题。在实际运行中，对于并联工作的冷却塔，如果不设平衡管，很容易造成冷却塔水量不平衡，而设计时往往选用相同的冷却塔，所以导致水泵、冷水机组等均不平衡。而且，一旦某台冷却塔的风机损坏，如果不设平衡管则整个系统都无法运行。

解决办法：一定要特别注意在冷却塔的下部设平衡管。

（5）冷却塔安装位置不对。在进行中央空调设计时，将冷却塔布置在建筑死角，甚至安装在室内，造成换热效果差，空调效果大打折扣，运行费用高。

解决办法：冷却塔一般安装在室外的空地或裙楼的天面，不能距其他住户太近，以免导致飘水或噪声、污染等引起周围住户的投诉。因此，在进行中央空调设计时，一定要到现场去实际考察一番。

（6）冷却塔不设现场风机检修控制开关。冷却塔不设现场风机检修控制开关很危险。如果不提出要求，电气专业大都只在冷冻机房设开关，那么工人在塔内检修时，万一有人合上开关，则风机起动就会造成人员伤亡。

解决办法：在冷却塔的施工说明应提出说明。

（7）不提供水管试验压力。在设计中央空调时，应该在设计说明中说明试验压力。如果管路的压力取值较大，对设备、管件、阀门等要求也高，投资也越大。如果试验压力取值较小，则系统存在安全隐患。尤其是高层建筑，应按高低区域分别提供试验压力。

解决办法：在施工、设计说明中说明实验压力。

（8）冷凝水管的坡度不够或无坡度。在中央空调工程设计中，冷凝水应该就近排放，其管径相对已经固定。冷凝水的排放坡度一般不少于5‰，支管为2%。如果小于1%，或根本没有坡度，会造成冷凝水外溢。

解决办法：在冷凝水管上每隔20m左右设置一个向上的通气短管，可减少活塞作用，使冷凝水排放更加顺畅。

（9）空调器积水。常见的问题为空调机组或组合式空调器有凝结水漏出，造成室内环境受污染或降低室内舒适性。

解决办法：空调箱凝结水出口处不设水封或水封高度不够，致使空调箱积水、外溢。另外，冷凝水管直接接入雨水管和排污管，雨量较大或管路堵塞时，污水会上返到空调机的凝结水盘，造成发水事故。因此，要有良好的冷凝水排出措施。

（10）水管保温隔热性能不好。很多中央空调工程设计中没有对水管的保温材料厚度进行计算或未按有关规定选用。厚度选小了，管路会结露、滴水，既污染天花又浪费了能源；厚度选大了，会造成材料浪费。

解决办法：按经济厚度做保温设计，防止结露或保温过厚。

14.4.3.3　冷冻站或制冷机房的问题

（1）机房不设通风。制冷机房不设通风是违反规范的，因为制冷机房需要值班，机器也需要干燥。如果机房不设通风系统，则机房内闷热、潮湿，会影响操作人员身体健康及设备的使用寿命。

解决办法：按照设计规范，在机房设计通风并保证通风量，有条件的工程还可以设置空调。

（2）机房设备空间太小。如果制冷机房的各设备间距太小，会造成检修困难，但是设备间距太大，又会造成建筑面积浪费。

解决办法：按规范，在制冷机组的水泵与墙壁之间、主机之间，以及与天花板、横梁之间的长、宽、高距离需保留足够的空间，为将来的维修、测试提供方便。

（3）水过滤器安装不正确。在中央空调工程设计中，有些设计将水过滤器安装在冷冻水和冷却水总管上，这样清理过滤器时会影响空调系统的运行。

解决办法：将水过滤器安装在每台水泵或冷水机组的入口处，逐个清理过滤器时不影响空调系统运行。

（4）空调水管布置不合理。最常见的是将空调水管设在冷水机组或电气控制柜上方，既不便于检修，又存在安全隐患。

解决办法：在布置管路时尽量考虑各种管线之间的重叠问题，加强和其他专业的协调和配合，在有限的机房空间里尽量优化管路的走向。

（5）制冷机房排水困难。冷冻机房内未设集水井和排污泵，造成空调系统换水困难，或者产生发水事故。

解决办法：与给排水专业配合，设置集水井和排污泵。

14.4.4　防火排烟系统设计不正确

14.4.4.1　防火

（1）加压送风机房不设计进风管口。在很多中央空调工程设计中，加压送风机房不设计进风管口，当风机房的门关闭时，室外新风无法补入，严重影响防烟效果，存在安全隐患。

解决办法：加压送风可以不设机房，而直接把消防的送风机设置于屋顶，或在加压送风机房中设置进风管口。

（2）送风口的风速过大。在设计中，因为前室机械加压送风口的尺寸太小，致使送风口的风速过大。

解决办法：精确计算风量和风速，确保送风口的风速不宜大于 7m/s。

（3）加压送风竖管的尺寸太小，致使风速、阻力过大。一般机械通风钢质风管的风速控制在 14m/s 左右，建筑风道控制在 12m/s 左右。因不是常开的，对噪声影响可不予考虑，故允许比一般通风的风速稍大些。日本有关资料推荐钢质排烟风管的最大风速为 20m/s。我国的规范规定："当采用金属风道时，不应大于 20m/s"，"采用内表面光滑的混凝土等非金属材料风道时，不应大于 15m/s"。

解决办法：精确计算风量和风速，降低风管中的空气流速，从而降低阻力。

（4）加压送风的风量不足。常见的问题如剪刀楼梯间未设置独立的机械加压送风的防烟设施或加压送风量不足。

解决办法：保证风量不少于规范规定的标准。

（5）加压送风竖井没有考虑漏风。这个问题比较严重，因为国内很多建筑的加压送风竖井是不光滑的混凝土管路，其内表面没有装修或抹平，而设计时，选择机械加压送风的风机只按理论情况下考虑，没有考虑竖井的漏风系数。

解决办法：1）考虑竖井的漏风系数；2）施工时要使管路内表面非常密实，防止风管泄漏。

14.4.4.2 排烟

（1）排烟管未设止回阀。在中央空调工程中，经常可以见到共用一个排烟竖管的排烟系统，在竖管与每层水平风管交接处的水平管段上，未设置风管止回阀，造成烟气乱串。

解决办法：在干管与支管处设止回阀即可。

（2）排烟管路未采用非可燃材料。这是非常致命的空调设计，一般很难通过设计审查。规范规定：管路和设备的保温材料、消声材料和黏结剂应为不燃烧材料或难燃烧材料。穿过防火墙和变形缝的风管两侧各 2.00m 范围内应采用不燃烧材料及其黏结剂。

解决办法：对通风、空气调节系统的管路等，应采用不燃烧材料制作，但接触腐蚀性介质的风管和柔性接头，可采用难燃烧材料制作。这些要在施工设计说明中详细写出来。

（3）机械排烟量不足。在一些设计中，可以看到需要设排烟设施的部位，机械排烟量不足。

解决办法：设置机械排烟设施的部位，其排烟风机的风量应符合规范规定。

（4）排烟管路尺寸太小。在中央空调工程设计中，如果排烟管路尺寸太小，则会造成风速、阻力过大。

解决办法：排烟和排风管路可分开设置，如果合用的话，则要按排烟量来设计管路的截面尺寸，因为排烟量一般远大于排风量。

（5）排烟口的数量太少或尺寸太小。如果排烟口的数量太少或尺寸太小，会造成排风口风速过大。

解决办法：排烟口宜设置于该防烟分区的居中位置，并应与疏散出口的水平距离在 2m 以上，排烟口的风速不宜大于 10.0m/s。

（6）防烟分区内排烟口距最远点的水平距离超过 30m。这也是比较常见的设计错误之一，这是对规范的机械理解造成的。在浓烟中，正常人以低头、掩鼻的姿态和方法最远可通行20~30m。规定中排烟口与该排烟分区内最远点的水平距离不应大于 30m，这里的"水平距离"是指烟气流动路线的水平长度。

解决办法：熟悉规范的精髓，不机械理解规范。

（7）地下室机械排烟有问题。在一些设计中，设置机械排烟的地下室，不设送风系统或送风量小于排烟量。

解决办法：设置机械排烟的地下室应同时设置送风系统，且送风量不宜小于排烟量的 50%。

（8）排烟口与补风口距离太近，造成气流短路。在中央空调工程设计的审图中，有的排烟口与补风口距离太近，造成气流短路。

解决办法：排烟口应该远离进风口，防止气流循环短路。机械加压送风防烟系统和排烟补风系统的室外进风口宜布置在室外排烟口的下方，且高度差不宜小于 3.0m；当水平布置时，水平距离不宜小于 10.0m。

（9）排烟管路跨防火分区且不做任何处理。在中央空调设计中，一些设计人员将跨越防火分区的排烟管路不做任何处理，存在安全隐患。

解决办法：排烟管路尽量不要跨防火分区，如果无法避免，则应在穿越处设置 280℃ 时自动关闭的防火阀。

（10）排烟管路穿越前室或楼梯间。在有些设计中，穿越前室或楼梯间的排烟管路不做任何处理，存在安全隐患。

解决办法：排烟管路一般不应穿越前室或楼梯间，如果确实有困难必须穿越时，排烟管路须做耐火处理，其耐火极限不应小于 2h，可做成钢筋混凝土排烟管路。

14.4.5　设备选型不正确

14.4.5.1　水泵选型错误

（1）水泵扬程偏大。水泵扬程选型偏大已成为设计的通病了，不过无论冷却水泵还是冷冻水泵都存在该问题。例如：有些仅需 28~32m 水柱的，选了 40~50m 水柱的水泵，个别工程的水泵扬程甚至偏大 70%~100%。出现这样的问题，一是很多设计人员没有认真的计算扬程，二是盲目的选择安全余量，误以为扬程越大越安全。

解决办法：如果未安装限流阀，电气专业也未设计过电流保护，就有可能烧毁电动机；如果电气专业设计了过电流保护，则会发生水泵电动机发热、电流增大，重则不能正常起动的情况。同时，也会在运行中增加能耗，导致运行费用增加。导致水泵扬程选得偏大的原因是没有进行必要的水力计算和缺乏设计经验。

（2）冷、热水泵不分开设置。在中央空调工程中，常见到冷、热循环水泵不分开设置的情况。有的是因为机房面积偏小，有的则是考虑不周所致。

解决办法：供回水温差制冷工况时一般为 5℃，制热时一般为 10℃，而且对一般夏热冬冷地区，冬季制热负荷比夏季制冷负荷小，一般前者为后者的 60%~80%。即冬季循环水量为夏季循环水量的 0.3~0.4 倍，水力损失仅为供冷工况的 9%~16%，输送功耗仅为供冷工况时的 2.7%~6.4%。所以，若冷热循环水泵不分开设置，将导致冬季能耗浪费，形成大流量小温差运行。

14.4.5.2　制冷机组和其他设备不匹配

（1）制冷机组和空调设备不匹配。在很多中央空调工程的设计中，制冷机组与末端空调设备不匹配，甚至有冷水机组的制冷量远大于空调末端设备需冷量的情况，从而造成初投资浪费。

解决办法：这种情况也是盲目追求安全余量的结果。实际上，由建筑负荷到制冷机组的负荷，已不需要乘以安全系数了。相反，由于各房间往往并不同时使用，制冷机组的负荷还可以略小于建筑负荷。

（2）不同规格的水泵并联。在中央空调工程设计中，当冷水机组的规格不同时，并联水泵的扬程相差较大，造成水泵运行功耗增加。

解决办法：采用等容量机组，机房布置也许会整齐划一，备品备件会少，但工程中往往有小负荷的不同使用功能的场所，如果采用等容量机组，就容易造成负荷适应性差的缺点。因此选用不同规格的冷水机组，则应单独选用不同的水泵。

14.4.5.3　风机选型错误

（1）风机选型偏大。风机的压头选用偏大，造成的后果除了与水泵扬程选得偏大产生的后果相同外，如果风机是回风机，还会引起新回风混合箱内为正压，导致新风无法进入，新风口成为排风口，新风量不能保证。

解决办法：按正确压头选用风机。

（2）多台风机并联出问题。在排风系统中，常常会遇到多台小型排风机排入竖井，末端还有一台较大排风机接力后排出。

解决办法：实际形成多台风机并联后再串联较大风机，此时应考虑小型排风机的同时使用系数问题。

（3）消防风机要符合规定。在中央空调工程设计中，消防风机要承受高温，除了满足排烟量的要求外，还需要满足承受高温的时间。

解决办法：排烟风机可采用离心风机或排烟轴流风机，并应在排烟支管上设有烟气温度超过 280℃时能自动关闭的排烟防火阀。排烟风机应保证 280℃时能连续工作 30min。

14.4.6　设计深度不符合要求

14.4.6.1　设计深度不够

设计深度不够是主要的表现，一些重要参数和技术做法在图样中没有表示或确定，使施工安装无法进行，或因为未对这些重要参数进行有效控制而影响系统性能，造成返工和损失。例如下列情况：

（1）城市广场、百货公司和大型的电影院等建筑进行暖通设计时，有些设计人员会注明二次装修设计，但是，防排烟需设计是不能进行二次设计的，缺少设计的深度，导致漏审的产生。还有一些工程缺乏消防设计，该设排烟的部位不设计排烟，甚至整个建筑都不考虑防排烟问题。特别是不具备自然通风条件的场所，按规定需要设计机械排烟或防烟的，没有设计防排烟。

（2）有些暖通设计图样未提供通风空调机房的大样，也有没机房的剖面。对于一些重点系统部位都没有对设备进行详细的标注。

（3）暖通系统特殊部位的通风控制缺乏操作说明。比如柴油发电机房通风的设计不到位，有些设计中未设置柴油发电机组进风排风竖井，只是在图样上标注了柴油发电机二次安装设计；有些设计有预留进风排风竖井、平时进风排风系统，其中包括储油间通风的设计，却没有对柴油发电机排烟系统进行设计；有些设计采用机械送风方式对柴油发电机组运行所需风量进行补充。这些都是不合适的，对柴油发电机组运行造成安全隐患。

（4）暖通专业对外的风口没有和建筑设计统一。例如：地下室大量的通风竖井出地面风口，大小及有效的面积、百叶间距和叶片角度，都缺乏专业的建筑设计表达。

14.4.6.2　设计深度过于复杂

设计深度问题的另外一种情况是过于复杂，绘图过细。这不仅使设计效率下降，而且由于图样中的线条和信息过多，使图样过于复杂，可读性下降，或者使图样数量增加。由于工程设计图样需要复制的份数较多，这就增加了设计成本，并造成了资源浪费，也不符合绿色环保的要求。因此在表示清楚的前提下，设计图样越少越好，尽量采用标准图，但必须说明采用的标准图号。从目前国内暖通专业设计技术的发展趋势来看，设计绘图正在逐步简化，而设计计算和设计方案优化则在逐步加强。

由于暖通专业设计类型繁多、千差万别，对于一些具体情况可能没有明确规定，这时可按下列原则进行判断：影响设计性能、设备订货、施工安装和操作使用的重要参数和技术做法是否已表示清楚，能否满足设计校审的要求。

14.4.7　设计图样质量不佳

制图也是中央空调工程设计的主要任务，所有的设计思想最终需要通过图样来表达。图样质量不佳，将严重影响中央空调的施工甚至会留下巨大的工程质量隐患。

14.4.7.1　缺、漏相关信息或元素

主要体现在以下几个方面：

（1）缺少标注。常见的有缺少文字标注、尺寸标注。例如平面图、剖面图缺少定位尺寸而无法施工；各设备缺乏流量、冷量、扬程等参数的标注；图样上只有图例符号而缺少文字

信息，容易引起误解等。

（2）缺少箭头、方向。常见的问题是在冷冻水、冷凝水、冷却水等流动方向上缺少箭头和方向等指示标志；进风、排风、排烟等缺少箭头和方向等。

（3）缺少管线。缺少管线的错误有膨胀水箱而没有膨胀管、信号管、泄水管和补水管等；多台冷却塔并联时缺少平衡管等；冷冻水出水管、回水管之间缺旁通管等。

（4）缺少部件。常见的错误如缺集水器、分水器等，在冷冻水供、回水管之间缺平衡阀等，一些空调机组漏画静压箱、消声器等，在管路上漏画设计防火阀等。

14.4.7.2 画图错误

常见的问题是线型错误。例如供水、回水管路的虚线、实线画错。一些设备的中间轴线线型选择错误；一些设备的图例选择错误，如同一个设备，不分平面图和系统图选择相同的图例。

图面表达能力实际上就是指通过某种形式让施工人员看得懂图样的方法，而很多暖通设计图样中并没有采取任何可以区分设计细节的方法。例如：暖通设备施工中管线比较多，其作用有很多，因此每种管线施工方案也会有所不同。但是在设计中并没有明显地区分开来，还有对通风、空调等设备缺少编号标记或者防火、防烟等功能施工的区分也没有明显划分。

解决方法是：采用有效的区分方法，可利用线型粗细、颜色、编号和参数标注等多种方法，将暖通设备的每一个细节清楚地设计出来并标明，这样会使设计图样的内容清晰明了、简单易懂，便于施工人员遵循各施工环节的标准。

14.4.7.3 设计施工说明缺少说明

设计施工说明也是图样的一种，对于一些在绘图时无法说明的信息，一定要在设计施工说明中详细说明。例如设计依据、设计参数、调试方法、保温方法、隔振措施和自控措施等。

有些暖通系统的设计说明是从其他设计说明复制得来，但是由于复制人员的疏忽大意，并没有对原有说明进行调整，导致设计说明上的内容与该项目不符。例如：工程建筑类别、建筑层数和建筑高度等一些基础数据都出现明显性错误；设计说明中的室外气象参数不是该项目所在地点的实际数据；引用规范出现过期或者作废的版本。

主要设备参数不全，特别是设备的噪声指标被忽略，未标出设备运行的转速。噪声指标属于设备招标中的重要参数，必须给出。配件（风阀、水阀、软接等）材质不明。

没有应用国际单位，例如对制冷量单位的表述为冷吨，这是不标准的，应该表述为 kW，而压力也是 Pa，而不是 kg/cm^2 等。而对于防火包裹也没有将做法说明，缺乏大样，对于防火包裹的耐火极限也没有进行说明。

部分项目的空调冷热负荷计算值和空调设备选型不一致，大多是由于系统设计在先，冷热负荷计算在后，建筑围护结构热工参数确定过晚或发生改变，甚至建筑功能发生改变而造成的。

所有民用建筑暖通专业设计内容均应包含建筑节能专项，但建筑节能常常被狭义地误解为建筑专业的节能设计，故在不少暖通专业施工图中，建筑节能专篇说明照抄、照搬建筑专业的节能设计内容，反而本专业范围内的节能设计内容，例如设备能效值、风水输送效率等参数，却只字未提或描述不完整。

14.4.7.4 设计图样不齐全

提交校审的设计资料应齐全，否则难以对设计进行有效审查。设计资料除了暖通专业的设计文件外，还应包括甲方的设计条件和要求、建筑专业的施工图中间图、围护结构的保温参数、人防区划、防火和防烟分区以及选用的主要设备样本等。

暖通设计图样存在不完整的情况。图例的缺失，会使暖通施工中出现盲目施工情况，例如：暖通设计图样中没有体现出暖通施工时应使用的设备类型、配件规格等，施工人员只能按照自己以往的经验或者其他暖通施工标准进行选择，而随着现代化的发展，暖通设备的性能、类型以及使用规则等都有很大的变化，会使得暖通设备施工技术显得比较落后，不能满足人们与时代发展接轨的需求。

解决方法是：设计图样中要做到细节设计，包括对暖通施工使用的配件和工具等都应该有相应的标准要求，保证设计图样与时代发展相符合，并将建筑工程暖通施工所需要的专业设备以及配件等完整罗列，标明应用说明等。

附　　录

附录 A　　国内部分综合性建筑设计院名单

1. 上海现代建筑设计（集团）有限公司
2. 中国建筑设计研究院
3. 同济大学建筑设计研究院
4. 中国石化工程建设公司
5. 北京市建筑设计研究院
6. 深圳市建筑设计研究总院有限公司
7. 中国建筑西北设计研究院有限公司
8. 华南理工大学建筑设计研究院
9. 中国建筑东北设计研究院有限公司
10. 北京城建设计发展集团股份有限公司
11. 中国建筑西南设计研究院有限公司
12. 东南大学建筑设计研究院有限公司
13. 绍兴市建工建筑设计院有限公司
14. 广东省建筑设计研究院
15. 中国建筑技术集团有限公司
16. 天津市建筑设计院
17. 中南建筑设计院股份有限公司
18. 广西建筑综合设计研究院
19. 清华大学建筑设计研究院
20. 山东同圆设计集团有限公司

附录 B 房屋建筑和市政基础设施工程施工图设计文件审查管理办法

中华人民共和国住房和城乡建设部令第 13 号

《房屋建筑和市政基础设施工程施工图设计文件审查管理办法》已经第 95 次部常务会议审议通过，现予发布，自 2013 年 8 月 1 日起施行。

部　长　姜伟新
2013 年 4 月 27 日

第一条　为了加强对房屋建筑工程、市政基础设施工程施工图设计文件审查的管理，提高工程勘察设计质量，根据《建设工程质量管理条例》《建设工程勘察设计管理条例》等行政法规，制定本办法。

第二条　在中华人民共和国境内从事房屋建筑工程、市政基础设施工程施工图设计文件审查和实施监督管理的，应当遵守本办法。

第三条　国家实施施工图设计文件（含勘察文件，以下简称施工图）审查制度。

本办法所称施工图审查，是指施工图审查机构（以下简称审查机构）按照有关法律、法规，对施工图涉及公共利益、公众安全和工程建设强制性标准的内容进行的审查。施工图审查应当坚持先勘察、后设计的原则。

施工图未经审查合格的，不得使用。从事房屋建筑工程、市政基础设施工程施工、监理等活动，以及实施对房屋建筑和市政基础设施工程质量安全监督管理，应当以审查合格的施工图为依据。

第四条　国务院住房城乡建设主管部门负责对全国的施工图审查工作实施指导、监督。县级以上地方人民政府住房城乡建设主管部门负责对本行政区域内的施工图审查工作实施监督管理。

第五条　省、自治区、直辖市人民政府住房城乡建设主管部门应当按照本办法规定的审查机构条件，结合本行政区域内的建设规模，确定相应数量的审查机构。具体办法由国务院住房城乡建设主管部门另行规定。

审查机构是专门从事施工图审查业务，不以营利为目的的独立法人。

省、自治区、直辖市人民政府住房城乡建设主管部门应当将审查机构名录报国务院住房城乡建设主管部门备案，并向社会公布。

第六条　审查机构按承接业务范围分两类，一类机构承接房屋建筑、市政基础设施工程施工图审查业务范围不受限制；二类机构可以承接中型及以下房屋建筑、市政基础设施工程的施工图审查。房屋建筑、市政基础设施工程的规模划分，按照国务院住房城乡建设主管部门的有关规定执行。

第七条　一类审查机构应当具备下列条件：

（一）有健全的技术管理和质量保证体系。

（二）审查人员应当有良好的职业道德；有 15 年以上所需专业勘察、设计工作经历；主持过不少于 5 项大型房屋建筑工程、市政基础设施工程相应专业的设计或者甲级工程勘察项目相应专业的勘察；已实行执业注册制度的专业，审查人员应当具有一级注册建筑师、一级注册结构工程师或者勘察设计注册工程师资格，并在本审查机构注册；未实行执业注册制度的专业，审查人员应当具有高级工程师职称；近 5 年内未因违反工程建设法律法规和强制性标准受到行政处罚。

（三）在本审查机构专职工作的审查人员数量：从事房屋建筑工程施工图审查的，结构专业审查人员不少于 7 人，建筑专业不少于 3 人，电气、暖通、给排水、勘察等专业审查人员各不少于 2 人；从事市政基础设施工程施工图审查的，所需专业的审查人员不少于 7 人，其他必须配套的专业审查人员各不少于 2 人；专门从事勘察文件审查的，勘察专业审查人员不少于 7 人。

承担超限高层建筑工程施工图审查的，还应当具有主持过超限高层建筑工程或者 100 米以上建筑工程结构专业设计的审查人员不少于 3 人。

（四）60 岁以上审查人员不超过该专业审查人员规定数的 1/2。

（五）注册资金不少于 300 万元。

第八条　二类审查机构应当具备下列条件：

（一）有健全的技术管理和质量保证体系。

（二）审查人员应当有良好的职业道德；有 10 年以上所需专业勘察、设计工作经历；主持过不少于 5 项中型以上房屋建筑工程、市政基础设施工程相应专业的设计或者乙级以上工程勘察项目相应专业的勘察；已实行执业注册制度的专业，审查人员应当具有一级注册建筑师、一级注册结构工程师或者勘察设计注册工程师资格，并在本审查机构注册；未实行执业注册制度的专业，审查人员应当具有高级工程师职称；近 5 年内未因违反工程建设法律法规和强制性标准受到行政处罚。

（三）在本审查机构专职工作的审查人员数量：从事房屋建筑工程施工图审查的，结构专业审查人员不少于 3 人，建筑、电气、暖通、给排水、勘察等专业审查人员各不少于 2 人；从事市政基础设施工程施工图审查的，所需专业的审查人员不少于 4 人，其他必须配套的专业审查人员各不少于 2 人；专门从事勘察文件审查的，勘察专业审查人员不少于 4 人。

（四）60 岁以上审查人员不超过该专业审查人员规定数的 1/2。

（五）注册资金不少于 100 万元。

第九条　建设单位应当将施工图送审查机构审查，但审查机构不得与所审查项目的建设单位、勘察设计企业有隶属关系或者其他利害关系。送审管理的具体办法由省、自治区、直辖市人民政府住房城乡建设主管部门按照"公开、公平、公正"的原则规定。

建设单位不得明示或者暗示审查机构违反法律法规和工程建设强制性标准进行施工图审查，不得压缩合理审查周期、压低合理审查费用。

第十条　建设单位应当向审查机构提供下列资料并对所提供资料的真实性负责：

（一）作为勘察、设计依据的政府有关部门的批准文件及附件；

（二）全套施工图；

（三）其他应当提交的材料。

第十一条　审查机构应当对施工图审查下列内容：

（一）是否符合工程建设强制性标准；

（二）地基基础和主体结构的安全性；

（三）是否符合民用建筑节能强制性标准，对执行绿色建筑标准的项目，还应当审查是否符合绿色建筑标准；

（四）勘察设计企业和注册执业人员以及相关人员是否按规定在施工图上加盖相应的图章和签字；

（五）法律、法规、规章规定必须审查的其他内容。

第十二条　施工图审查原则上不超过下列时限：

（一）大型房屋建筑工程、市政基础设施工程为 15 个工作日，中型及以下房屋建筑工程、市政基础设施工程为 10 个工作日。

（二）工程勘察文件，甲级项目为 7 个工作日，乙级及以下项目为 5 个工作日。以上时限不包括施工图修改时间和审查机构的复审时间。

第十三条　审查机构对施工图进行审查后，应当根据下列情况分别作出处理：

（一）审查合格的，审查机构应当向建设单位出具审查合格书，并在全套施工图上加盖审查专用章。审查合格书应当有各专业的审查人员签字，经法定代表人签发，并加盖审查机构公章。审查机构应当在出具审查合格书后 5 个工作日内，将审查情况报工程所在地县级以上地方人民政府住房城乡建设主管部门备案。

（二）审查不合格的，审查机构应当将施工图退建设单位并出具审查意见告知书，说明不合格原因。同时，应当将审查意见告知书及审查中发现的建设单位、勘察设计企业和注册执业人员违反法律、法规和工程建设强制性标准的问题，报工程所在地县级以上地方人民政府住房城乡建设主管部门。

施工图退建设单位后，建设单位应当要求原勘察设计企业进行修改，并将修改后的施工图送原审查机构复审。

第十四条　任何单位或者个人不得擅自修改审查合格的施工图；确需修改的，凡涉及本办法第十一条规定内容的，建设单位应当将修改后的施工图送原审查机构审查。

第十五条　勘察设计企业应当依法进行建设工程勘察、设计，严格执行工程建设强制性标准，并对建设工程勘察、设计的质量负责。

审查机构对施工图审查工作负责，承担审查责任。施工图经审查合格后，仍有违反法律、法规和工程建设强制性标准的问题，给建设单位造成损失的，审查机构依法承担相应的赔偿责任。

第十六条　审查机构应当建立、健全内部管理制度。施工图审查应当有经各专业审查人员签字的审查记录。审查记录、审查合格书、审查意见告知书等有关资料应当归档保存。

第十七条　已实行执业注册制度的专业，审查人员应当按规定参加执业注册继续教育。

未实行执业注册制度的专业，审查人员应当参加省、自治区、直辖市人民政府住房城乡建设主管部门组织的有关法律、法规和技术标准的培训，每年培训时间不少于 40 学时。

第十八条　按规定应当进行审查的施工图，未经审查合格的，住房城乡建设主管部门不得颁发施工许可证。

第十九条　县级以上人民政府住房城乡建设主管部门应当加强对审查机构的监督检查，主要检查下列内容：

（一）是否符合规定的条件；

（二）是否超出范围从事施工图审查；

（三）是否使用不符合条件的审查人员；

（四）是否按规定的内容进行审查；

（五）是否按规定上报审查过程中发现的违法违规行为；

（六）是否按规定填写审查意见告知书；

（七）是否按规定在审查合格书和施工图上签字盖章；

（八）是否建立健全审查机构内部管理制度；

（九）审查人员是否按规定参加继续教育。

县级以上人民政府住房城乡建设主管部门实施监督检查时，有权要求被检查的审查机构提供有关施工图审查的文件和资料，并将监督检查结果向社会公布。

第二十条　审查机构应当向县级以上地方人民政府住房城乡建设主管部门报审查情况统

计信息。

县级以上地方人民政府住房城乡建设主管部门应当定期对施工图审查情况进行统计，并将统计信息报上级住房城乡建设主管部门。

第二十一条　县级以上人民政府住房城乡建设主管部门应当及时受理对施工图审查工作中违法、违规行为的检举、控告和投诉。

第二十二条　县级以上人民政府住房城乡建设主管部门对审查机构报告的建设单位、勘察设计企业、注册执业人员的违法违规行为，应当依法进行查处。

第二十三条　审查机构列入名录后不再符合规定条件的，省、自治区、直辖市人民政府住房城乡建设主管部门应当责令其限期改正；逾期不改的，不再将其列入审查机构名录。

第二十四条　审查机构违反本办法规定，有下列行为之一的，由县级以上地方人民政府住房城乡建设主管部门责令改正，处3万元罚款，并记入信用档案；情节严重的，省、自治区、直辖市人民政府住房城乡建设主管部门不再将其列入审查机构名录：

（一）超出范围从事施工图审查的；

（二）使用不符合条件审查人员的；

（三）未按规定的内容进行审查的；

（四）未按规定上报审查过程中发现的违法违规行为的；

（五）未按规定填写审查意见告知书的；

（六）未按规定在审查合格书和施工图上签字盖章的；

（七）已出具审查合格书的施工图，仍有违反法律、法规和工程建设强制性标准的。

第二十五条　审查机构出具虚假审查合格书的，审查合格书无效，县级以上地方人民政府住房城乡建设主管部门处3万元罚款，省、自治区、直辖市人民政府住房城乡建设主管部门不再将其列入审查机构名录。

审查人员在虚假审查合格书上签字的，终身不得再担任审查人员；对于已实行执业注册制度的专业的审查人员，还应当依照《建设工程质量管理条例》第七十二条、《建设工程安全生产管理条例》第五十八条规定予以处罚。

第二十六条　建设单位违反本办法规定，有下列行为之一的，由县级以上地方人民政府住房城乡建设主管部门责令改正，处3万元罚款；情节严重的，予以通报：

（一）压缩合理审查周期的；

（二）提供不真实送审资料的；

（三）对审查机构提出不符合法律、法规和工程建设强制性标准要求的。

建设单位为房地产开发企业的，还应当依照《房地产开发企业资质管理规定》进行处理。

第二十七条　依照本办法规定，给予审查机构罚款处罚的，对机构的法定代表人和其他直接责任人员处机构罚款数额5%以上10%以下的罚款，并记入信用档案。

第二十八条　省、自治区、直辖市人民政府住房城乡建设主管部门未按照本办法规定确定审查机构的，国务院住房城乡建设主管部门责令改正。

第二十九条　国家机关工作人员在施工图审查监督管理工作中玩忽职守、滥用职权、徇私舞弊，构成犯罪的，依法追究刑事责任；尚不构成犯罪的，依法给予行政处分。

第三十条　省、自治区、直辖市人民政府住房城乡建设主管部门可以根据本办法，制定实施细则。

第三十一条　本办法自2013年8月1日起施行。原建设部2004年8月23日发布的《房屋建筑和市政基础设施工程施工图设计文件审查管理办法》（建设部令第134号）同时废止。

参 考 文 献

[1] 李志生.看实例学暖通空调设计与识图 [M].北京:中国建筑工业出版社,2015.
[2] 余宏亮.国内外建设工程施工图审查制度比较研究 [J].建筑经济,2011,347 (9):9-11.
[3] 樊丽华.建筑节能在暖通施工图审查中存在问题的分析 [J].山西建筑,2008,34 (29):61-62.
[4] 高铁军.建筑施工图审图在施工阶段工作中的作用 [J].建筑科学,2012 (6):200.
[5] 龙源.建筑专业节能设计审查及设计方法的思考 [J].重庆建筑,2013,12 (6):21-23.
[6] 井润霞,毛龙泉.美国建筑工程设计和施工图审查质量的法律责任探析 [J].工程质量,2010,28 (9):13-116.
[7] 黄成根.暖通施工图审查中设计常见问题及简析 [J].福建建筑,2010,149 (11):106-109.
[8] 杨秀明,赵辉,莫天柱,等.重庆市建筑节能施工图备案资料调审分析及对策 [J].重庆建筑,2012,11 (10):21-22.

读者信息反馈表

感谢您购买《中央空调设计与审图第 2 版》一书。为了更好地为您服务，有针对性地为您提供图书信息，方便您选购合适图书，我们希望了解您的需求和对我们教材的意见和建议，愿这小小的表格为我们架起一座沟通的桥梁。

姓　　名		所在单位名称	
性　　别		所从事工作(或专业)	
通信地址		邮编	
办公电话		移动电话	
E-mail			

1. 您选择图书时主要考虑的因素:(在相应项前面打√)
(　)出版社　(　)内容　(　)价格　(　)封面设计　(　)其他
2. 您选择我们图书的途径(在相应项前面打√)
(　)书目　(　)书店　(　)网站　(　)朋友推介　(　)其他

希望我们与您经常保持联系的方式:
　　　　　□电子邮件信息　　　□定期邮寄书目
　　　　　□通过编辑联络　　　□定期电话咨询

您关注(或需要)哪些类图书和教材:

您对我社图书出版有哪些意见和建议(可从内容、质量、设计、需求等方面谈):

您今后是否准备出版相应的教材、图书或专著(请写出出版的专业方向、准备出版的时间、出版社的选择等):

非常感谢您能抽出宝贵的时间完成这张调查表的填写并回寄给我们，您的意见和建议一经采纳，我们将有礼品回赠。我们愿以真诚的服务回报您对机械工业出版社技能教育分社的关心和支持。

请联系我们——

地　　址　北京市西城区百万庄大街 22 号　机械工业出版社技能教育分社
邮　　编　100037
社长电话　(010) 88379083　88379080　68329397（带传真）
E-mail　jnfs@ mail. machineinfo. gov. cn